Machining Technology Series

기계 가공
기술 시리즈
No. 7

연삭기
활용 매뉴얼

툴엔지니어 편집부 편저 | 남 기 준 역

KB232222

연삭 가공의 기본 | 연삭숫돌
숫돌의 수정 | 연삭 가공의 실제 | 트러블과 대책

BM 성안당

日本 taiga · 성안당 공동 출간

기계 가공 기술 시리즈 ⑦
연삭기 활용 매뉴얼

This Korean language edition co-published by taiga and Seong An Dang
Copyright © 1995
All rights reserved.

All right reserved. No part of this publication may reproduced, stored in a retrieval system or transmitted, in any form or by any means, electronic, mechanical, photocopying, recoding, or otherwise, without the prior written permission of the publisher.

이 책은 (株)大河出版과 성안당의 저작권 협약에 의해 공동 출판된 서적으로, 성안당 발행인의 서면 동의 없이는 이 책의 어느 부분도 재제본하거나 재생 시스템을 사용한 복제, 보관, 전기적, 기계적 복사, DTP에의 도움, 녹음 또는 향후 개발될 어떠한 복제 매체를 통해서도 전용할 수 없습니다.

차 례

집필자

〔제 1 상〕
西山 正/35
上田倉三郎(川崎精機工作所)/16
海野邦昭(職業訓練大学校)/27

〔제 2 장〕
副島正雄/38
三宅龍歩(아마다 매트릭스)/46
伊藤成利(노리다케 컴퍼니 리미티드)/52
編集部/58
等々力満(旭다이아몬드工業)/63
吉澤 朗(旭다이아몬드工業)/68
芝山機械/76
井口忠昭(不二越)/79
西山 正/85

〔제 3 장〕
松井 敏(日立精工)/88
佐藤隆勝(노리다케 컴퍼니 리미티드)/96
守友貞雄(세이코精機)/99

市原由一(오사카 나이아몬드工業)/107
阿部勝幸(노튼)/115
西山 正/122

〔제 4 장〕
安嶋 愈(日平도야마)/126
三宅龍歩/137, 158
加藤 正(職業訓練大学校)/143
田中俊美(中央精研)/152, 157, 176
三澤 喬(岡本工作機械製作所)/153
研井 堅(熊平製作所)/161
瀬尾弘道・加藤隆一(도요에스텍)/169
佐藤厳一(제이이)/177, 185
岸本明雄(FSK)/180
西山 正/190

〔제 5 장〕
加藤 正/194
平野為義(도요에스텍)/200
日向 光(東芝)/210

え・佐伯克介

「어때? 다이아몬드로 광냈는데」
「저 여자는 철면피니까 연삭효과가 좋을거야」

제1장
연삭 가공의 기본

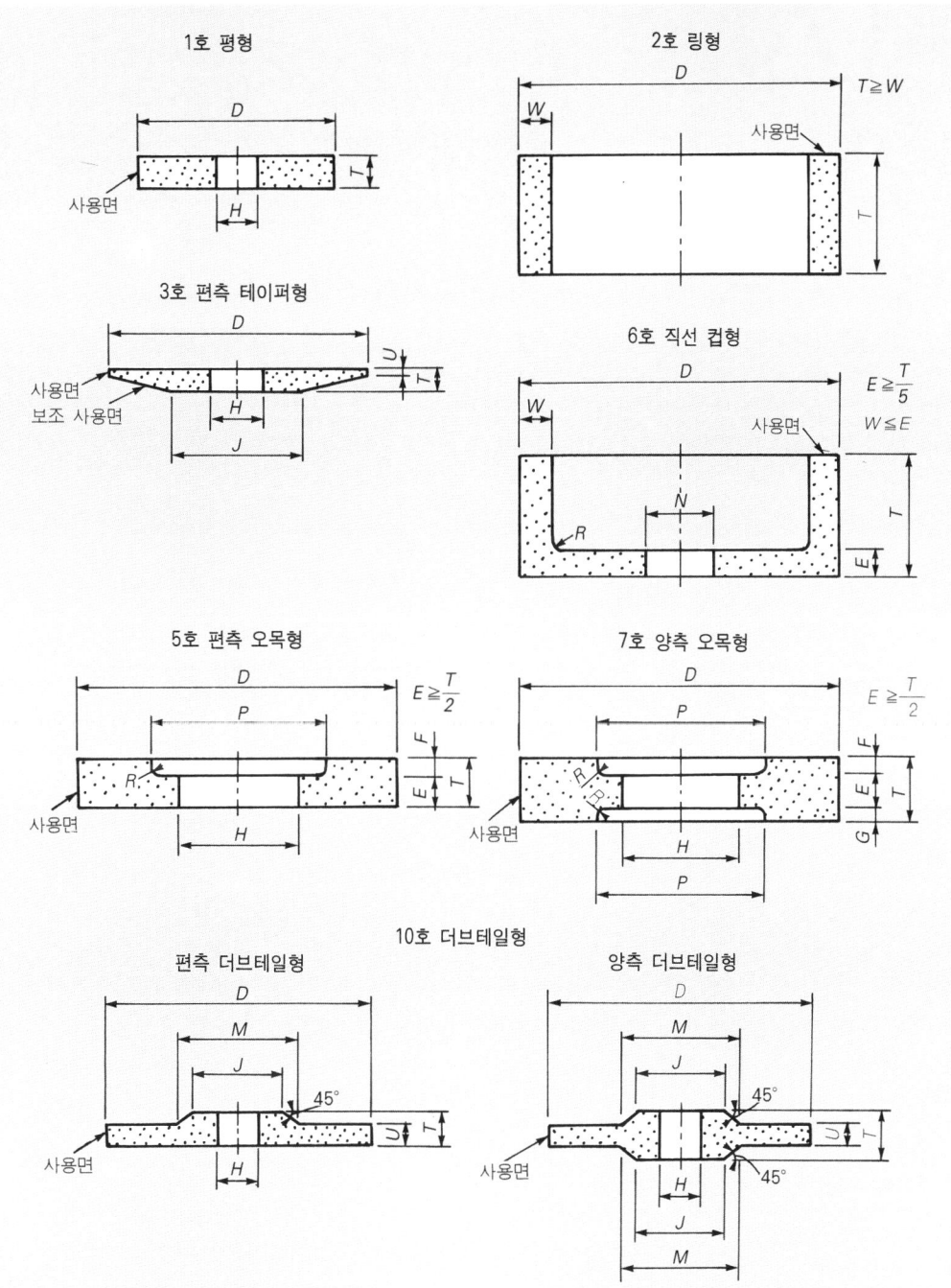

1호 평형

2호 링형

3호 편측 테이퍼형

6호 직선 컵형

5호 편측 오목형

7호 양측 오목형

10호 더브테일형

편측 더브테일형

양측 더브테일형

연삭 숫돌의 형상 ①(JIS R 6211에서)

❖❖

연삭 가공의
역사

가장 오래된 인류의 가공 기술-그것은 숫돌 입자 가공

인류의 조상이 흔히 존재하는 나무토막이나 돌멩이를 손에 들고, 이것을「도구」로서의 석기를 만들기까지에는 수십 만년 이상이나 걸렸다고 한다. 가장 오래 된 석기는 돌과 돌을 부딪쳐 알맞은 모양으로 만드는 단순한 것으로, 이른바 타제석기였다. 이윽고, 그것은 연마된「마제 석기」로 발전하였는데 고고학자들은 전자를 구석기 시대라고 말하고, 후자를 중석기 또는 신석기 시대로 구분하고 있다.

다른 것보다는 단단하지만 부서지기 쉬운 광석으로 도구인 돌을 마멸시켰을 뿐만 아니라 줄무늬 숫돌이나 막대 모양의 숫돌로 성형하기도 하고 구멍을 뚫기도 하는 숫돌 입자에 의한「연마 가공」이야말로 우리 인류 역사상 가장 오래 된 가공 기술이다. 그리고 어떤 암석이 숫돌이나 연마재로 가장 적합한지, 그리고 도구나 구슬과 같은 장식품에는 어떤 것이 좋은지, 또는 어디에서 구할 수 있는지 하는 것 등을 알아내는 것은 매우 많은 노력이 따르는 일이었다.

예를 들면, 일본에서는 야요이 시대까지의 유적에서 발견된 돌칼이나 화살촉 등은 거의 모두가 흑요석(黑曜石)인데 그 당시 그것의 산지는 나가노현의 와다 고개 부근이나 오이타현의 히메시마 등 몇 군데 밖에 없었다. 그럼에도 불구하고, 이 흑요석의 산지로부터 수백 킬로미터나 떨어진 유적에서 많은 석기가 발견되었으며 또한, 니가타현의 히메가와에서 오야시라즈 주변에 걸친 지역에서만 산출되는 비취가 마사구라원의 유품에 있을 뿐만 아니라, 널리 바다를 건너 한국의 백제나 신라 지방의 고분에서도 발견되었다고 하는데 놀라지 않을 수 없는 일이다.

유럽 지방에서도 같은 일이 있었다. 그리스의 에머리 지방에서 산출되어「에머리(루비 같은 강옥석)」라고 이름 붙여진 연마재는 페니키아인에 의해 오늘날의 프랑스나 영국, 덴마크까지 상거래되었으며, 이를 위해 지중해의 항로가 개설되었다. 에머리는 강옥(알루미나)과 자철광의 혼합물이다.

숫돌이나 에머리 또는 가넷(석류석, 금강사)과 같은 연마재는 청동기시대나 철기시대로 접어 들면, 더욱 더 중요하게 된다. 왕조 귀족의 상징인 정교하게 연마된 많은 장식품을 만들기 위해, 그리고 무기로서의 도검(담금질 경화강)을 연마하기 위해 국왕으로서 무엇보다도 가장 중요시한 것은 가공 기술이었다.

메소포타미아에서는 기원전 1500년경에 둥근 숫돌의 중앙에 축을 끼워 노예로 하여금 이를 회전시켜 사용하는 기법이 있었으며, 레오나르도 다빈치는 지금의 내면 연삭용 기계를 스케치하여 남겨 놓았다.

연삭기는 미국에서 발달했다

고대로부터 중세 그리고 근세에 이르기까지의 숫돌 입자 가공은 가공 기술로 볼 때에는 랩 다듬질이고 광내기이다. 그 중에는 곡옥에 구멍을 뚫는 등의 천공 가공도 있었는데 이것도 느긋하게 가공하는 연마 가공이었다.

일약 유럽의 근세 시대에 접어들면서 18세기 초기부터는 우선 영국에서의 방직 공업이 발달하였다. 처음에는 이러한 기계의 동력으로 거의 대부분 물레방아가 이용되었다.

1769년 와트는 복수기가 장착된 증기 기관을 발명하였다. 처음에는 광산의 배수 펌프 동력으로 이용되었으나, 이어서 방직 기계를 위시한 여러 가지 기계의 동력으로 널리 사용되었다.

공업의 생산력은 비약적으로 높아지고 철도가 놓여 기차가 달리고, 또는 기선이 대서양을 건너게 되었다. 번성기라 하는 산업 혁명이 일어난 것이다.

영국에서 시작된 산업 혁명은 기술의 역사적인 관점에서 본다면, 동력 혁명이라고도 말할 수 있을 것이다. 그리고 많은 기계를 보다 정교하게 만들기 위한 각종 공작 기계가 만들어졌다.

1775년 윌킨슨이 보링 기계를 발명했으며 와트의 증기 기관 실린더는 20년 동안이나 이 보링 기계로 보링되었던 것이다. 1797년 같은 영국인인 모즐리가 나사 절삭 선반을 발명하였으며 이어서 그의 제자들이 셰이퍼나 밀링, 수직식 밀링 머신이나 드릴링 머신 같은 공작 기계 외에도 정반이나 마이크로미터와 같은 측정기를 발명하여 만들었다. 다만, 이상한 것은 세계 최초의 연삭기와 밀링의 발명은 영국이 아니라 미국이라는 점이다.

1846년 미국은 세계 최초의 연삭기를 세상에 내놓기 시작했는데 모즐리의 선반이 나온 지 50년 후의 일이다. 이 때까지의 연마기는 오늘날에도 작은 공장의 한 구석에 놓여 있는 것과 같은 쌍두 연마기이며 공구의 날끝이나 칼을 가는 공구 연마기였다.

미국에서 최초로 발명된 연삭기도 역시 주된 작업은 공구의 날끝 연마였다. 기계의 구조도 그 당시의 선반을 모형으로 한 것이며, 이송대에 바이트 대신 숫돌을 장치하였다. 이 최초의 연삭기는 재봉틀의 바늘을 다듬질하는데 쓰게 되었다.

1875년에는 브라운·샤프사가 만능 연삭기를 만들었으며, 그 2년 후에는 세계 최초의 평면 연삭기가 이 회사의 노턴이라는 기사에 의해 만들어졌다. 그러나 도면을 보면 이것도 그 당시의 평삭기와 같은 것이었으며, 바이트 대신에 숫돌을 붙인데 지나지 않았다. 그러나 그 후 10년 동안에 미국에서는 개선된 연삭기가 연달아 등장하게 되었다.

이러한 초기의 연삭기에 장치되었던 숫돌은 천연 숫돌을 회전 숫돌로 사용하고 있었기 때문에 숫돌의 강성이 낮아 원심력에 의한 파괴 사고가 자주 일어났다. 더구나 로딩이 심하여 절삭 공구나 드릴 또는 리머와 같은 공구의 날끝 연마가 대부분이었다.

연삭기를 발달시키기 위한 제일 큰 문제는 기계 그 자체의 개량이 아니고, 얼마나 강도 높은 숫돌을 만들 수 있느냐에 달려 있었던 것이다.

1860년쯤에 영국에서 고무 결합제가 발명되었으며, 이어서 미국에서는 인조석을 만드는 아이디어로부터 규산염 결합제가 개발되었다. 그리고 1860년에는 점토와 장석을 결합제로 하여 도자기 가마에서 구어 만든 비트리파이드 숫돌이 개발되었으며, 1876년에는 마그네시아 시멘트 결합제가 개발되었고 1880년에는 셀락 결합제가 발명되는 등 차츰 개선되어 갔다.

그리고 현재 비트리파이드 결합제와 함께 연삭 숫돌 결합제의 주류를 이루고 있는 대부분의 레지노이드 결합제는 페놀수지(베이클라이트)이며, 이것은 1920년경에 개발되었다.

영국을 따라잡은 미국의 공작 기계 공업

1851년 봄, 런던에서 제1회 만국 박람회가 열렸는데 그 당시 공업 선진국에서는 경쟁적으로 이 박람회에 자기 나라의 우수한 제품을 출품하였다. 개최국인 영국에서는 위트워스사에서 셰이퍼와 수직식 밀링 머신, 드릴링 머신, 너트 가공기, 기어 커팅 머신, 그리고 각종 선반 등 23점에 이르는 공작 기계와 측정기를 출품하였다.

이러한 영국의 공작 기계에 대하여 당시의 미국은 기술적인 큰 나차를 느꼈다. 그러나 영국 사람을 놀라게 한 미국의 출품물이 하나 있었는데 그것은 여섯 자루의 라이플 총이었다. 그리고 여기에는 「이 미국제 소총 부품은 모두 교환할 수 있게 되어 있다.」라는 설명문이 붙어 있었다.

그러나 영국 사람들은 이 설명을 듣고도 반신 반의하였으므로 그 자리에서 여섯 자루의 총을 모두 분해하고 부품을 바꿔 눈깜짝할 사이에 여섯 자루의 총을 조립한 것이다. 그것을 보고 영국 사람들은 경탄해 마지 않았다.

오늘날에 말하는 표준화와 호환성 부품의 생산 방식이 이미 미국에서는 이루어져 있었던 것이다. 그것은 밀링 머신의 발명자이기도 한 에리 휘트니가 경영하는 소총 공장의 라이플 총이었다.

이 일화는 너무나도 유명한데 그 당시의 영국에서는 아직 호환식 생산은 채택되지 못하고 있었으며 직공들의 우수한 기능에 의지하고 있었던 것이다. 여기에 비해 미국은 다민족 국가이기에 언어와 습관이 다른 직공을 조직화하기 위해서는 표준화와 호환식 생산 방식이 필연적인 수단 방법이었던 것이다.

휘트니는 이것을 실현하기 위해 밀링 머신을 만들었으며 계속하여 여러 가지 부품을 가공하는 전용기를 개발하였다. 아직도 유치하기만 하던 연삭기도 다듬질 기술을 기계에 짜넣기 위해 큰 도움이 되기 시작했다.

1867년 파리에서 열린 제2회 만국 박람회에서는 이번에야말로 자기 나라 기계 기술을 크게 나타내고자 대부분의 미국 제작 회사들은 선반, 평삭기, 밀링 머신 등을 많이 출품했는데, 여기에서는 영국의 위트워스 공작 기계에 압도되고 말았다. 오랜 세월에 걸친 경험의 차이가 공작 기계 그 자체

↑ 브라운·샤프사의 만능 연삭기(1875년)

의 설계나 제작에 있어 당할 수 없었던 것이다.

만국 박람회 후인 1875년 브라운·샤프사는 보다 성능이 좋은 만능 연삭기를 만들었으며, 휘트니는 분할 테이블이 있는 만능 밀링 머신을 만들었고, 스톤은 터릿 선반을 만들었다. 그리고 1870년에는 스펜사가 캠 제어에 의한 자동 터릿 선반의 제작에 성공했으며, 브라운·샤프사는 세계 최대의 공작 기계 메이커로 발돋움해 갔다.

인공 숫돌 입자 발명에 성공

미국에서 발달한 연삭기를 확고한 지위로 끌어올린 것은 인공 숫돌의 발명이었으며 그 개발의 동기는 다이아몬드의 합성이었다.

1891년 미국의 애치슨 박사는 인조 다이아몬드를 만들기 위해 오랫동안 실험을 계속하는 과정에서 우연히 SiC—카보런덤의 결정을 발견하였다.

다이아몬드를 합성하기 위해 점토에 코크스의 분말을 섞고 아크 열(4000℃)로 점토를 용해하여 탄소를 결정시키려고 했던 것이다.

이 때 전극의 끝에서 반짝반짝 빛나는 결정을 발견했는데 그것이 SiC였다. 점토에 포함되어 있던 규소와 전극의 탄소가 결합하여

$$SiO_2 + 2C \ \rightarrow \ SiC + 2CO$$

의 반응을 일으킨 것이다.

용융 알루미나(Al_2O_3)도 인조 루비를 만들기 위한 실험을 하다가 발견되었다.

숫돌 입자를 위한 발견으로서는 1894년 하스라햐가 전기로에서 에머리로부터 커런덤을 분리하는데 성공한 것이 시초였다. 다음 해인 1895년에 웰라이네스가 보크사이트(알루미늄의 원광석)를 사용하여 성공한 것이 지금의 A 숫돌 입자 제조의 기초가 되었다.

SiC와 Al_2O_3의 두가지 숫돌 입자는 지금도 일반 숫돌 입자의 쌍벽을 이루고 있는데 어느 것이나 공업적으로 제조하기 시작한 것은 20세기 초이다. 나이애가라 폭포에 구축된 대발전소에서의 싼 전력을 이용하기에 이르러 미국의 인조 숫돌 입자는 세계를 제패하고, 철강이나 자동차, 기계나 전기 산업이 급속하게 발전하면서 오늘에 이르고 있는 것이다.

인조 숫돌 입자가 본격적으로 상품화되고 연삭기의 필요성도 날로 높아만 가고 있다. 그 최대의 고객은 자동차 메이커인데, 포드, 스튜드 베이커 등이 1894년부터 대량 생산에 들어갔다. 처음에는 월생산 십 여대 밖에 생산하지 못했던 이 두 개의 큰 메이커에서 1900년에는 8000대를 생산하게 된 것이

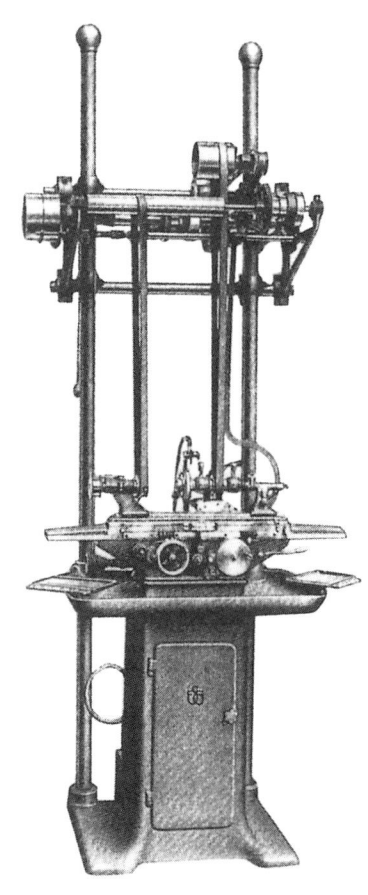

스튜더의 초기 원통 연삭기(1918년)

다.

연삭기도 공구 공장으로부터 생산 라인으로 장소를 옮기기 시작하였으며, 몇 백 대나 되는 여러 가지 연삭기가 설치되었다. 브라운·샤프, 노턴, 힐드, 란디스, 톰프슨사 등의 연삭기로 크랭크축, 크랭크 핀, 피스톤 핀, 변속기에 장착되는 많은 기어 등을 연삭하였다. 담금질된 이와 같은 부품을 연삭 가공함으로써 결국, 자동차의 성능 그리고 수명이 비약적으로 연장된 것이다.

이렇게 하여 1910년경의 미국에서는 센터리스 연삭기를 빼고는 오늘날의 연삭기를 모두 갖출 수 있게 되었다. 센터리스 연삭기는 1922년에 신시내티사와 리쵸핑사가 거의 같은 시기에 세상에 내놓아 연삭 가공의 생산성은 더욱 높아지게 되었다. 그리고 1926년에는 미국의 반스사가 호닝 가공법을 개발하여 내연 기관의 성능이 더욱 향상되었으며 1934년에는 클라이슬러사가 정밀 다듬질을

연삭기·숫돌 기술 발달사

1846년 미국에서 선반에 숫돌을 장치한 세계 최초의 연삭기 등장

1875년 브라운·샤프사(미국), 만능 연삭기를 제작

1877년 노턴(미국), 평면 연삭기를 완성

1885년 일본 체신청 철도 작업국 고베 공장에서 공구 연삭기 시제품 제작

1891년 E. 애치슨(미국), 카보런덤(탄화규소) 제작법 발명

1897년 C. 야코브스(미국) 보크사이트에서 인조 커런덤 제작법 발명

1901년 노턴사, 원통 연삭기 제작. 네서스 유니온사, 라이네커사, 린드너사, 융사 등이 연삭기 제작

1908년 히로시마(일본) 숫돌 제조소 설립, 최초의 일본산 연삭기 제작

1914년 가라스(일본) 철공소, 란디스형 만능 연삭기 제조

1916년 가라스(일본) 철공소, 롤 연삭기 시제품 제작

1917년 가고시마(일본) 전기 궤도, 숫돌 입자와 결합제 연구
이께가이 철공, 브라운·샤프형 만능 연삭기 제작. 소노이께 제작소, 란디스형 원통 연삭기 제작

1924년 라이스하웰사(스위스), 나사 연삭기 제작

1926년 번스사(미국), 자동차 엔진의 실린더 가공을 할 때의 호닝 가공법을 처음 개발

1930년 G. 슈레징거(독일), 연삭 저항 이론을 발표. 오카모도 공작 기계, 일본 최초의 기어 연삭기 제작

1931년 샤케(프랑스), 전해 연마법 발명

1932년 쇼와 전공, A입자(갈색의 용융 알루미나) 개발

1934년 클라이슬러사(미)의 D 웰레스. 차축 베어링 가공에 슈퍼 피니싱 가공법을 개발

1934년 쇼와 전공, C 입자(탄화규소질)를 개발

1940년 대일본 병기(현재의 니치헤이 도야마), 원통 연삭기 시제품 제작. 동양 공업, 내면 연삭기 제작

1941년 도미와 중공 기어 연삭기 제작

1942년 대일본 병기, 만능 연삭기와 크랭크 핀 연삭기 시제품 제작

1943년 오쿠마 철공소 만능 연삭기 발표
대일본 병기, 내면 연삭기 시제품 제작

1949년 노턴사, 자동 캠축 연삭기 완성

1950년 미국에서 초음파 가공법 실용화와 전해 연삭 가공법 실용화

1952년 세이코 정밀 기계, 전자동 내면 연삭기 제작. 니치헤이 산업, 센터리스 연삭기 제작

1953년 GE사(미국) 인조 다이아몬드 숫돌 입자 개발. 오까모도 공작 기계, 범용 원통 연삭기 제작

1954년 마키노 수직 밀링, 공구 연삭기 제작

1955년 도요다 공작 기계, 원통 연삭기 제작

1957년 GE사 CBN(보라존)을 개발

1960년 신시내티·미라크론사(미국)
세계 최초의 NC 원통 연삭기 완성

1964년 도요다 공업 기계, NC 캠 연삭기 제작.
노턴사, 최적(AC) 제어법 개발
도요 공업 NC 캠 연삭기 제작.
오쿠마 철공소, 다이얼식 NC 원통 연삭기 제작

1966년 아헨 공과 대학(독일)의 H. 오피쯔, 고속 원통 연삭기 발표
샤우트사(독일), 숫돌 원주 속도 60m/s의 고속 연삭기 발표

1968 오쿠마 철공소, 세이코 정밀 기계, 도요다 공작 기계, 마츠이 정밀 기계, 산쇼 제작소, 고속 연삭기 발표

1970 도요다 공기, 오쿠마 철공소, 니치헤이 산업 등 디지털 이송 원통 연삭기를 발표
브룸사(독일), 크리프 피드 연삭기 발표

개발하였다.

그다지 화제에는 오르지 않았지만 독일의 공작 기계 공업은 1850년경부터 영국을 본따 발전하였다. 그러나 1900년 전후부터는 능률적인 미국의 공작 기계 메이커에서 기술을 도입하는 회사가 많아졌다. 브라운·샤프, 노턴, 란디스 같은 곳에서 많은 연삭기를 수입하였으며, 또 제조권을 얻은 메이커도 몇 개 있었다.

그 중에서도 네서스 유니온, 라이네커, 린드너, 융과 같은 메이커는 급속하게 기술을 발전시켜 오늘날에 와서는 각각 훌륭한 독자성이 있는 연삭기를 만들 수 있게 되었다.

독일과 같은 발달 과정을 이룬 연삭기 메이커가 스위스에도 몇 군데 있다. 원래 스위스는 시계 공업을 배경으로 한 소형 정밀 가공이 자랑이었다. 스튜더, 튜던과 같은 메이커의 원통 연삭기는 오늘날에도 매우 평판이 좋은 유명한 기계이다.

일본에서의 연삭기 국산화 경위

일본의 공작 기계를 본격적으로 육성한 것은 제2차 세계 대전이 일어나기 전의 군부였다. 그것도 육군보다는 해군쪽이 더 열심이었다. 이는 일본의 에도 시대 말기에 외국으로부터 외항선이 들어왔던 것이 한 원인이었다.

그 때 막부(幕府)에서는 나가사키, 이시카와지마, 요코스가 등에 연달아 조선소를 만들면서, 네덜란드나 프랑스에서 기술자를 불러 일본의 기술자를 양성했던 것이다. 이 조선소는 메이지 시대에 이르러 민간에게 불하되었으며 어떤 것은 해군 공창이 되면서 일본의 공작 기계 공업 육성의 중심적 존재가 되었다.

해군에서는 공작 기계나 공구 또는 측정기 수입에도 힘을 쏟았다. 그리고 가라쓰 철공소나 이케가이 철공과 같은 공작 기계 제작소가 창립되면서, 재빨리 외국 기계를 복사 발주도 하였다.

1914년에 가라쓰 철공소에서 랜디스형 만능 연삭기를 제작했는데 이 일본 제1호 연삭기도 마이즈루 해군 공장 지도하에 만들어섰던 것이나.

이어서 1918년에는 이케가이 철공에서 브라운·샤프형 만능 연삭기를 만들었고 소노이케 제작소에서는 미국의 힐드형 내면 연삭기를 완성하여 비로소 연삭기를 제작하기 시작하였다.

오늘날의 일본 공작 기계 공업 중, 가장 기술이 뒤진 것도 연삭기이다. 특히 기어 연삭기나 나사 연삭기, 지그 연삭기와 같은 특수 연삭기의 수입기 의존율은 매우 높다.

원통 연삭기나 평면 연삭기와 같은 기종에서도 거의 모두가 외국 기계의 모방부터 시작했다. 물론, 이와 같은 일은 연삭기만의 일은 아니지만, 특히 연삭기가 심했던 것 같다. 그리고 외국 제조

맥킨젠 베어링

사와 기술 제휴가 제일 많은 것도 연삭기이다.

연삭기의 생명은 숫돌 축

어떤 공작 기계든지 가장 중요한 부품이 무엇이냐고 묻는다면, 우선은 스핀들일 것이다. 연삭기의 생명도 바로 숫돌 축이다. 보통 선반이나 밀링 머신과 같은 기종에서는 주베어링에 볼(ball)이나 롤러 베어링을 사용한다.

그러나 연삭기에서는 구름 베어링보다도 정압과 동압식의 미끄럼 메탈 베어링을 채택한 기계가 많다. 맥킨젠형이나 신시내티사의 필매틱 베어링, 랜디스사의 마이크로 스페어·베어링 등 각사마다 고심하여 만든 작품을 완성하고 있다.

오늘날에는 구름 베어링의 성능이나 정밀도가 향상되어, 구태여 미끄럼 베어링을 쓰지 않는 연삭기가 많아지는 것도 사실이다. 즉 전동체(轉動體), 내륜 그리고 외륜을 만드는 연삭기 자체의 성능과 정밀도가 향상되었기 때문이다. 그래도 아직 구름 베어링이 좋은지, 미끄럼 베어링이 좋은지는 결말이 나지 않고 있다. 고속 내면 연삭기의 숫돌 축에 구름 베어링이 사용되는 것 외에는 지금도 이 두 가지가 모두 사용되고 있는게 현실이다.

드디어 초연삭재 CBN 출현

다이아몬드를 인공적으로 만든다는 것은 오랜 세월에 걸친 인류의 꿈이었고, 많은 과학자가 여기에 도전하다 실패를 거듭하고 있었다. 다만, 그 과정에서 SiC 숫돌 입자나 루비 숫돌 입자를 인공적으로 만든 경우가 있긴 했다.

1954년 드디어 미국의 GE사가 다이아몬드 합성에 성공하였다. 그러나 정확하게 말한다면 그 전년에 스웨덴의 ASEA사가 성공했던 것이며 그 다음 해에는 소련에서도 합성에 성공하였다. 실로 동시 발생적인 발명이 증명되었던 것이다. 그리고 재미있는 것은 이어서 발명된 CBN(입방정 질화붕소)도 미국과 소련에서 같은 해에 만들어졌다는 것이다. 그 합성 방법은 다르지만, GE사에서는 「Borazon」이라고 이름 붙이고 소련에서는 「Elber Cubonite」라고 부르고 있다.

CBN은 다이아몬드보다 경도는 떨어지지만, 금속을 연삭하는 데에는 다이아몬드보다 뛰어난 성질을 가지고 있다. 인조 다이아몬드는 어떤 촉매 금속을 넣어서 합성되기 때문에 이 때의 촉매 금

연삭기 주베어링의 여러가지

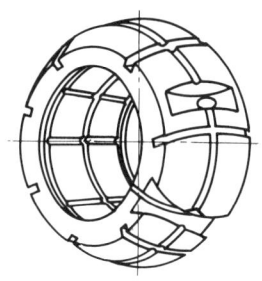

마이크로 스페어 베어링 (랜디스사)

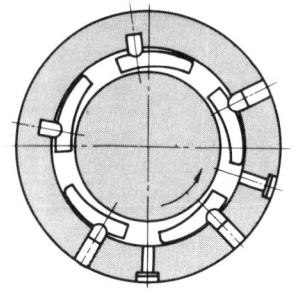

기름 구멍

필매틱 베어링 (신시내티사)

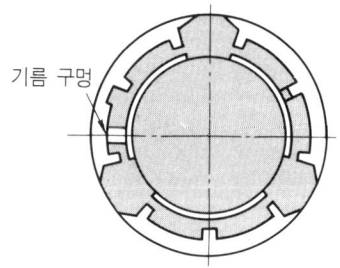

맥킨젠 베어링 (린드너사)

속이나 그 탄화물이 결정 속에 남아 있어 절삭 공구나 숫돌로 사용할 때 여러 가지 재난을 일으키게 되며, 더구나 다이아몬드는 탄소 C이기 때문에 피삭재가 강철일 때에는 C와 강철이 친화성 화학 변화를 일으키기도 한다.

CBN 숫돌 입자의 출현은 연삭 가공에 커다란 영향을 미치고 있다. 즉, 그 이전의 WA 숫돌이나 SiC 숫돌은 마모되지만(오히려 공구 연삭이나 드레싱을 할 수 있기 때문에 좋을 때도 있음), CBN은 거의 닳지 않아 연삭성이 좋다. 예를 들어, 몇 년 전부터 시판되고 있는 엔드 밀의 절삭성이 좋은 것은 아마도 CBN으로 연삭되었기 때문이라고 생각된다. 루페로 보면 CBN으로 연삭된 엔드 밀의 절삭날 랜드부에는 숫돌 자국이 많이 남아 있다. 그럼에도 불구하고 절삭성이 좋다는 것은 종래의 숫돌로 연삭된 엔드 밀은 숫돌 자국은 없지만 랜드부에 소성 유동층이 붙어 있어 귀가 떨어지기 쉽기 때문이다.

최근, 절삭하기 어려운 가공물을 아예 CBN으로 연삭하자는 경향이 있는데 절삭 대신에 연삭 가공하자는 것이다. 다만, 가공 코스트면에서 본다면 연삭 에너지는 절삭 에너지보다 훨씬 비싸다는 것이 문제가 된다.

CBN은 인류가 만든 물질로서는 다이아몬드 다음으로 단단하며, 이제 더이상 단단한 물질은 없다고도 말할 수 있다. 이것이 최대의 장점이지만, 그 반대로는 공구 연삭이나 드레싱이 매우 어렵다는 것과 인조 다이아몬드보다 몇 배나 비싸다는 단점이 있다.

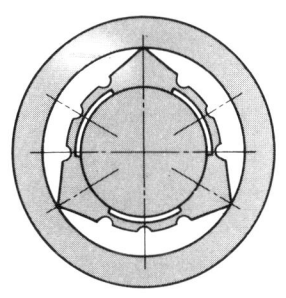

비진원 미끄럼 베어링(**大隈** 철공소)

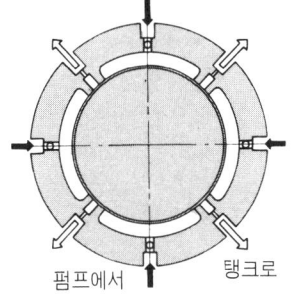

펌프에서   탱크로

정압 베어링(**豊田** 공기)

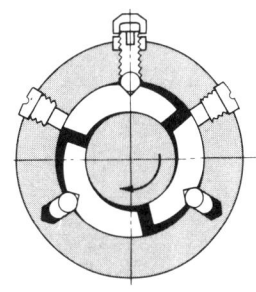

세그먼트 베어링(**日平** 도야마)

연삭 가공의 기초 테크닉

연삭기를 쓰기 시작한 지 50년 정도 되는데 그 동안 연삭기는 기능적으로 훨씬 정밀해 졌으며, 강성이나 정밀도도 모두 매우 높아졌다. 그리고 실제로 조용하고 진동이 적은 기계가 등장하고 있다.

옛날에 표준형으로 되어 있던 결합도 M의 외경 연삭용 숫돌은 지금은 너무 단단하여 쓸 수가 없다. 현재는 결합도를 2단 정도 낮추어 결합도를 L정도로 한 것이 표준으로 되어 있다.

연삭 가공에 관한 참고서는 어떤가? 전문 서적을 찾아 보면, 약 백 종류 정도 있지만 그 대부분이 어렵고 이해하기 어려운 이론 서적이며 연구 데이터의 발표뿐이다. 현장에서 실제로 연삭 가공을 할 때에 즉시 초심자가 참고할 만한 참고 서적은 거의 없다라고 할 정도로 눈에 띄지 않는다.

여기에서는 이러한 초심자를 위해 어려운 이론은 피하고 일반 연삭 가공을 할 때 「나는 이렇게 해 보겠다」는 것만을 설명한다.

최근의 기계는 날마다 발달하고 있어서 약전(弱電) 부분이 급속하게 발달하여 이를 이용한 공작 기계는 전보다 훨씬 간단하게 된 반면, 여기에 쓰이는 부품은 더욱 더 고정밀의 부품이 필요하게 되었다.

예를 들면, 제2차 세계 대전때까지만 하여도 선반 주축의 휨이 5μm이고 표면 거칠기가 1.5μm로 가공되기만 하여도 고급품으로 여겼었다. 일단, 부품으로서는 훌륭하게 가공되었다고 말할 수 있었던 것이다.

그러나 지금은 주축의 휨이 1.5μm이고 표면 거칠기가 0.5μm로 다듬질되어도 칭찬받지 못한다.

연삭 가공에서는 소재의 휨과 표면 거칠기는 서로 상반되는 성질을 가지고 있어서 즉, 표면 거칠기를 미세하게 할수록 휘기 쉽다는 것을 현장에서 일하시는 분은 당연히 알 것이다.

우리들은 표면 거칠기를 미세하게 하고 싶을 때일수록 테이블 속도를 느리게 하고 드레싱하며, 「제로 절삭 깊이」 즉, 드레싱의 스파크 아웃 횟수를 늘린다. 이렇게 드레싱한 숫돌의 작업면은 이미 덜링(dulling) 상태나 이와 유사한 표면으로 되어 있다.

이렇게 된 숫돌로 막상 다듬질 연삭을 시작할 때에도 다듬질 이송을 극단적으로 느리게 하고 있다. 가공물의 회전수는 거친 연삭의 1/2이나 1/3이 좋으며, 오히려 회전수는 조금 빨리 하는 편이 좋은 데도 불구하고 회전수조차 조금 느리게 하고 있다.

다만, 평면 연삭의 다듬질 가공에서 소재의 회전수를 빨리 하고, 로딩된 것 같은 숫돌로 연삭한 결과를 보면, 표면층은 유동하여 표면 거칠기는 일단 미세하게 다듬질된다. 그러나 이와 같은 상태의 숫돌로 긴 소재를 연삭했을 때의 모양을 조금 확대하여 그린 것이 그림 1이다. 순서는 다음과 같다.

이렇게 되면 그 사람의 점수는 30점밖에 줄 수가 없다. 이 때에는 치수나 표면 거칠기를 바르게 유지하기 보다는 우선, 숫돌의 선정이나 드레싱 조건, 그리고 다른 연삭 조건에 문제가 있는 것이다.

그래서 숫돌 가공을 하려면, 다음과 같은 순서에 따라야 한다.

① 숫돌의 선정
② 드레싱
③ 연삭 조건
④ 연삭액

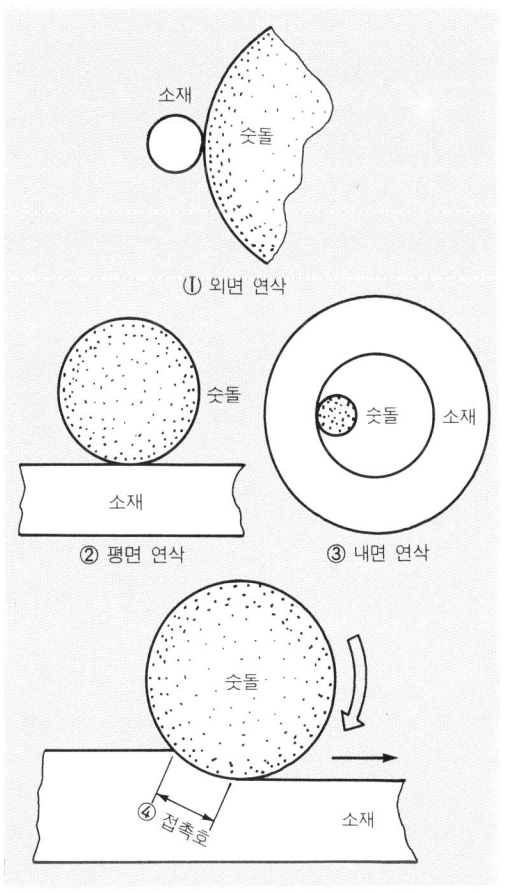

(1) 외면 연삭

② 평면 연삭   ③ 내면 연삭

④ 접촉호

그림 2. 숫돌과 소재의 접촉

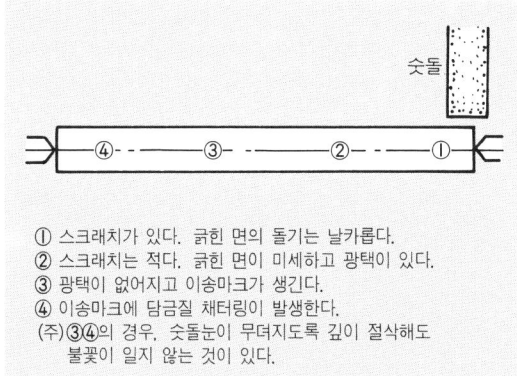

① 스크래치가 있다. 긁힌 면의 돌기는 날카롭다.
② 스크래치는 적다. 긁힌 면이 미세하고 광택이 있다.
③ 광택이 없어지고 이송마크가 생긴다.
④ 이송마크에 담금질 채터링이 발생한다.
(주)③④의 경우, 숫돌눈이 무뎌지도록 깊이 절삭해도 불꽃이 일지 않는 것이 있다.

그림 1. 잘못된 가공

⑤ 숫돌의 균형

그래서 필자가 일반 강재를 연삭하던 방법을 소개한다.

숫돌의 선정 방법

일반 강재를 연삭할 때 누구나 WA(알루미나)를 고르는데 이것은 맞지만, 문제는 숫돌의 결합도와 숫돌의 크기 그리고 소재의 지름이 연삭을 할 때 크게 작용한다는 점이다.

그림 2는 ①, ②, ③의 순서로 접촉호가 커지는 것을 나타내고 있으며 ④는 접촉호를 설명하고 있다. 이 접촉호가 클수록 결합도가 낮은 숫돌을 선정한다. 접촉호의 크기는 그림과 같이 ①<②<③이라고 생각해도 좋으므로, 외경용>평면용>내면용의 순서로 결합도가 낮은 숫돌을 사용하는 것이 된다. 그러나 내면 연삭만은 예외라고 생각할 필요가 있다.

내면 연삭일 때에는 숫돌면의 절삭날수가 매우 적으므로 덜링이 된다는 것을 뻔히 알면서도 외경 연삭 때와 같거나 또는 이보다 한 단계 높은 결합도의 숫돌을 사용한다.

외경 연삭일 때에는 가공물의 지름이 클수록 결합도가 낮은 숫돌을 선정하지만, 내경 연삭 때에는 숫돌의 소모가 빠르므로 결합도를 근심할 필요가 없다. 가급적이면 숫돌의 지름을 소재 내경의 70% 정도되는 숫돌을 사용한다. 이보다 크게 되면 가공중에 열이 생기기 쉬우며 너무 작은 숫돌을 사용해도 채터링이나 글레이징을 일으킨다.

여기서 연삭에 사용하는 일반 숫돌을 결합도 순으로 열거하면, ⋯⋯, F, G, H, I, J, K, L, M, ⋯⋯으로 된다. 이 중에서도 특히 J, K, L을 사용하지만 단단한 재료나 부스러지기 쉬운 재료를 가공할 때에는 I나 H를 사용하는 수도 있다.

평면 연삭에서는 단단한 재료에서 연한 재료로 될수록 F, G, H, I와 같은 결합도를 선정한다.

내면 연삭에서는 외경 연삭과 같은 결합도를 선정하되, 우선 결합도가 낮은 숫돌을 써 보도록 한다. 처음부터 결합도가 높은 숫돌을 사용하면 채터링이 발생하기 쉬운데, 가열되기 쉽기 때문이다.

숫돌에는 조직이라는 것이 있는데 이것은 숫돌 전체에 포함된 숫돌 입자와 결합제, 그리고 공기의 비율이라고 생각하면 된다.

여기서 공기란 숫돌의 기공(氣孔)을 말한다. 그림 3과 같이 한 개의 절삭날로부터 다음 절삭날까지의 사이에는 아무 것도 없이 공기만 있는 부분이 있다. 실제로 깎여 나간 절삭분은 이 아무 것도 없는 부분에 고이게 되고, 숫돌이 1회전하여 이 부분이 또 다시 접촉점에 오게 될 때까지 원심

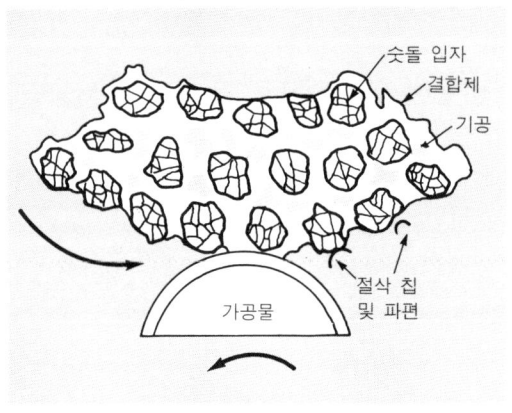

그림 3. 숫돌의 조직과 작업면

력 때문에 뿌리쳐 떨어져 나가게 된다.

이 기공이 없으면 칩이 표면을 상하게 하며, 기공이 있으면 기공과 절삭날 사이의 아무 것도 없는 공간에 냉각액을 고이게 하여 열이 발생하는 것을 방지하게 된다. 그리고 이 기공의 전체적은 한 장의 숫돌 전체적 중 40~45%나 되고 있다.

조직을 나타내는 기호에는 일반적으로 사용할 때의 No. 6, 7, 8, 9, 10, 11, 12 등이 있다. 숫자가 작을수록 기공이 작다고 생각하면 되며 또는 기공의 수가 적다고도 말할 수 있다. No. 12와 같은 것은 다공성 숫돌이라고도 말한다.

이 No. 12 숫돌은 열이 발생되기 쉬운 소재나 휘기 쉬운 소재 등을 연삭하는데 사용되며, 평면 연삭에는 자주 사용된다. 기공이 많으므로 그만큼 냉각액이 저축되어, 냉각 효과가 좋기 때문이다.

다공성 숫돌을 제외하고 표준형으로 사용되는 숫돌의 조직은 No. 6부터 No. 8까지이다.

드레싱

숫돌은 작업중에 로딩이나 글레이징을 일으켜 소재의 품질이 나빠진다. 따라서 가끔씩 드레싱을 하여 새로운 절삭날이 표면에 나오게 하는 동시에 로딩이나 글레이징을 제거해 줄 필요가 있다.

우리들은 숫돌 가공을 할 때, 숫돌의 입도(粒度)나 결합도를 알고 있다. 보통 사용하는 숫돌의 입도는 요구되는 소재의 표면 거칠기가 $0.8\mu m$ 이상일 때에는 비교적 하나의 입자로 되어 있는 #46과 #60을 사용한다. 그렇다면 #46과 #60의 숫돌 입자 크기는 도대체 어느 정도인지 알아보자.

참고서를 보면, 예를 들어 #46의 숫돌 입자란 25.4mm(1 inch) 사방의 체(screen)면을 가로, 세로로 46칸으로 구분하여, 그 위에는 JIS 규격에 따른 한단 높은 거칠기의 체와 그 아래에는 한단 가는 눈목의 체를 포개어 놓고, 위에 있는 체를 통과한 숫돌 입자가 중간의 체에 멈춘 숫돌 입자를 #46이라고 부르며, 이 숫돌 입자에 결합제를 보태어 만든 숫돌을 #46 숫돌이라고 말한다.

다만 숫돌 입자는 결코 빠찡꼬 구슬과 같은 구형(球形)은 아니므로, 다소 이보다는 큰 숫돌 입자나 작은 숫돌 입자가 섞여 있다. 또한, #46 숫놀 입자의 크기도 25.4÷46=0.55mm라는 뜻이 아니라 체의 망 철선의 굵기만큼 빼야 된다.

그래서 망의 철선 굵기를 0.1mm라고 한다면, 실제의 숫돌 입자 크기의 평균값은 #46일 때 약 0.45mm 정도이고 #60일 때 약 0.32mm 정도가 된다.

이제 #46이나 #60의 숫돌 입자 평균 크기를 알게 되었는데 이 숫돌을 이제 하나의 돌로 되어 있는 드레서로 드레싱한다. 드레서의 절삭 깊이를 한번에 0.02, 0.2, 0.01, 0.005mm씩 하고, 스파크 아웃시키는 것은 누구나 하고 있는 일이지만, 오히려 드레서의 이송 속도가 어려운 문제이다.

최근까지도 드레싱 속도를 정할 때에 숫돌 입자의 크기를 고려하지 않고 결정했었는데, 이는 단지 이론과 경험이 비교적 맞아 떨어진데 불과했던 것이다. 즉 경험으로 얻은 속도였던 것이다.

숫돌 입자는 앞서 말한 바와 같이 평균 크기가 있으며, 이 크기를 고려하지 않고 드레싱 속도를 정한다면 아무 의미가 없는 일로서 제품의 품질이 들쭉날쭉하게 되어 버린다.

그렇다면 적당한 드레싱 속도에 대해서 알아 보자.

#46의 숫돌을 드레싱할 때, 이 숫돌의 표면에는 숫돌 입자의 크기 즉, 0.45mm의 중심 간격을 두고 지름 0.45mm의 숫돌 입자가 나란히 박혀 있다. 이 숫돌 입자는 모두 로딩이나 글레이징의 상태이므로, 드레싱할 때에는 각 숫돌 입자를 적어도 한번씩은 드레서가 지나가는 속도로 이송하지 않으면 안된다. 다만, 이것은 거친 연삭의 경우에만 해당된다.

지금, 숫돌 축의 회전수를 P rpm, 숫돌 입자의 크기를 d mm, 드레싱 이송 속도를 v mm/min 이라고 한다면,

$$v = Pd$$

로 된다. 이 v가 드레서의 숫돌 축이 1분간 회전하는 동안 이송되어야 할 드레서의 최대값이다.

예를 들면, $P = 1500$ rpm, $d = 0.45$ mm라고 한다면

$$v = 0.45 \times 1500 = 675 \text{mm/min}$$

이 된다.

그렇다고 해서 거친 연삭 때에 드레싱 속도를 675mm/min으로 해서는 안된다. 숫돌 입자 속에는 0.45mm 보다도 작은 숫돌 입자가 많이 포함되어 있으며, 또한 우연히도 드레서가 숫돌 입자와 숫돌 입자의 접점을 통과했을 때에는 극단적으로 말해 어느 숫돌 입자도 드레싱되지 않았다는 것이 된다. 그래서 실제로는 약 1분간에 600mm 정도의 속도로 테이블을 이송하면 된다.

이어서 다듬질 드레싱시에는 거친 연삭 때의 드레싱 속도의 2/3 내지 1/2 정도로 하면 된다. 다듬질 드레싱의 경우, 너무 잘게 즉, v를 작게 하는 것은 오히려 나쁜 결과로 될 때가 있다. 너무 잘게 드레싱하는 것은 오히려 숫돌의 눈을 메꾸게 되는 수가 많으므로, 이 보다는 숫돌 입자의 크기가 더 작은 숫돌을 쓰는 편이 다듬질이 잘 된다.

드레서의 다이아몬드가 새 것이어서 날카로울 때에는 드레싱 속도를 조금 느리게 한다. 반대로 끝이 마모되어 넓적하게 되어 있을 때에는 때로는 돌려서 다른 면으로 드레싱한다. 물론, 더욱 마모되었을 때에는 다이아몬드를 다시 박아 고쳐 쓴다.

연삭조건

여기에서 말하는 연삭 조건이란 어떤 부품을 어떤 방법으로 연삭하느냐 하는 조건을 말하며 너무 정밀하게 연삭하면 가공 시간이 길어진다. 이것은 불량품 발생이 높을 뿐만 아니라, 더욱 나쁜 것은 만일 다시 수정하게 된다면 처음부터 가공하는 것보다 더 시간이 걸리는 수가 있다.

연삭기에는 숫돌을 먹이는 연삭 깊이의 한계가 있으며, 원통 연삭기가 한 번 왕복할 때의 트래버스는 0.02mm이고, 평면 연삭 때에는 0.01mm이다. 각 스트로크마다 이 이상 먹이게 되면 연삭 번(burn)이나 휨의 원인이 되며, 드레싱 횟수가 많아지게 되므로 가공 시간을 단축하기는 커녕 오히려 길어진다.

내면 연삭을 할 때, 너무 깊게 반복해서 먹이면 숫돌 축이 휠 뿐 큰 효과가 없으며, 오히려 구멍의 양끝이 크게 되어 열이 많이 발생하고 트러블의 원인이 된다.

연삭액

연삭액도 연삭기와 같이 해마다 발전하여, 새로운 것이 계속해서 나와 판매되고 있다. 이것을 크게 나누어 보면, 다음의 네 가지 종류가 있다.

① 스트레이트형
② 솔류션형
③ 솔류블형
④ 에멀션형

필자는 그 성분이나 제조 방법에 대해서 잘 모르지만, 어떤 작업을 할 때에는 어떤 형의 연삭액

이 많이 사용되는지 대강은 알고 있으므로, 그것에 대해 설명한다.

① 스트레이트형 ····· 유제 메이커에서 구입한 것을 그대로 사용하며, 열용량이 크므로 숫돌 작업면의 형태를 오래 보존할 수가 있다. 값은 비싸지만, 그 성질을 이용하여 총형 연삭이나 나사 연삭, 기어 연삭 등에 사용한다.

② 솔류션형 ····· 물로 50~100배로 희석하여 사용한다. 숫돌의 로딩이 적으며, 숫돌 덮개 안에 붙어 있는 절삭분도 동시에 씻어 내는데 가공된 소재는 표면 거칠기가 조금 나빠진다.

물로 희석해도 투명하여 연삭점은 잘 보이지만, 어떤 종류의 도료는 침식되는 수가 자주 있다. 또한 가공이 끝난 후, 곧 닦아 내지 않으면 비철 금속은 변색하는 수가 있다.

③ 솔류블형 ····· 물로 30~50배로 희석하여 사용하는 연삭액이지만, 솔류션형과 같이 투명하지는 않다. 최근에 가장 많이 일반적으로 쓰이게 되었다.

④ 에멀션형 ····· 물로 15~20배로 희석하면, 유백색이 된다. 전에는 거의 모두 이 형을 썼는데 최근에는 이보다 좋은 연삭액이 많아 잘 쓰지 않는다. 숫돌에 다소 로딩이 생기기 쉽지만, 특수한 경우(필자의 경우에는 스테인리스강) 등을 연삭할 때 사용하는 경우가 있다.

연삭액에 물을 섞는 비율이 너무 많으면 소재의 표면 거칠기가 나빠지며, 소재의 면적이 클 때에는 테이블이 한 번 왕복할 동안에도 녹이 스는 경우가 있다. 그러나 물 섞는 비율이 너무 적으면 로딩이 일어나기 쉬우므로 연삭액의 적당한 농도에 대해 정리해 보면 다음과 같다.

즉, 가공물에 붙어 있는 연삭액이 부분적으로 없어지면서 금속 표면이 말라 노출되는 상태를 만들고, 그리고 녹이 스는 것을 막기 위해 여름에는 겨울보다 진하게 하여 사용한다.

연삭액은 될 수 있는 대로 연삭점에 많이 쏟아 붓는다. 숫돌의 회전면 부근에서는 대기압보다도 1기압 정도 기압이 높으므로 연삭액이 연삭점까지 도달하기가 어렵다. 따라서 열이 생기기 쉬우므로 이 기류층을 옆으로 날려 보내는 것도 고려한다.

연삭액이 노즐에서 나오는 속도는 될 수 있는 대로 빠르게 하고, 많이 쏟아 붓는 것이 좋다고 대부분의 참고서에 써 있다. 당연하지만, 필자의 어떤 친구는 연삭액은 많이 붓되, 그 속도는 자연 낙하 상태로 하여 작업한다. 이 때의 효과로는 연삭액 자체가 압력이 높은 기류층을 밀어 내기 때문이다.

숫돌 밸런스 수정

내면 연삭일 때에는 숫돌이 작으므로 숫돌의 밸런스 수정을 하지 않지만, 평면 연삭이나 원통 연삭의 경우에는 적어도 정적(靜的) 밸런스만은 잡지 않으면 안된다.

정밀 가공을 하기 위해서는 동적 밸런스도 잡을 필요가 있다. 지금은 누구라도 이 정적 밸런스를 잡겠지만, 다시 한 번 다음 항목을 확인해 보는 것도 중요하다.

① 숫돌을 어댑터에 설치하고 나서, 세 개의 밸런스 피스를 빼낸 상태로 기계에 설치하여, 최초로 트루잉을 한다.

② 트루잉이 끝난 숫돌은 어댑터와 함께 숫돌 축에서 떼내어 맨드릴을 끼우고 밸런스 수정대 위에서 밸런스를 잡는다.

우선 제일 가벼운 부분에 밸런스 피스를 한 개 고정한다. 다음에는 그 양끝에 밸런스 피스를 한 개씩 붙이고, 언밸런스를 살피면서 두 개의 밸런스 피스를 고정하며, 중앙에 있는 고정된 한 개로부터 같은 간격으로 벌리거나 또는 좁히면서 밸런스를 잡는다.

③ 어댑터와 함께 기계의 숫돌 축에 장치하여 드레싱을 한다.

이 때 틀림없이 숫돌 표면이 흔들리면서 돌게 되는데 얕게 드레싱을 해봐서 단속적인 소리가 나지 않으면, 그대로 작업을 계속해도 상관없다.

그러나 단속적인 소리가 너무 심하면, 또 다시 기계에서 떼어 내어 두번째 밸런스를 잡는다. 이로써 작업을 시작할 수가 있다.

그리고 하루 정도 작업을 한 후에 어댑터의 고정 볼트를 다시 한 번 조여 준다.

④ 한 번 밸런스 수정을 한 숫돌이 마지막까지 언밸런스가 없는 상태로 회전한다고는 볼 수 없다. 숫돌에는 여기저기에 밀도의 차이가 있어서 사용하고 있는 동안에도 숫돌이 작아지면 또다시 언밸런스가 된다.

새로 제작하는 숫돌은 언밸런스의 양이 JIS 규격에 합격되면 훌륭한 고급품으로 판매된다. 따라서 한 번 밸런스를 수정하여 쓰기 시작한 숫돌이라도 또 다시 언밸런스가 발생하여 다시 수정할 필요가 많아진다. 보통 외경 연삭용은 3회, 평면 연삭용은 2회 정도 밸런스 수정을 하는 것이 좋다.

⑤ 내경 연삭 때에는 숫돌이 작으므로, 보통은 언밸런스의 수정을 할 수가 없다. 그러나 내경 연삭을 할 때, 비록 숫돌의 밸런스가 적당하다고 하여도 기계의 보존 상태가 크게 영향을 미치며, 퀼(quill)의 굵기와 길이도 미묘한 영향을 끼친다.

너무 굵은 퀼이면 채터링이 생길 때도 있고 너무 가는 퀼을 사용해도 같은 결과가 되며, 연삭을 깊게 먹여도 퀼이 변형하기만 하고 깊게 연삭되는 효과는 올라가지 않는다.

내면 연삭기에서 구멍을 가공할 수 있는 깊이는 내경의 5배가 한도라고 생각해도 좋을 것이다. 모스 테이퍼나 브라운 샤프 테이퍼의 구멍을 연삭할 때 작업자가 불평을 하는 것은 퀼이 가늘고 길어 위와 같은 이유로 가공이 까다롭기 때문이다.

연삭 실례

(1) 가늘고 긴 축의 연삭

여기서 말하는 가늘고 길다는 뜻은 길이와 지름의 비율이 크다는 것을 말한다. 길이가 지름의 15배 이하일 때에는 작업상 별 문제가 없지만, 그 이상이 되면 방진구가 필요하게 된다. 그렇다면 17배의 경우 반드시 방진구가 필요한가.

그 답으로서는 재료의 지름이 작으면 그 길이도 짧으므로, 즉 방진구를 놓고 싶어도 설치할 장소가 없다. 이럴 때에는 다듬질할 때 중앙의 굵은 부분을 손대중으로 연삭하여 정확한 원통도로 다듬질하는 수밖에 없다.

소재가 길게 되면, 지름의 12~15배가 되는 곳마다 방진구를 장치하는게 좋다. 즉 지름이 30mm이고 길이가 2m의 축이라면, 지름의 15배를 목표로 하여 방진구를 달게 되므로, 방진구의 수를 계산하면 다음과 같이 된다.

$$30mm \times 15 = 450mm, \quad 2m \div 450mm = 4.4$$

축은 양끝을 센터로 받치고 있으므로 4.4−1 = 3.4, 소수점 이하를 올리면 결국 방진구수는 네 개가 필요하게 된다. 소재가 무거울 때에는 크레인으로 매달아 올려야 하므로, 방진구수를 짝수로 하면 중심부에 매다는 로프를 걸 수 있다.

실제로 연삭을 하기 시작할 때에는 우선 재료를 가공하기 전에 소재의 각 부분 치수를 측정해 본다. 연삭 여유가 충분하다면 연삭을 시작해도 되지만, 우선 푸트 스톡 부분에 숫돌을 대서 그 때의 치수와 핸들의 눈금을 읽어 둔다.

다음에는 숫돌을 한번 후퇴시켜 될 수 있는 대로 끝 부분에 끼운 돌리개 가까이의 부분을 같은 치수가 될 때까지 연삭한다. 이렇게 해서 돌리개 부근의 치수가 2~3μm 정도 굵게 될 때까지 테이블을 조정하고 나면 비로소 작업에 들어간다.

그림 4와 같이 되도록 끝부분에 끼운 돌리개 부근까지 숫돌이 가게 하고, 또 푸트 스톡 부근에서는 숫돌이 숫돌 폭의 1/3~1/4 정도 길이만큼 밖으로 벗어나게 조정하며, 돌리개 부근에서는 2~3회, 푸트 스톡 부근에서는 1.5~2회 정도 소재가 돌 수 있게 조정한다. 이것을 프리타임이라고 한다.

거친 연삭에서의 테이블 이송 속도는 소재가 1회전하는 동안 테이블은 숫돌 폭의 1/3~1/2이고, 다듬질 연삭 때에는 숫돌 폭의 1/3~1/4 정도 진행하는 속도를 선정하면 된다.

그런데 소재에는 몇 군데에 방진구가 붙어 있다. 거친 연삭이 진행되는 과정에서는 아래, 위, 옆에서 방진구가 가볍게 소재에 접촉하고 있어야 하며, 방진구의 힘이 너무 세면 중간 부분이 가늘게 되고 휨이 끝까지 남게 된다.

그래서 거친 연삭 때에는 언제나 돌리개 부근의 전후에서 양끝부분보다는 0.02~0.03mm 정도 굵게 하는 상태를 유지하면서 연삭해 간다.

소재의 휨은 이렇게 하지 않으면 수정되지 않는다. 방진구의 힘이 너무 세면, 가공할 때 이미 다듬질 치수 가깝게 되며, 그 후 원통도를 정확하게 고치고 나면 휨이 생기게 된다.

거친 연삭에서 중간 다듬질, 끝다듬질 연삭으로 진행하지만, 마지막 다듬질 여유가 너무 많으면 숫돌이 오래 견디지 못한다.

그림 5에서 알 수 있는 바와 같이, 거친 연삭 때에는 골바닥을 다듬질 치수의 최대 지름이 되게 하고, 중간 다듬질 때에는 거친 연삭의 산을 중간까지 연삭하는 것이라고 생각하면서 가공하면 된다. 이것이 숫돌의 수명을 연장하는 것이 된다. 또한 가공하기 전에 미리 소재의 휨을 대강 수정해 둔다.

그리고 중간 다듬질을 할 때에는 거친 연삭 때의 종점보다 10mm 정도 앞에서 테이블이 반전하게하고 끝다듬질 연삭 때에는 중간 다듬질의 반전 위치보다도 10mm 정도 더 앞에서 반전하도록 테이블 스트로크를 조정해 두지 않으면 돌리개를 걸은 부분을 연삭할 때 심한 편심이 된다.

이상과 현실과는 상당히 달라 실제의 거친 연삭이 끝났을 때에는 +0.02~0.03mm 정도로 다듬

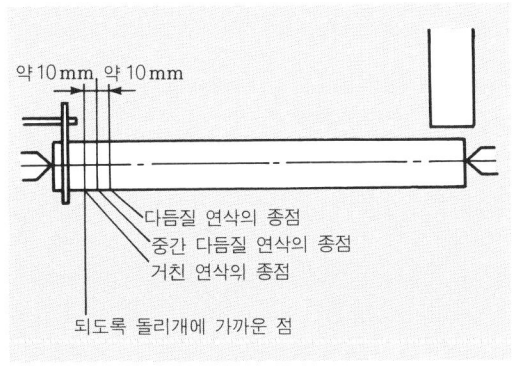

그림 4. 긴 축 연삭의 절차

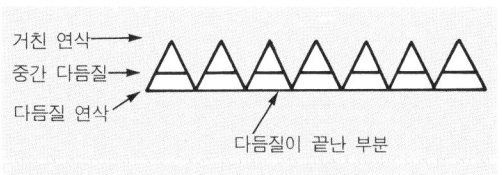

그림 5. 연삭되는 표면

질 최대 치수보다 굵게 연삭된다.

따라서, 마지막 다듬질에서는 거친 연삭을 했을 때의 거칠기의 골바닥보다 0.01mm 정도 들어 간 곳이 다듬질한 표면이 된다.

(2) 주축의 연삭

여기에서 말하는 주축이란 선반이나 자동 선반의 주축과 같이 비교적 지름이 굵어 방진구를 쓰지 않아도 되며, 몇 단(段)이나 되는 단이 외경에 있으면서 의외로 정밀도가 높아 가공 시간이 오래 걸리는 소재를 말한다. 이와 같은 주축은 표면 거칠기나 원통도 또는 진원도 그리고 각 부분의 편 심도 같은 것이 매우 까다로운 물건이다. 그래서 이와 같은 작업은 시작하기 전에 센터를 잘 닦고, 연삭을 할 때에는 원칙적으로 중앙부에서 시작하여 양끝으로 다듬질한다.

한 쪽 끝부분의 한 곳부터 시작하며 거친 연삭부터 다듬질까지 가공하고, 다음 단으로 넘어가 순 서적으로 가공하고 나서 휨을 측정해 보면, 반드시 어딘가가 굽어 있게 마련이다.

(3) 평면 연삭

평면 연삭만큼이나 생각대로 되지 않는 연삭 작업도 그다지 많지 않다. 거의 모든 경우, 소재의 평면도나 표면의 품질이 기계와 척의 정밀도로 결정된다. 작업자의 노력은 오직 「어떻게 소재를 휘 지 않고 다듬질할 것인가」에 쏠리게 된다. 이를 위해 숫돌의 한 번 연삭 깊이를 2~3 μm밖에 하지 못하는 경우도 있다.

실제로 해 보면 **그림 6**과 같은 소재가 A면에서는 볼록하게, B면에서는 오목하게 굽어 있다. 이 제부터 최소 한도의 연삭을 하여 될 수 있는 대로 평면도가 좋은 제품을 만들고자 한다. 다만 평면 연삭기는 양호한 상태를 유지하고 있는 것으로 한다.

전자(電磁) 척의 흡인력은 매우 강하기 때문에 B면을 아래로 하여 처킹하면 굽힘을 0.03mm나 또는 그 이하로 교정할 수 있다. 그러나 척으로 흡인한 것만으로는 최후까지 다소의 휨이 남게 된 다.

그래서 B면을 아래로 하여 척에 설치할 때에는 **그림 7**과 같이 굽은 양 0.5mm보다 조금 얇은 0.4~0.45mm정도의 패킹을 30mm 정도의 폭으로 그 틈에 놓고 왼쪽에는 슬라이드 스토퍼를 놓 는다. 이 슬라이드 스토퍼는 가급적 평평하게 연삭한 것이어야 한다.

이렇게 해서 상면을 120mm 정도의 폭이 될 때까지 연삭 깊이를 작게 하고 반복하면서 연삭한

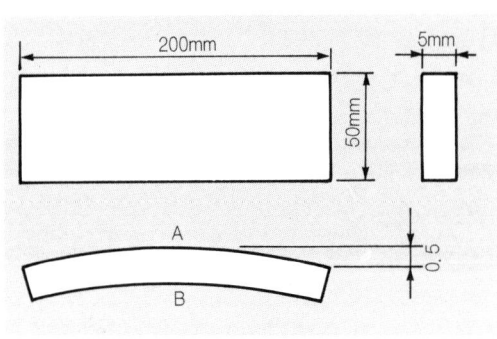

그림 6. 판재의 굽힘 수정

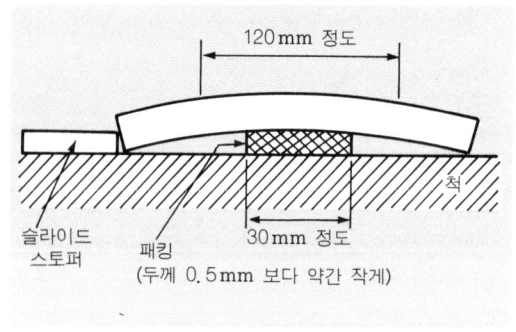

그림 7. 척면에의 설치

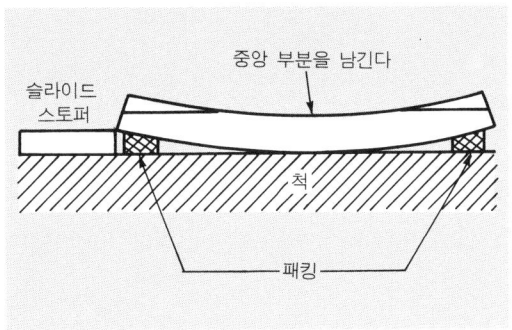

그림 8. 뒤집어서 설치

다. 그리고 잔류 자기에 주의하면서 자기를 제거한다.

다음에는 **그림 8**과 같이 소재를 뒤집어서 척면과의 사이에 적당한 두께의 패킹을 넣어 B면을 연삭하는데, 중앙 부분은 연삭하지 않은 원판 부분을 조금 남겨 둔다. 또 다시 뒤집어서 A면을 연삭하고, 다시 뒤집어서 B면을 연삭하는 반복 연삭을 한다. 그러는 동안에 필요한 패킹의 두께는 차츰 엷어지고, 결국은 패킹을 넣을 수 없게 된다.

마지막으로 척의 자력을 약하게 하고(가급적이면 잔류 자기로) 뒤집으면서 연삭하면 굽은 것이 대략 없어진다. 다만, 3~4μm의 휨은 남아 있을지 모른다.

소재는 평면 연삭을 할 때, 방금 연삭한 면이 오목면으로 되는 경향이 있다. 이것을 될 수 있는 대로 없애기 위해서는 연삭액을 충분히 공급하고 연삭 깊이를 가급적 적게 하지 않으면 안된다. 난폭하게 연삭을 하면 표면의 품질이 떨어진다. 볼록면이 된 면만을 연삭하여 치수를 맞추는 것도 하나의 방법이다.

(4) 내면 연삭

외경 연삭을 할 수 있는 사람은 이미 내면 연삭도 할 수 있다. 이것도 평면 연삭과 같이 가공된 제품은 그 기계의 정밀도에 크게 좌우된다.

가공물에 대한 처킹 방법에는 여러 가지가 있다.

① 센터리스 내면 연삭기(주로 베어링의 내륜이나 외륜을 가공할 때의 연삭)

② 특수 설치용 지그

③ 콜릿 척에 물린다.

④ 4폴 척이나 3폴 척으로 문다.

⑤ 소재가 길 때에는 원통 연삭기의 내면 연삭 장치를 이용하여 한 쪽을 3폴 척이나 4폴 척으로 센터를 내고, 반대편에는 고정 방진구를 설치하여 구멍을 연삭한다.

이와 같은 여러 가지 방법이 있는데, 여기에서는 ③~⑤에 대한 주의점을 설명한다.

• 척에 물릴 때

③과 ④의 방법은 가장 기초적이고도 일반적인 내면 연삭법이다.

소재를 조이는 힘이 문제점이며, 너무 강하게 물리면 가공이 끝나 소재를 척에서 빼내고 보면 진원도가 나쁘다. 반드시 주먹밥 모양의 삼각형이나 사각형과 같이 되어 있다.

따라서 너무 강하게 조이는 것은 절대로 피해야 한다. 특히 살이 얇은 소재는 주의가 필요하다. 다만 소재를 콜릿 척으로 잡았을 때에는 이런 경향이 적다.

반대로 너무 조이는 힘이 약하면 가공중에 소재가 탈락하여 사고를 일으킬 위험이 있다.

• 긴 소재의 내경을 가공할 때

공작 기계 주축의 노즈 구멍을 연삭할 때에는 소재가 길므로 보통 처킹하는 식으로 끝을 길게 내놓고 연삭하면, 동심도가 나쁘게 되어 채터링 현상을 일으키는 수가 자주 있다.

그래서 소재의 한쪽을 척으로 중심을 내고 반대편은 외경을 기준으로 하여 방진구로 고정하며, 편심이 없게 가공해야 한다. 따라서 전용 내경 연삭기가 있다면 모를까, 보통은 원통 연삭기를 사용한다.

우선, 원통 연삭기의 주축 구멍에 테스트 바를 넣어, 주축의 머리를 미끄럼면에 평행되게 똑바로 조정해야 한다. 이 평행도가 나쁘게 되면, 작업중에 소재가 척에서 빠져나가 버린다.

소재를 고정하려면, 우선 방진구를 놓는 기준점에 방진구를 한 개 놓고 고정한다. 그리고 소재의 왼쪽을 주축두의 척에 설치하고, 오른쪽은 방진구 위에 얹어 놓아 대략 평행이 되게 설치한다.

다음에는 척 부분에서 중심을 낸 다음, 다시 소재를 방진구 위에서 조정하여 미끄럼면에 평행이 되도록 한다. 또 다시 척에서 중심을 내고 다시 소재의 평행도를 수정한다.

이렇게 반복하는 동안에 중심내기가 끝난다. 그리고 나서 비로소 연삭 작업을 시작하는 것이다.

이와 같은 작업을 하는 동안에 치수나 테이퍼를 측정해야 한다.

최근에는 내경이 직선일 경우, 다이얼 인디케이터를 사용하여 측정한다. 테이퍼 구멍일 때에는 테이퍼 게이지로 맞춰 보는데 소재가 뜨거울 때에는 마치 수축 끼워맞춤한 것과 같이 게이지를 조여서, 아무리 해도 빠지지 않을 때가 있으므로 주의할 필요가 있다.

직선 구멍의 경우도 그렇지만, 소재가 냉각됨에 따라 구멍이 수축하므로 연삭중에는 연삭액을 충분히 공급하면서 가공한다.

(5) 기 타

일반적으로 단(段)이 진 샤프트나 주축 또는 단이 진 내경 연삭 때, 그 단이 진 부분의 수직 부분의 연삭, 즉 어깨 연삭을 해야 할 때가 많다. 이 때 연삭된 면은 당연히 중앙이 높게 되어서는 안되며, 반드시 중앙이 낮아야 한다. 그리고 연삭면에 그물눈 무늬, 즉 크로스 해치를 넣어야 할 때가 있는데, 이론적으로는 기계에서 크로스 해치가 나오지 않게 되어 있다.

연삭가공의
고능률화

연삭 가공의 특성을 알자

연삭 작업을 능률적으로 하기 위해서는 연삭 가공의 특성을 잘 아는 것이 중요하다. 그 특징을 알기 쉽게 말하면 다음의 세 가지로 요약할 수가 있다.

① 레이크각이 음수일 것

② 숫돌 입자의 절삭 깊이가 매우 작을 것

③ 절삭(연삭) 속도가 매우 빠를 것

우선 처음에, ①의 레이크가이 음수(**그림 1**)라는 것은 절사 칩이 매우 크게 변형한다는 것과 그 변형에 따른 발열이 많다는 것을 의미한다. 따라서 연삭 가공에서는 이 커다란 발열과의 싸움이라고 해도 과언은 아니다.

그리고 레이크각이 음수라는 것은 연삭 저항의 주분력보다 배분력이 매우 크다는 것을 의미한다. 이 배분력은 가공물이나 숫돌 축을 밀어올리는 방향으로 작용하는 힘이므로, 연삭이 미치지 못하

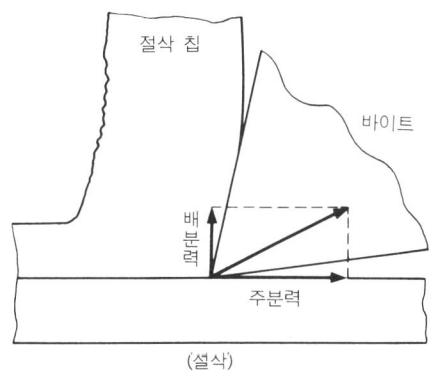
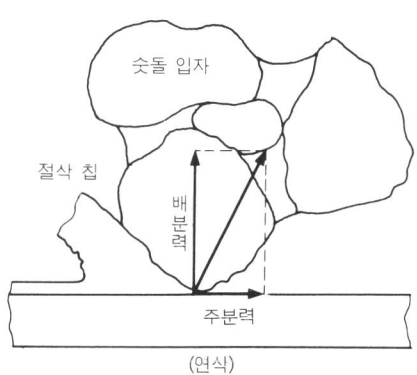

그림 1. 절삭과 연삭에서의 레이크각 차이

는 형태가 되면서 가공물의 치수나 형상 정밀도에 영향을 미친다.

따라서 연삭 작업을 할 때에는 언제나 열팽창에 따른 가공물 변형과 커다란 배분력을 머리 속에 놓고 작업을 하지 않으면, 고능률의 가공은 기대할 수가 없다.

가공 능률이라는 면에서 연삭 가공을 본다면, 절삭 가공보다는 그다지 이점이 없는 가공 방법이다.

그럼에도 불구하고 고정밀도와 깨끗한 다듬질면을 얻을 수 있는 것은 다음과 같은 숫돌 입자의 절삭 깊이와 절삭 속도 때문이다.

평면 연삭 때에, 숫돌의 절삭으로 인한 숫돌 입자의 절삭 깊이를 t_{max}라고 한다면

$$t_{max} = \frac{2\mu v}{V\sqrt{tD}} \quad\cdots\cdots\cdots\cdots\cdots\cdots\cdots\cdots\cdots\cdots\cdots\cdots\cdots\cdots\cdots\cdots\cdots\cdots\cdots\cdots (1)$$

로 된다. 이 때의

$\quad V$: 숫돌의 원주 속도

$\quad v$: 가공물의 속도

$\quad t$: 절삭 깊이

$\quad D$: 숫돌의 지름

$\quad \mu$: 연속 절삭날 간격

여기서 숫돌의 원주 속도를 1600m/min, 가공물의 속도를 10m/min, 숫돌의 지름을 200mm, 절삭 깊이를 0.01mm로 하고, 연속 절삭날 간격을 2mm로 한다면, 숫돌의 최대 절삭 깊이는 0.18μm인 매우 작은 값이 된다는 것을 알 수 있다.

그런데 절삭의 경우에는 초경 바이트를 사용해도 절삭 속도는 80~2000mm/min이라는 높은 범위가 되는데 비해 연삭의 경우는 1500~3600mm/min이라는 범위로 된다.

따라서 연삭 가공에서는 숫돌의 절삭 깊이가 매우 작다는 것과 절삭 속도가 매우 빠르다는 특징이 있으며, 고정밀도와 아름다운 다듬질면을 얻는 포인트가 된다고 말할 수 있다.

숫돌의 특성을 잘 이해하자

연삭 숫돌은 숫돌 입자와 결합제 그리고 기공으로 구성되어 있으며, 이것을 숫돌의 3요소라고 부르고 있다. 숫돌 입자는 절삭날 작용을 하며, 결합제는 숫돌 입자를 숫돌에 고정하는 작용을 하고, 기공은 연삭 칩을 배출하는 작업을 한다.

그리고 숫돌의 특성은 숫돌 입자의 종류나 입도, 그리고 결합도와 조직 및 결합제의 다섯 가지 요소로 결정된다. 숫돌 입자의 종류를 크게 나누면, 산화알루미나계와 탄화규소계가 있으며, 전자는 주로 강을 연삭할 때 사용하고 후자는 주로 강 이외의 주철이나 비철을 연삭할 때 사용한다.

강을 연삭하기 위해 숫돌 입자를 고르려면, 일반 강재일 때에는 A로 하고 그 이외의 담금질 경화강이나 합금강일 때에는 WA를 선정한다. 여기서 담금질 경화강이나 합금강에 WA를 선정한다는 것은 우선 처음에 써본다는 의미이다.

WA 숫돌 입자를 써보고, 아무래도 연삭 번(burn)이 일어나 연삭 작업이 잘 안되는 성형 연삭 등에서는 PA를 쓰며, 그래도 안되는 스테인리스강 같은 것을 연삭할 때에는 HA를 써본다는 식으로 선택한다.

분쇄 공정을 거치지 않은 입자를 골라 만든 단결정 숫돌 입자는 숫돌 입자로서의 결함이 적고 숫

돌 입자의 성질이 일정하다는 점에서는 좋지만, WA면 될 곳에 HA를 사용하면 쓸데없는 비용만 들게 된다.

다음으로, 입도는 절삭날의 크기에 해당되고, 숫돌 작업면에서의 절삭날 밀도와 칩 포켓의 크기에 관계된다. 입도가 미세한 숫돌에서는 숫돌 작업면의 절삭날 밀도는 높게 되지만 칩 포켓은 작게 되며, 입도가 거칠면 그 반대가 된다.

절삭날 밀도가 높으면 (1)식 중의 연속 연삭날 간격이 짧게 되어 숫돌 입자의 절삭 깊이가 감소하기 때문에 하나의 숫돌 입자에 작용하는 힘이 작게 되어 여간해서는 숫돌 입자가 탈락하지 않게 된다. 따라서 숫돌의 마모량은 적게 되지만, 전체적인 연삭 저항은 절삭날 밀도에 비례하여 증가하는 것이므로, 가공물의 변형이 일어나기 쉽고 연삭 번과 같은 열적 손상도 일어나기 쉽게 된다.

칩 포켓이 작으면 연성이나 전성이 좋은 금속일 때에는 로딩이 일어나기 쉽게 되어 절삭날이 마모된 숫돌을 사용하는 셈이며, 가공물이 변형되거나 연삭 템퍼 또는 채터링과 같은 것이 발생하므로 고능률의 연삭 작업을 기대할 수가 없다.

숫돌의 입도를 결정할 때에는 가공물의 재질과 표면 거칠기의 양쪽을 동시에 생각하는 것이 중요하다.

결합도는 절삭날을 유지하는 홀더의 강도에 해당되는 것이며, 숫돌의 마모와 밀접한 관계가 있다. 홀더가 약하면, 숫돌 입자에 조금만 약한 힘이 걸려도 결합하는 고리가 부서져 숫돌 입자가 탈락한다.

결합도가 낮은 숫돌을 사용하여 연삭하면 셰딩(shedding)형 연삭이 되기 쉬우며, 숫돌의 마모량이 많아진다.

한편, 결합도가 높은 숫돌일 때에는 여간해서는 숫돌 입자가 탈락하지 않으며, 절삭날의 끝이 평평하게 되어 로딩형 연삭이 되기 쉬우므로 연삭 번이나 채터링이 발생하기 쉽게 된다(그림 2).

능률적인 연삭 작업을 하기 위해서는 이 결합도의 선택이 결정적일 때가 많으며, 이 점에 대해서는 후에 상세하게 설명한다. 숫돌 입자나 결합제 그리고 기공의 3요소에 대한 제직 분율을 각각 숫돌 입자율, 결합제율, 기공률이라고 부르고 있다. 이 세 가지 분율을 합하면 100%가 되므로, 이 중의 두 가지 비율이 결정되면 3요소의 분율을 모두 구할 수가 있다.

JIS(일본 공업 규격)에서는 숫돌 입자율을 조직이라고 하여 규정하고 있으며, 결합제율을 간접

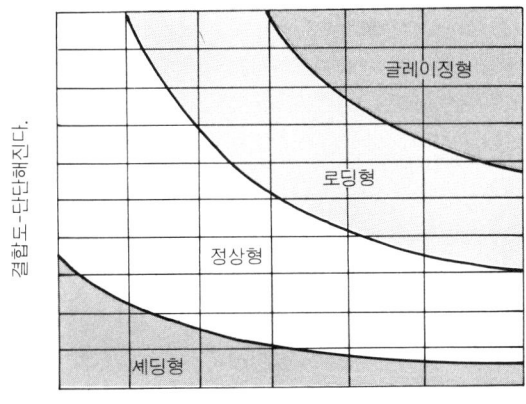

입도-고와진다

그림 2. 입도 및 결합도와 연삭 상태

적으로 표현하여 결합도로 규정하고 있다.

이와 같이 조직은 직접 숫돌 입자율에 해당되는 것이며, 그 의미는 입도와 같이 숫돌 작업면의 절삭날 밀도와 칩 포켓의 크기를 의미한다. 즉, 숫돌 입자율이 큰 숫돌일수록 숫돌 입자와 숫돌 입자 사이의 간격이 좁아져, 숫돌 작업면상에서의 절삭날 밀도는 높게 된다. 그리고 칩 포켓은 작아지며, 숫돌 입자율이나 커다란 숫돌일수록 연삭 저항이 크게 되며, 연삭 번이나 로딩이 일어나기 쉽게 된다.

그러나 입도보다는 숫돌 입자율의 차이로 인한 절삭날 밀도의 차이가 그다지 크지는 않으므로, 다같이 영향을 미친다고는 하나 입도 때문에 받는 표면 거칠기와 로딩에 주안점을 두고 선택하게 된다.

결합제에는 주로 비트리파이드 결합제와 레지노이드 결합제가 사용된다. 일반적으로 정밀 연삭을 할 때에는 비트리파이드 결합제를 쓰고, 거친 연삭을 할 때에는 레지노이드 결합제를 쓴다.

목적에 맞춰 숫돌을 고른다

숫돌을 잘못 선택하면 설사 가공물의 속도나 절삭 깊이 같은 조건을 변경해 봐도 능률적인 연삭을 바랄 수는 없다. 숫돌을 올바르게 선택한다면 작업 조건을 변화시켜 가장 좋은 조건을 발견할 수가 있다.

이와 같이 숫돌을 고른다는 것은 연삭 가공에서 가장 중요한 일 중의 하나이다. 그런데 실제로 작업 목적에 맞는 숫돌을 고르려면 다음과 같은 조건을 확실히 해 둘 필요가 있다.

① 어떤 가공물을 연삭할 것인가
② 어떤 연삭기를 사용하여 가공할 것인가
③ 어떤 조건으로 연삭할 것인가

①은 가공물에 대한 정보이며, 여기에서는 가공물의 형상이나 치수와 그 외의 정보 그리고 연삭하는 부분이나 가공 여유와 같은 정보를 정리해 둔다. 그리고 가공물의 재질이나 가공전 처리, 열처리를 했는지의 여부와 그 상태, 가공물의 경도와 인장 강도 같은 기계적 성질의 정보를 정리하는 것도 중요하다.

②는 연삭기에 관한 정보로서 가공 목적에 따라 평면 연삭이나 원통 연삭 같은 연삭 방법이 결정된다. 그리고 연삭기의 종류와 형식, 그리고 명칭이 정해지면 숫돌의 치수나 모양, 숫돌의 회전수나 원주 속도가 결정된다.

또한 기계의 강성이나 진동 그리고 기계의 정밀도와 같은 정보도 정리해 둬야 한다.

마지막으로 연삭 조건인데, 여기에서는 치수의 정밀도와 형상 정밀도 그리고 표면 품질과 같은 가공 정밀도와 단위 시간당의 생산량을 어느 정도로 할 것인가 하는 생산 능률도 고려하여 표준 연삭 조건을 설정해야 한다.

이와 같은 조건이 결정되면, 드디어 숫돌을 선택하게 된다.

우선 처음에는 숫돌 입자의 종류를 정하고 난 뒤, 결합세의 종류를 정한다. 즉 성빌 연삭이라면 비트리파이드를 고르고, 거친 연삭이라면 레지노이드, 특히 연삭 번을 일으켜서는 안되는 절삭 공구의 연삭이라면 실리케이트나 마그네시아 결합제를 선정한다는 등이다.

그리고 다음에는 입도인데, 이것을 선택할 때에는 드레싱을 하여 어느 정도까지의 최소 거칠기로 무리없이 연삭할 수 있는가 하는 표면 거칠기의 최소 한도를 파악해 두는 것이 중요하다.

예를 들어 최종적으로 필요한 표면 거칠기가 $1\mu m R_{max}$ 라면, #46, #60, #80으로도 된다. 하지만 이럴 때에는 가장 입도가 낮은 #46을 선정해야 하는데 왜냐 하면, 거친 연삭 공정에서는 어떻게 하든지 빨리 가공물의 뒤틀림이나 휨을 수정하여 여분의 가공 여유를 제거해야 한다는 것이 문제로 되기 때문이다. 연삭 저항이 적고 연삭 번이 잘 생기지 않으며, 로딩이 적은 숫돌, 즉 입도가 낮은 숫돌을 선정해야 한다. 그리고 조직은 입도와 마찬가지로 숫돌 작업면상의 절삭날 밀도와 칩 포켓의 크기에 영향을 미친다. 숫돌과 가공물의 접촉 면적이 넓을 때에는 한꺼번에 연삭하는 연삭날의 수가 많아지므로, 연삭 저항이 많게 되어 결국 연삭 번이 일어나기 쉬우며 또한 로딩도 일어나기 쉬우므로 거친 숫돌을 선정하게 된다.

이렇게 해서 숫돌 입자나 결합제 그리고 입도와 조직을 선정했는데 나머지 결합도를 결정하기 위해서는 다른 조건을 종합적으로 판단할 필요가 있다.

작업에 적합한 숫돌의 결합도를 결정하기 위해서는 숫돌의 드레싱 사이의 수명 특성(그림 3)을 생각할 필요가 있다. 드레싱을 한 숫돌로 오랫동안 계속 연삭을 하면 숫돌 작업면상의 절삭날이 탈락하여, 바라는 치수 정밀도나 형상 정밀도를 얻을 수 없게 되고, 다시 드레싱할 필요가 있다.

그림 3에서 F_n (c)는 숫돌 작업면상의 숫돌 입자가 탈락하는 데 대응하는 임계 법선 연삭 저항이며, F_n (B)는 연삭 번이 발생하는 데 대응하는 임계 법선 연삭 저항을 나타내고 있다.

여기에서 F_n (c) $= F_n$ (B) $=15$kg이라는 것은 이들의 값을 15kg으로 가정했을 경우이다.

그리고 연삭 작업면상의 절삭날이 평평하게 되면, 연삭 저항이 많아지거나 연삭 번이 생겨 연삭 가공을 계속 할 수 없게 된다. 그래서 이 때에도 절삭날을 다시 예리하게 만들기 위해 드레싱하는 것이 중요하다.

이 드레싱으로부터 다음 드레싱까지의 연삭 시간이나 또는 연삭량을 드레싱 사이의 수명이라고 한다. 이것을 합리적으로 관리한다는 것은 연삭 작업의 능률을 올리기 위해 매우 중요한 일이다.

숫돌의 결합도가 낮으면 숫돌 입자가 탈락하기 쉬우므로, 숫돌 작업면에는 언제나 예리한 새로운

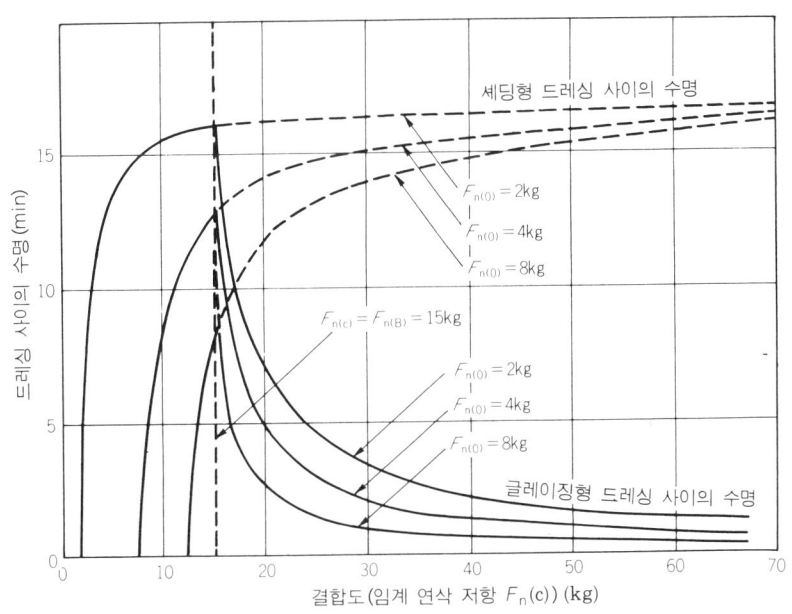

그림 3. 연삭 숫돌의 드레싱 사이 수명 특성과 최적 결합도

절삭날이 나오지만 숫돌의 마모량이 많기 때문에 가공물의 치수 정밀도나 형상 정밀도를 원하는 값으로 유지하기가 어렵게 된다. 그래서 이 때에는 셰딩형의 드레싱 사이의 수명 특성에 따라 숫돌의 수명이 정해진다.

한편, 결합도가 높을 경우에는 절삭날의 끝이 평평하게 되어 절삭성이 나빠져도 절삭날은 쉽게 탈락되지 않으므로 역시 드레싱을 할 필요가 있다. 이 경우는 덜링(dulling)형의 드레싱 사이의 수명 특성에 따라 숫돌의 수명이 결정된다. 따라서 통상적인 연삭 작업에서는 숫돌의 마모량이 너무 많아도 경제적이지 않으며, 또한 연삭 번 등이 생겨 자주 드레싱하는 것도 귀찮은 일이다. 그래서 셰딩형 드레싱 사이의 수명과 덜링형 드레싱 사이의 수명의 특성을 감안한 가장 긴 드레싱 사이의 수명을 가진 숫돌을 사용하여 작업하는 것이 가장 고능률의 가공물을 만드는 지름길이 된다. 물론 이 때에도 가장 적합한 결합도는 연삭 방법이나 입도, 그리고 연삭 조건 등에 따라 변화하는 것이므로 주의할 필요가 있다.

가장 적합한 드레싱 조건을 결정한다

숫돌 작업면의 성질과 형상을 결정하는 것은 절삭날의 형상과 절삭날의 밀도 그리고 칩 포켓의 크기 등이다. 입도나 조직이 절삭날의 밀도나 칩 포켓의 크기와 직접 관계가 있다는 것은 앞에서도 설명했지만, 또 한 가지 매우 중요한 것은 드레싱이다.

드레싱이란 드레서를 사용하여 숫돌 작업면상의 절삭날을 파쇄하던가 탈락시킴으로써 그 형상을 조정하기도 하고 절삭날의 밀도나 칩 포켓의 크기를 조정하는 것을 말한다. 드레싱에 따라서도 숫돌 작업면의 절삭날 상태가 달라진다.

드레싱 조건이 일정하여도 결합도가 높은 숫돌이라면 드레싱할 때 여간해서는 연삭재가 탈락하지 않으므로, 절삭날의 밀도가 높게 된다. 반대로 결합도가 낮은 숫돌일 때에는 드레싱할 때 숫돌 입자가 탈락하기 쉬우므로 절삭 날의 밀도가 낮게 된다.

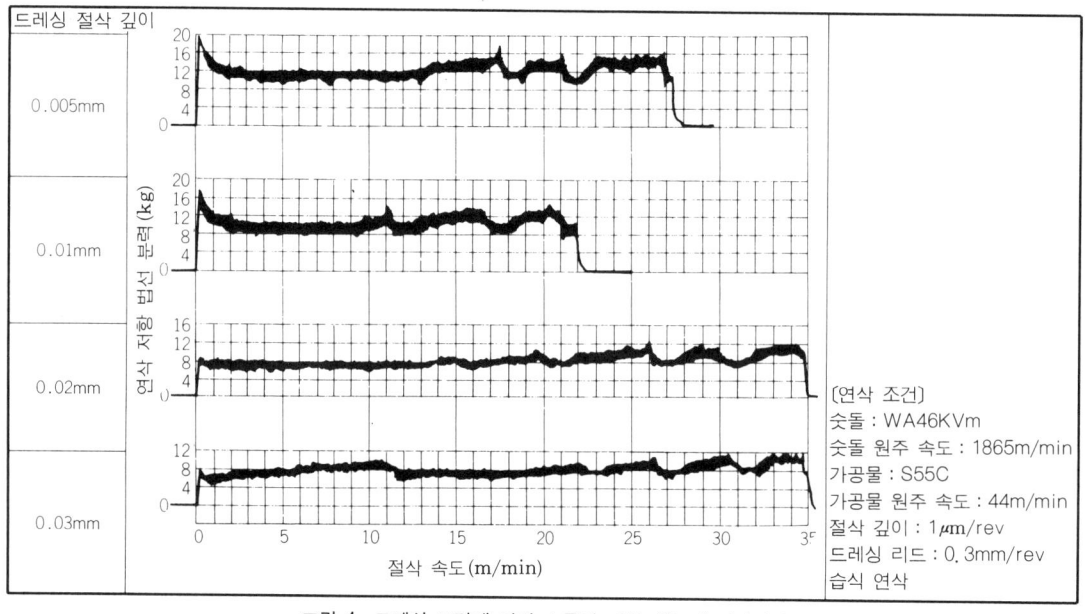

그림 4. 드레싱 조건에 따라 숫돌의 연삭 성능이 변화한다.

또, 같은 숫돌을 드레싱하는 경우에도 절삭 깊이나 이송 등의 드레싱 조건을 변화시키면, 드레싱할 때의 숫돌 입자 작용력이 변화하여 숫돌 입자의 탈락률도 변화하게 되며, 절삭날의 밀도나 칩 포켓의 크기가 다르게 된다.

드레싱 조건을 거칠게 하면, 절삭날의 밀도가 낮아지고 칩 포켓이 크게 된다. 이 때 절삭날의 밀도가 낮으므로 가공물의 표면은 거칠게 되지만, 숫돌 입자 저항이 작기 때문에 가공물이 물러가든가 숫돌 축이 밀어올려져 연삭하지 못하는 곳이 생기는 경우가 없으며, 연삭 번이 잘 일어나지 않는다(그림 4).

한편, 드레싱 조건을 곱게 하면 숫돌 작업면상의 절삭날 밀도가 높게 되어 표면 거칠기는 좋아지지만, 연삭 저항이 크게 되어 연삭되지 않는 부분이 생기기 쉬우며 연삭 번이나 채터링도 일어나기 쉽게 된다.

그래서 거친 연삭 공정, 즉 가공물의 휨이나 뒤틀림을 수정하여 여분의 가공 여유를 빨리 제거할 때에는, 중(重)연삭을 할 수 있도록 드레싱으로 숫돌 작업면을 조정하고, 또 다듬질 공정에서는 소정의 표면 거칠기가 되도록 숫돌 작업면을 조정한다.

연삭 작업을 능률적으로 하려면 작업 목적에 맞춘 숫돌 작업면의 조정이 필요하지만, 드레싱을 할 때에 끝이 뭉뚝하게 된 다이아몬드 드레서를 사용해서는 능률적인 가공은 할 수 없다.

연삭 조건을 결정한다

실제의 연삭 작업에서는 연삭기가 가지고 있는 능력을 최대 한도로 활용하는 것이 중요하다. 기계에 몇 마력의 모터가 붙어 있는지 조차 모르는 정도라면, 고능률 작업은 할 수가 없다.

지금 여기에서 숫돌의 원주 속도를 V(m/min), 접선 연삭 저항을 F(kg)로 할 때, 속도에 시간을 곱하면 길이가 되고 또 힘에 길이를 곱하면 일(事)이 되므로 연삭에 필요한 소요 마력 N(마력)은

$$N = \frac{F_\mathrm{t} \cdot V}{n \times 75 \times 60} \cdots\cdots\cdots\cdots\cdots\cdots\cdots\cdots\cdots\cdots\cdots\cdots\cdots\cdots\cdots\cdots\cdots (2)$$

이 된다.

여기에서 η를 기계 효율이라고 하고, 접선 연삭 저항을 10kg, 숫돌의 원주 속도를 1800m/min으로 하면, 기계 효율이 80%일 때,

$$N = \frac{10 \times 1800}{0.8 \times 75 \times 60} = 5 (마력)$$

이 된다.

즉, 기계에 5마력의 모터가 붙어 있다면, 접선 연삭 저항이 10kg이 될 때까지 연삭할 수 있다는 것을 알 수 있다.

여기에서 문제가 되는 것이 연삭 저항이다. 연삭 저항이 식(1)에서 주어진 연삭재의 연삭 깊이에 비례한다고 생각하면, 가공물의 속도를 높게 하든가 절삭 깊이를 증가시키면 연삭 동력이 많이 필요하게 된다.

따라서 거친 연삭 공정에서는 기계에 붙어 있는 전류계의 바늘이 소정의 값을 넘지 않는 범위 내에서 절삭 깊이를 크게 하여, 가공물의 여분 가공 여유를 되도록 빨리 제거하게 한다.

이 때의 숫돌 작업면은 거친 연삭을 할 때의 드레싱 조건에 따라 절삭날의 밀도나 칩 포켓을 적

절하게 조정해 둘 필요가 있다.

다음으로 생각해야 되는 것은 연삭 번과 같은 열적 손상 문제이다.

가공물의 여분 가공 여유를 빨리 제거하려고 절삭 깊이를 크게 하면, 가공물과 숫돌 사이의 접촉호의 길이가 크게 된다. 따라서 숫돌과 가공물 사이의 접촉 면적이 증대하고, 한꺼번에 연삭하는 절삭날의 수도 많아지기 때문에 연삭 번이 발생하기 쉽게 된다.

이 때 접촉호의 길이 *l*은 다음과 같이 된다.

$$l = \sqrt{\dfrac{t}{\dfrac{1}{p} + \dfrac{1}{d}}} \quad \cdots\cdots\cdots\cdots\cdots\cdots\cdots\cdots\cdots\cdots\cdots\cdots\cdots\cdots\cdots\cdots\cdots\cdots (3)$$

여기에서

    t : 절삭 깊이

    d : 가공물의 지름($+$ = 원통 연삭, $-$ = 내면 연삭, $d=\infty$ = 평면 연삭)

    D : 숫돌의 지름

(3)식에서도 알 수 있는 바와 같이, 접촉호의 길이는 가공물의 속도와는 관계가 없으므로, 고능률을 얻으려고 절삭 깊이를 크게 했을 때 만일 연삭 번이 생길 기미가 보이면 가공물의 속도를 빨리 해서 제거 속도를 올리는 수도 있다.

다음으로, 다듬질 공정에서는 거친 연삭 공정 때에 생긴 가공물 표면의 凹凸을 제거하여 어떻게 원하는 표면 거칠기가 되게 하느냐 하는 것이 문제가 된다. 그래서 다듬질 연삭용으로 드레싱하여 소정의 표면 거칠기가 되도록 숫돌의 작업면을 조정한다.

조정된 숫돌 작업면은 절삭날의 밀도가 높고 칩 포켓도 작기 때문에 무리한 절삭 깊이로 연삭하면 가공물이 변형되기 쉬우며 연삭 번도 생기기 쉽다.

다듬질 공정에서는 숫돌의 절삭 깊이를 될 수 있는 한 작게 하여 거친 연삭 공정에서 생긴 凹凸을 제거하여야 하며, 이 시점에서 원하는 치수 정밀도와 표면 거칠기를 이룰 수 있어야 한다.

＊   ＊   ＊

연삭 작업을 할 때, 고능률의 가공을 실현하기 위해서는 작업 목적에 맞는 숫돌을 선정하고 작업면을 조정하며, 동시에 기계의 능률을 최대한으로 이용하여야 함은 말할 것도 없다.

그리고 거친 연삭에서는 여분의 가공 여유를 어떻게 빨리 제거하느냐, 다듬질 공정에서는 어떻게 소정의 치수 정밀도와 표면의 거칠기를 얻느냐 하는 것이 중요하다.

숫돌의 특성이나 기계의 능력을 잘 이해하고, 숫돌과 기계와 대화를 나눈다는 생각으로 가공하는 것이 가장 중요하다고 말할 수 있다.

연삭의 메커니즘

이제는 연마냐 연삭이냐 하는 토론은 하지 않게 되었는데, 그 동기는 연삭 칩 속에서 절삭 칩과 닮은 칩이 발견되었기 때문이다.

사진 1은 평면 연삭을 했을 때의 칩을 모아 그 속에서 돌돌 말린 긴 칩을 찾아내어, 현미경으로 확대해서 찍은 것이다. 모양을 보면 나사의 다듬질 절삭 때 나오는 칩과 가장 많이 닮았다. 그러나 이와 같이 돌돌 말린 칩의 양은 매우 적으며, 아마도 칩 전체량의 5~6% 이하일 것이다. 나머지 거의 대부분의 칩은 가루로 되어 있다. 그리고 이 사진의 맨아래 오른쪽에는 구슬 공 같은 칩도 섞여 있다. 아무래도 일단 녹았던 것이 다시 굳었다고 볼 수밖에 없는 칩이다. 이러한 칩으로 미루어 볼 때, 연삭할 때에는 숫돌 입자의 절삭날로 가공물을 깎고 있다는 것은 확실하다.

그러나 그것은 아주 조금 뿐이며, 거의 대부분은 소성 가

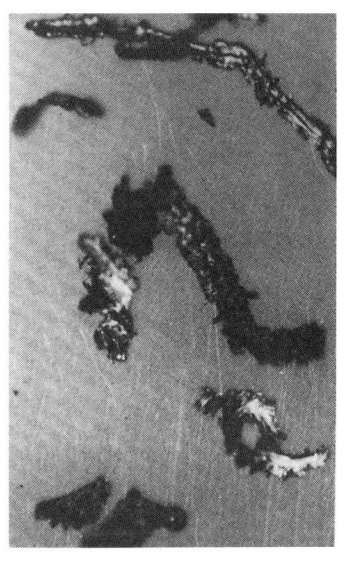

사진 1. 연삭 가공 칩

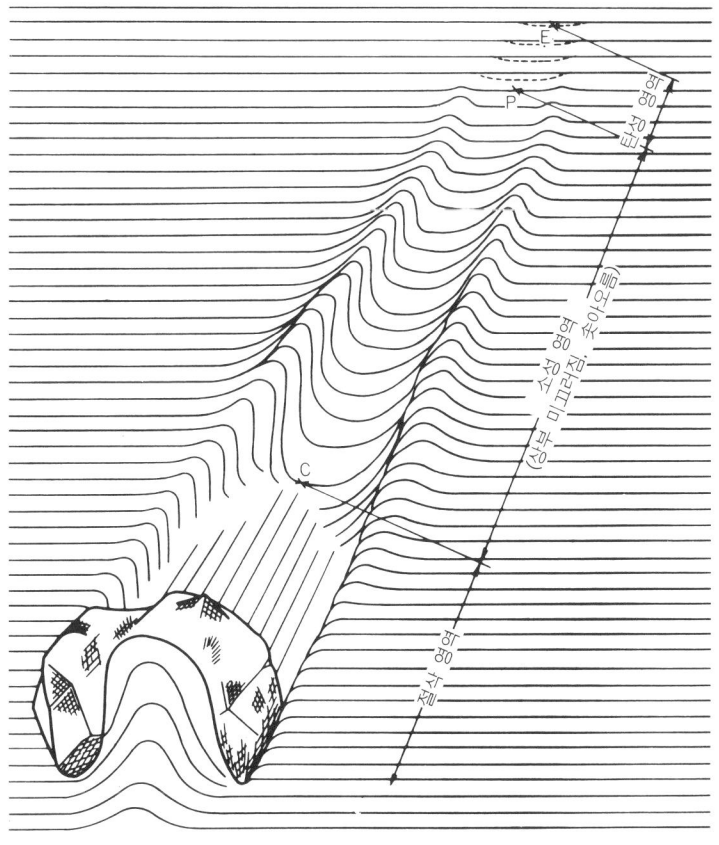

그림 1. 연삭 자국의 모형도(大河 출판 「고능률 연삭·기초편」에서)

공을 하고 있다. 역시 연삭과 절삭은 큰 차이가 있다고 생각해야 할 것이다.

연삭된 가공물의 표면을 루페로 보면, 무수한 홈집을 볼 수 있는데 그 중의 커다란 홈집에는 양쪽 벽이 조금 솟아 오른 것을 볼 수 있다. 최근에는 이 홈집의 모양을 수리적으로 해석하고 컴퓨터로 계산하여 그려내고 있다. 그림 1은 그 일례이다. 이 그림은 하나의 숫돌 입자가 오른쪽 위로부터 왼쪽 아래로 가공물 위를 지나간 모양으로 밀링 절삭을 생각하면 된다.

숫돌 입자 절삭날이 가공물에 접촉하기 시작할 때에는 절삭 깊이는 0으로부터 조금씩 깊어진다. 그러다가 어떤 짧은 순간의 영역(EP 사이)에서는 다만 가공물에 탄성 변형을 줄 뿐이지만, 절삭 깊이가 조금 커지면, 가공물이 소성적 변형을 일으키기 시작한다.

그러나 이 영역(PC 사이)에서도 아직 칩이 나오지 않으며, 양측과 앞쪽으로 솟아오르게 할 뿐이다.

만일 숫돌 입자가 이대로 떠난다면, 가공물 표면에는 솟아오른 자국만이 남게 된다.

더욱 절삭 깊이가 깊어지면, 더욱더 높게 솟아오른다. 이 사이에 숫돌 입자는 가공물 위를 미끄러지기만 하고 일정한 깊이(C점)에 도달하면, 비로소 절삭되기 시작하며 칩이 나온다.

제 2 장

연삭 숫돌

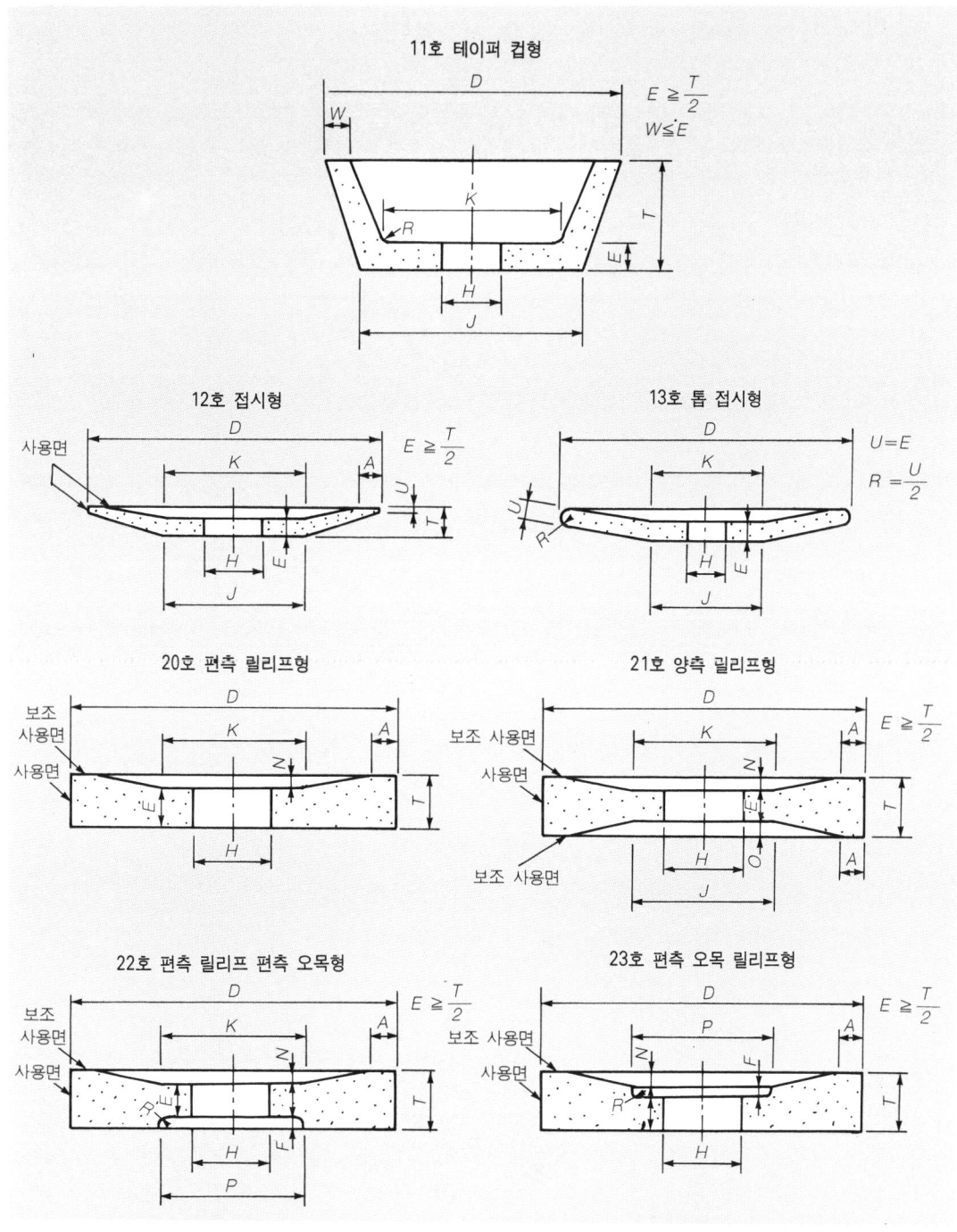

(연삭 숫돌의 모양 ②(JIS R6211에서))

숫돌의 선정

● 최적의 숫돌은 어떻게 선정할 것인가

연삭 숫돌은 고속도로 회전하면서 미세한 연삭 절삭날과 연삭 틈을 끊임없이 자생시키면서 가공하는 연삭 공구이며, 다음의 세 가지 요소로 이루어져 있다.

① 숫돌 입자(abrasive grain) : 가공물을 직접 연삭하는 부분. 팁
② 결합제(bond) : 숫돌 입자를 결합하여 유지한다. 홀더
③ 기공(pore) : 칩 배출에 필요한 칩 포켓

이들의 조합으로 구성되어 있는 숫돌은 연삭 절삭날인 숫돌 입자가 매우 단단하여 초경 합금이나 공구강 같은 단단한 소재도 자유롭게 가공할 수 있다. 그리고 칩이 매우 작으므로 치수 정밀도나 가공 정밀도, 다듬질면의 거칠기도 양호하다.

가공중에 무디게 된 숫돌 입자는 마모하거나 탈락하고 언제나 새로운 절삭날이 나오기 때문에(자생날) 연삭 속도가 빠르고(절삭 가공의 10~100배) 절삭날이 수없이 많기 때문에 각각의 연삭 칩이 매우 작음에도 불구하고 전체적인 능률은 매우 높다는 특징을 가지고 있다.

절삭 가공과 연삭 가공의 차이점을 표 1에 나타냈다. 우선 이것을 머리 속에 넣고 숫돌의 구성

표 1. 절삭 가공과 연삭 가공의 비교

항 목	절 삭	연 삭
날끝의 모양 (레이크 각)	칩이 나오기 쉬운 +의 레이크각을 가진 성형 날형	칩이 잘 나오지 않는 -의 레이크각을 가진 불규칙 날끝. 드레싱 조건에 따라 변한다
속 도	수 m/min	1500~3000m/min(4800)
연 삭 저 항	접선 저항이 크다	법선 저항이 크다
에너지 효율	200~1000mm^3/s/kW	5~30mm^3/s/kW
발 생 열 량	칩 1g당 약 100Cal	칩 1g당 약 1000Cal 이상
발생열 분포	발생한 열량이 칩에 들어감	발생한 열량이 가공물에 들어감

요소나 선택 기준에 대하여 생각하기로 한다.

숫돌의 분류

숫돌을 분류할 때에는 그 성분으로 분류할 때와 연삭 목적에 따라 분류할 때가 있다.

우선 성분상으로 분류해 보면, 크게 나누어 산화알루미늄계와 탄화규소계가 있다. 이들의 경도를 보면, 산화알루미늄계가 누프(Knoop) 경도로 2000 정도이고, 탄화규소가 2700 정도가 되어 탄화규소계가 단단하며, 그만큼 부서지기 쉽다고 볼 수 있다.

이 경도가 숫돌 입자의 파쇄성 차이를 나

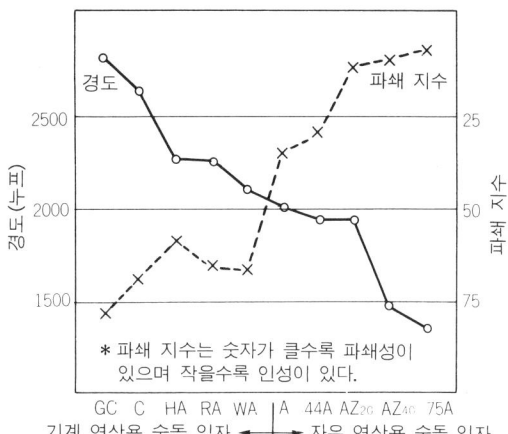

* 파쇄 지수는 숫자가 클수록 파쇄성이 있으며 작을수록 인성이 있다.

GC　C　HA　RA　WA　│A　44A　AZ₂₆　AZ₄₆　75A
기계 연삭용 숫돌 입자 ◄───┤├───► 자유 연삭용 숫돌 입자

그림 1. 각종 숫돌 입자의 경도와 파쇄 지수

타내며, 산화알루미늄계쪽이 파쇄성이 나쁜 것이다. 결합제 성분의 차이에 따라서도 성질이 크게 달라지지만, 경도나 파쇄성과 같은 기본 성질은 이 성분에 따라 좌우된다.

다음에는 숫돌을 연삭 목적에 따라 분류해 보면, 거친 연삭용 숫돌과 정밀 연삭용 숫돌로 명확하게 분류할 수가 있다. 그러나 소재에 꼭맞는 연삭을 하기 위한 숫돌을 고르기 위해서는 숫돌 입자의 경도와 파쇄성이라는 두 가지를 어떻게 조합시켜 고르느냐를 우선 생각해야 한다.

숫돌 입자의 경도와 파쇄성을 나타낸 것이 **그림 1**이다. 이 그림에서 C 숫돌 입자나 GC 숫돌 입자는 단단하지만 부서지기 쉽다는 것을 알 수 있다. 대체적으로 보아 파쇄성이 좋은 것 즉, 부서지

표 2. 숫돌 입자의 종류와 용도

종　　류	JIS 숫돌 입자 기호	JIS 숫돌 입자 기호	화 학 성 분	용　　도
소결 알루미나질 숫돌 입자			Al_2O_3 주체 Ti, Mg, Si, Zr	오스테나이트계 스테인리스강, 자유 연삭, 중(重)연삭
다결정 알루미나질 숫돌 입자			Al_2O_3 95% TiO_3 3.5%	일반 강재 자유 연삭, 중(重)연삭
갈색 알루미나질 숫돌 입자	A	A	Al_2O_3 95% TiO_2 2~3%	일반 철강 재료 자유 연삭, 생강재 정밀 연삭
파쇄형 알루미나질 숫돌 입자	HA	HA	Al_2O_3 99% TiO_3 0.1~0.3%	합금강·공구강·담금질 강재, 정밀 연삭
엷은 붉은색 알루미나질 숫돌 입자	PA	PA	Al_2O_3 99% Cr_2O_3 함유	위와 같음
백색 알루미나질 숫돌 입자	WA	WA	Al_2O_3 99% 이상	합금강·공구강·담금질 강재·정밀 연삭, 경연삭
A계 혼합 숫돌 입자		A/WA		A와 WA와의 중간 용도, 특수 정밀 연삭
		A/HA		
		WA/HA		
흑색 탄화규소질 숫돌 입자	C	C	SiC 95% 이상	비철금속과 비금속 연삭, 주철, 정밀 연삭
녹색 탄화규소질 숫돌 입자	GC	GC	SiC 99% 이상	초경 합금 연삭
C계 혼합 숫돌 입자		C/GC		
A·C계 혼합 숫돌 입자		A계/C계		레지노이드 숫돌용

기 쉬운 숫돌은 정밀 연삭용이고 파쇄성이 나쁜 것은 거친 연삭용이다.

소결 숫돌 입자는 미세한 결정이므로, 부슬부슬 떨어져 나가는 취성 파쇄는 하지 않고 닳아 없어지는 마모를 일으키므로, 가장 끈질기고 닳지 않는 숫돌 입자이다. 그러나 AZ와 같은 다결정 숫돌 입자에서는 결정이 미소하고 파쇄되기 쉬우므로 오직 절삭만 하고 정밀도가 필요치 않을 때에 적합하다.

그렇다면 다듬질에 자주 사용하는 정밀 연삭용 숫돌 입자는 어떠한 것일까. 일반적으로는 A, WA, PA, HA와 같은 숫돌이 사용되고 있다.

그림 1을 보면 우선 A 숫돌 입자는 경도가 다소 떨어지기는 하지만 끈질긴 성질이 있으므로 숫돌의 마모가 비교적 적은 연강 등을 연삭하는데 사용한다.

WA 숫돌 입자는 단단하기도 하거니와 파쇄성도 좋으므로 열발생을 해서는 안되는 담금질강 같은 것에 좋으며, 또한 파쇄성이 좋으므로 숫돌이 닳지 않아 경(輕)연삭 등에도 좋다. PA, HA 숫돌 입자는 단단하며 인성도 어느 정도 있으므로 기어의 연삭이나 성형 연삭 등 숫돌이 쉽게 마모되어서는 안되는 정밀 연삭에 적합하다고 말할 수 있다. 표 2는 숫돌 입자의 종류와 용도를 정리한 것이다. 숫돌 입자는 그 성분이나 결정 상태에 따라 기본적인 성질이 정해져 있으므로, 숫돌을 고를 때에는 이 점을 첫째로 충분히 생각해야 된다.

입도의 차이

입도는 숫돌 입자의 크기를 나타내는 것이다. 숫돌 입자는 같은 크기의 입자만 있는게 아니라 입자의 지름이 다른 입자의 집합체이며, 그림 2와 같이 분포되어 있다.

숫돌 입자의 크기, 즉 연삭날의 크기를 나타내는 것이 입도이므로 입도를 고를 때에도 우선 알아야 할 표준이 있다. 중(重)연삭을 할 때에는 입도의 번호가 작은 것(입자가 큰 것)을 고르고, 중간 연삭이나 경(輕)연삭 때에는 입도가 큰 것(입자가 작은 것)을 골라야 한다.

그러나 실제로 가공할 때에는 다듬질면의 거칠기나 연삭 칩의 제거도 중요한 문제가 된다. 예를 들면, 원통 연삭과 같은 선접촉 연삭에서는 연삭 칩의 제거가 잘 되기 때문에 중간 정도의 입도를 고르면 되고, 반대로 컵 숫돌과 같이 접촉 면적이 넓을 때에는 연삭 칩을 제거하기가 어려우므로 거친 입도의 숫돌 입자를 고르도록 한다.

나사 연삭과 같은 경우에는 숫돌 산의 끝, 즉 나사의 골바닥을 가공하는 부분의 R가 매우 중요하다. 만일 숫돌의 산 끝에 숫돌 입자가 한 알밖에 없다면 연삭면은 매우 나빠지므로, 적어도 2∼3알의 숫돌 입자가 산 끝에 있어야 한다.

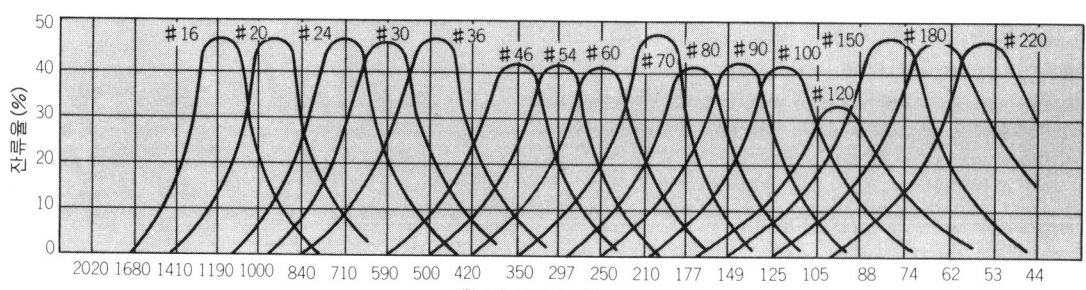

그림 2. 입도 분포 곡선

예를 들면, 숫돌 산 끝의 R가 0.1mm라고 하면, 그곳에 숫돌 입자가 세 알 정도 있기 위해서는 한 알의 입자 지름이 0.06mm 정도의 입자(그림 2에서 #180번 정도가 된다)를 사용하지 않으면 깨끗한 다듬질면을 얻을 수 없다.

그림 3은 입도와 여기에 적합한 연삭 작업의 종류를 나타낸 것이다. 원통 연삭이 거의 중앙에 있으며, 평면 연삭(직립축)일 때에는 연삭 칩 제거 문제 때문에 거친 입자로 옮기고, 나사 연삭 때에는 그 끝부분의 R에 따라 고운 입도로 옮긴 것을 알 수 있다.

일반적으로 좋은 다듬질면을 얻고 싶으면 입도가 고운 것을 사용하지만, 이것은 #36번 정도의 숫돌까지를 말하는 것이며, 그 이상 고운 입도가 되면 뒤에 말하는 드레싱 때의 피치때문에 생기는 거칠기가 다듬질면에 큰 영향을 미치며, 여기에 따라 달라지게 된다. 예를 들면, 입도 #46번의 숫돌을 느리게 이송하여 드레싱한 것과 #60번의 숫돌을 빠르게 이송하여 드레싱한 것을 비교할 때, #46번쪽이 훨씬 연삭면이 좋게 되는 수가 자주 있다.

이와 같이 입도는 드레싱 방법과 밀접한 관계가 있기 때문에, 단순하게 입도만으로 적용 범위를 정한다는 것은 어려운 일이며, 다만 일단 이를 표준으로 삼아야 한다.

결합도

결합도란 숫돌의 입자와 입자를 결합하고 있는 강도, 숫돌 입자를 지지하고 있는 결합제의 강약 정도를 나타내는 것으로서, 숫돌 입자나 결합제 자체의 강도를 말하는 것은 아니다. 즉, 숫돌 절삭 날의 자생 속도를 지배하는 것이다.

그러나 최근에는 '결합도란 숫돌의 닳는 법의 정도'를 나타내는 것이라고, 넓은 의미로 해석하는 의견이 강하게 일고 있다.

그 의미에서 본다면, 결합도가 강할수록 닳지 않아 연삭날이 나오기 어려운 숫돌이라는 의미가 되며, 반대로 결합도가 약할수록 연삭날이 나오기 쉬운 부드러운 숫돌이라는 의미가 된다고 말할 수 있다.

결합도의 표시는 알파벳순으로 A에서 Z로 갈수록 강한 결합도를 나타내고 있지만, 실제로 숫돌을 고를 때에는 연삭 저항을 생각하여 결합도를 정해야 한다.

연삭 저항은 연삭 깊이에 영향을 받으므로, 연삭 깊이를 깊게 하는 가공에서는 결합도가 강한 숫돌을 고르고, 연삭 깊이를 얕게 하는 가공에서는 결합도가 약한 숫돌을 사용한다.

예를 들면, 연강이나 일반 강재를 가공할 때에는 결합도를 M 정도로 하고, 입도를 #46번 정도로 하는 것이 일반적이며, 담금질강을 다듬질할 때에는 우선 결합도를 2단계 정도 낮추어 결합도는 K, 입도는 조금 올려서 #60번 정도로 한다는 식으로 정한다.

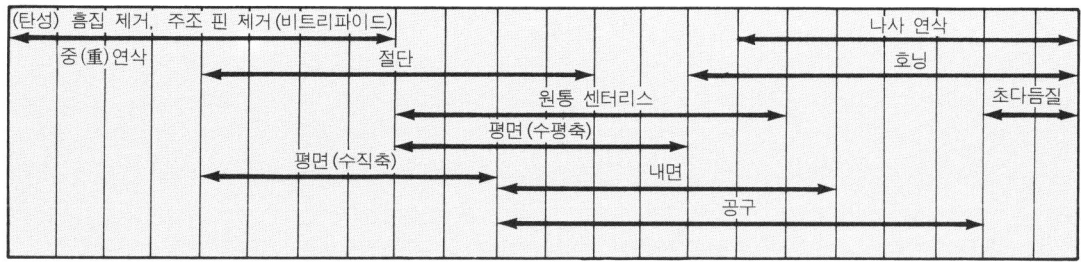

그림 3. 연삭 작업의 종류와 사용 입도의 범위

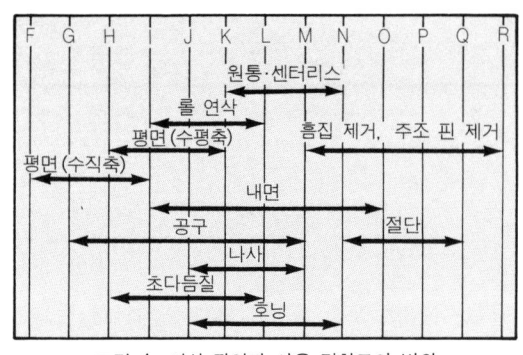

그림 4. 연삭 작업과 사용 결합도의 범위

이 때의 문제점은 숫돌 그 자체의 정적 (靜的) 구조가 원주 속도에 따라 변한다는 것이다.

가공을 할 때, 처음 숫돌 입자가 가공물 위를 지나간 뒤 같은 궤적을 따라 다음 숫돌 입자가 지나간다고 가정하면, 숫돌의 원주 속도가 빨라질수록 연삭 칩의 두께가 얇아진다. 그래서 같은 질의 재료를 연삭할 때에도 원주 속도를 빨리 하면 부드러운 숫돌을 쓸 수 있다.

따라서 이것은 숫돌이 가공물에 대해 가만히 있을 때보다 단단한 상태로 작용하고 있다는 말이 된다. 물론 그 반대로 원주 속도가 느리게 되면 부드럽게 작용한다고도 말할 수 있는 것이므로, 숫돌 그 자체의 경도는 일정하더라도 원주 속도에 따라 작용하는 경도가 달라지는 것이다.

원주 속도를 변화시켰을 때나 또는 숫돌이 닳아 숫돌의 지름이 작아졌기 때문에 원주 속도가 변했을(느리게 되었을) 때에는 이와 같은 일도 유의하면서 숫돌을 골라야 한다.

그림 4에 사용 결합도의 사용별 범위를 나타냈으며, 숫돌과 가공물의 접촉 면적이 클수록 결합도가 약한 숫돌 즉, 연한 숫돌 방향으로 향하게 된다.

조직의 조밀도

넓은 의미로 볼 때, 숫돌의 조직은 숫돌 입자와 결합제 그리고 기공의 세 가지가 양적으로 분포되어 있는 상태의 비율을 말하는데 좁은 의미로서는 숫돌의 숫돌 입자간의 간격(grain spacing)을 의미한다.

그러나 숫돌 입자 사이의 간격은 측정하기가 매우 어렵기 때문에, 숫돌의 단위 용적당 숫돌 입자 체적의 % 즉, 숫돌 입자 비율로 표시한다.

조직은 드문드문 있는 것으로부터 촘촘하고 빽빽하게 있는 것까지 있지만, 조직의 조밀(粗密)은 연삭 칩의 배출성에 큰 영향을 미친다. 조직면에서 숫돌을 고를 때의 기준은 표 3과 같다. 이 표

표 3. 조직면에서 본 숫돌의 선정 기준

조 직 No.	0	1	2	3	4	5	6	7	8	9	10	11	12	13	14
숫돌 입자율 %	62	60	58	56	54	52	50	48	46	44	42	40	38	36	34
허 용 차	± 1.5 %														
적응할 수 있는 연 삭 작 업	중(重) 연삭 자 유 연 삭 (단단하고 부서지기 쉬운 재료)				원 통 연 삭 센터리스 연삭 내 면 연 삭 공 구 연 삭 (절삭날을 사용하는 깃) 자 유 연 삭 (일 반)			평 면 연 삭 (일 반) 공 구 연 삭 (넓은 접촉면) 자 유 연 삭 (연하고 점성이 있는 재료)			평 면 연 삭 (넓은 접촉면) (디 스 크 숫돌) 광폭 링· 세그먼트				
연 삭 조 건	다 듬 질 좁 다 (단단하고 부서지기 쉬운 재질) 초경			다 듬 질 정 도 접 촉 면 적 피 삭 재 재료 표면을 사용 알루미늄·티탄							거 칠 다 넓 다 (연하고 점성이 있는 재질)				

의 연삭 조건에서도 알 수 있는 바와 같이, 숫돌과 가공물의 접촉 면적이 넓은 것은 연삭 칩의 제거가 어렵기 때문에, 숫돌 입자비율이 낮은(드문드문 있는 것) 조직의 숫돌을 고르는 것이다.

대표적인 결합제

최근에는 수많은 새로운 결합제가 개발되고 있는데 여기에서는 대표적인 결합제로서 비트리파이드와 레지노이드 그리고 고무의 세 종류에 대한 특징과 용도를 설명한다.

우선 비트리파이드(기호 V)는 장석과 점토를 주로 사용하여 1300℃ 전후로 구어낸 것이며, 마치 도자기와 같은 것이다. 레지노이드(베이클라이트, 기호 B)는 페놀 수지를 200℃ 전후에서 구어낸 것이며, 최근에는 에폭시 수지와 같은 새로운 재료를 사용한 것도 나와 있다. 그리고 고무(기호 R)는 생고무에 유황을 넣은(가황) 것 즉, 경질 고무에 해당된다.

이들 중 가장 많이 사용되고 있는 것이 레지노이드 숫돌로서 전체의 60% 정도이고, 다음이 비트리파이드 숫돌로서 30%이며, 그 외의 것이 10% 정도이다.

숫돌로서는 비트리파이드 숫돌이 가장 강성이 높고 정밀도도 내기 쉽다고 할 수 있다. 또한 드레싱도 매우 하기 쉽다는 특징이 있기 때문에 정밀 연삭을 하는 데에 자주 사용되지만 충격에 약한 것이 흠이다.

레지노이드 숫돌은 기계적인 강도 특히, 회전 강도가 높으므로 고속 회전에도 잘 견딘다. 또한 유리 섬유와 같은 보강재를 넣어서 강도를 높일 수도 있기 때문에 일반적인 자유 연삭이나 거친 연삭(버의 제거 등)에 적합하다.

이와 같이 비트리파이드는 정밀 연삭용이고 레지노이드는 거친 연삭용이라고 일단은 분류할 수는 있지만 비트리파이드는 결합제 그 자체가 단단하기 때문에 강성이 높은 숫돌이 되는 대신 로딩이 되기 쉬우며, 레지노이드는 결합제가 연삭 칩보다도 연하므로 연삭 칩이 결합제를 깎아내려 마찰 때문에 닳아 버리는 마모를 일으키게 된다.

레지노이드 숫돌은 로딩이 잘 일어나지 않기 때문에 드레싱하는 간격이 길어진다. 레지노이드 숫돌에는 이와 같은 특징이 있기 때문에 일반적으로 거친 연삭용이라고는 하지만, 용도에 따라서는 정밀 연삭에도 사용되고 있다. 그러나 정확한 진원도나 치수 정밀도를 확실하게 얻고자 할 때에는 역시 비트리파이드 숫돌쪽이 좋으며, 레지노이드는 강성 부족에 따른 영향을 받는다. 하지만 연삭 칩이 막히거나 용착하는 일이 드물고 기계 진동도 흡수하므로 그다지 엄격한 정밀도가 필요 없는 가공일 때에는 매우 사용하기 좋은 숫돌이다.

고무 숫돌은 마찰 계수가 가장 큰 숫돌이므로, 절단용이나 컨트롤용으로 용도가 한정된다.

원주 속도와 연삭 깊이

앞에서도 말한 바와 같이, 음수(−) 경사각을 가진 공구인 숫돌은 아무래도 빠른 원주 속도로 가공하지 않으면, 유동형 연삭 칩을 낼 수가 없다. 그래서 종래의 원주 속도는 원통 연삭에서는 1800m/min이고 수평축 평면 연삭에서는 1500m/min이며, 수직축 평면 연삭에서는 1200m/min 정도를 기준으로 하고 있었다.

이와 같은 기준은 숫돌의 강도를 감안하여 최고 원주 속도를 정한 것이지만, 최근에는 숫돌의 성능도 개선되어 차츰 빠른 원주 속도로 옮겨가고 있다.

특히 원통 연삭에서는 2700m/min이라는 원주 속도가 정착되고 있다. 그리고 이제까지는 가공

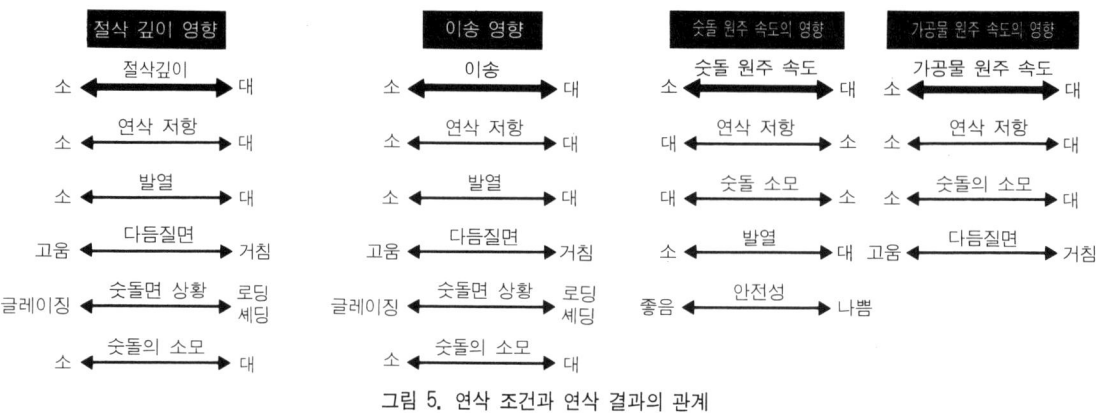

그림 5. 연삭 조건과 연삭 결과의 관계

물의 원주 속도를 숫돌 원주 속도의 1/100~1/200로 하는 것이 기준으로 되어 있었지만 숫돌의 원주 속도가 올라가 2700m/min 정도되는 가공에서는 가공물의 원주 속도도 1/80~1/40로 되고 있다.

이와 같이 숫돌 속도를 올린 결과, 우선 숫돌이 닳지 않는다는 것과 가공물의 원주 속도를 올렸기 때문에 능률이 대폭적으로 향상되었다는 이점이 있다. 숫돌의 원주 속도가 상승됨에 따라 연삭하는 양이 훨씬 많아진 것이다.

가공물이 1회전할 때 연삭 깊이는 몇 μm라는 식으로 설정하고, 이송은 1분간에 몇 mm 보내는가를 결정짓게 되는데 이 상태에서 가공물의 원주 속도를 올리면 같은 연삭 깊이라도 훨씬 짧은 시간 내에 가공할 수가 있다.

그래서 높은 원주 속도는 고능률의 연삭이라는 등식이 성립하는데 또 한 가지는 연삭 깊이가 일정하다는 조건으로 가공물의 원주 속도를 빨리 하면 연삭점의 온도가 내려가게 된다. 이것은 연삭 번이나 가공 변형을 줄이기 위한 대책으로서 매우 유리한 조건이라고 말할 수 있다. 이와 같이 원주 속도와 가공 능률은 밀접한 관계에 있으며, 안전상의 문제나 냉각재의 공급 방법도 검토할 필요가 있다.

그림 5는 연삭 조건과 연삭 결과의 관계를 나타내고 있다. 그러나 이것은 어디까지나 개념을 말한 것이며, 실제로 가공할 때에는 가공물의 재질이나 사용하는 숫돌 그리고 연삭기에 따라 달라지는 것이므로 각 조건에 따라 충분히 검토한다는게 중요하다.

드레싱·트루잉

드레싱이란 소위 말하는 날 세우기를 말하며, 로딩이나 글레이징이 된 숫돌의 표면을 한꺼풀 벗겨서 새로운 절삭 날을 내놓는 작업을 말한다. 트루잉은 숫돌의 모양을 고치는 것을 말하는데, 이 두 가지 작업을 하기 위한 방법은 거의 같아서 트루잉하면서 드레싱할 수도 있다.

숫돌을 능숙하게 쓸 수 있느냐 하는 문제는 오직 이 드레싱 기술에 달려 있다고 해도 과언은 아니다. 숫돌 입자를 곱게 다듬느냐 거칠게 다듬느냐에 따라 가공면의 상태나 가공 정밀도 그리고 연삭 저항이나 드레싱 간격 등 여러 가지 요소에 영향을 미친다. 그런데 드레싱의 핵심이 되는 드레싱 피치에 대해, 거친 연삭용은 거칠게 하고 정밀 연삭용은 곱게 한다는 것은 원칙적이다.

그러나 좀더 한걸음 나아가 숫돌 입자 지름 이상의 피치로 드레싱해서는 안된다는 것을 명심해야 한다. 이것을 머리에 새겨두지 않으면 무엇 때문에 드레싱하는지 알지 못하게 되어 버린다.

그래서 용도별 드레싱 피치의 표준을 정리해 보면 거친 연삭용일 때에는 숫돌 입자 지름의 1/2 ~1이고, 다듬질 연삭용일 때에는 1/5~1/3이며, 정밀 연삭용일 때에는 1/10~1/15이 되는 피치가 기본이다. 그리고 연삭 깊이는 언제나 3/100~5/100mm로 하고 이보다 많이 해도 그다지 효과는 없다.

＊　　　＊　　　＊

숫돌을 잘못 고르면, 마모가 심하기도 하고 치수의 정밀도를 유지할 수 없을 때도 있으며, 다듬질면도 나쁘게 된다. 사용하는 도중에 숫돌이 마모하여 먹혀들지 않으면 채터링이 발생하여 연삭하는 소리가 나쁘게 나고 연삭 번이 나오기도 한다. 이런 것들은 실제로 가공하고 있는 작업자가 제일 잘 알고 있을 것이며, 또 당연히 알고 있어야 할 일이다. 여기에는 숫돌 그 자체의 성질을 이해하는 것도 중요하다.

여기에서는 숫돌을 구성하고 있는 각 요소에 대해 설명했는데, 숫돌을 구성하고 있는 요소를 종합적으로 파악하여, 적절한 판단 아래 연삭 가공하는 것이 기본이다

평면 연삭·원통 연삭 때에 숫돌을 고르는

우리들이 언제나 경험하는 연삭 작업에 있어서 왜 잘 연삭되지 않는가, 반대로 어떻게 하면 연삭이 잘 되는가, 그 원인이나 대책을 몰라 매우 고생할 때가 많다. 그러나 연삭 가공도 물리적인 현상이며, 각 기계에 따라 다소의 조정이 필요하지만 장해가 되는 요소를 제거한다면, 쾌적하게 가공할 수가 있는 것이다.

여기에서는 가공물의 재질이나 형상 또는 연삭 방법에 따라 어떤 숫돌을 고를 것인가, 우리들이 통상적으로 가장 많이 가공하고 있는 평면 연삭이나 원통 연삭을 할 때, 가장 표준적인 숫돌을 고르는 방법에 대해 생각해 보기로 하자.

평면 연삭 때의 숫돌 고르는 법

평면 연삭을 할 때, 가장 표준으로 사용되는 숫돌을 표 1에 나타낸다.

① 트래버스 연삭 ····· 테이블을 좌우로 움직일 때마다 연삭 깊이를 주고, 전후 이송을 주어 평판을 연삭하는 가장 일반적인 가공법이다. 요구되는 표면 거칠기에 따라 입도는 변하지만 통상적인 표면 거칠기(1.6~3.2S)로 하여 선택한 표준 숫돌의 예이다.

② 단속 연삭 ····· 같은 트래버스 연삭이라도 가공면에 구멍이 뚫려 있다거나 오목한 부분이 있을 때, 또는 작은 가공물을 여러 개 정렬해 놓고 연삭하는 예이다.

숫돌은 단속적으로 충격을 받으므로, 숫돌 입자가 매우 탈락하기 쉬워서 표면 거칠기가 나쁘게 된다. 그래서 결합도를 1~2도 굳은 것을 사용하는 동시에, 조직도 1~2단 조밀하게 하면 효과가 있으며, 능률이나 다듬질면이 향상된다.

③ 얇은 물건 연삭 ····· 가공 면적에 비해 두께가 얇은 것이나 열의 발생을 꺼려하는 재질(SUS 등)을 연삭할 때에는 되도록 열이 발생하지 않게 해야 한다. 그래서 잘 절삭되는 숫돌 입자를 고르고, 결합도는 연하고 조직이 드문드문 형성된 숫돌로 한다.

절삭 깊이의 양이나 가로 이송을 적게 하고 연삭액을 충분히 쏟아 부으면서 연삭하는 것이 중요하다.

④ 총형 성형 연삭(플런지 컷 연삭) ····· 총형 플런지 컷 연삭은 숫돌의 접촉 면적이 크게 됨에 따라 같은 절삭 깊이라도 숫돌 폭이 좁은 것보다 한 번에 연삭하는 연삭량이 매우 많게 된다.

따라서 연삭 저항도 증가하며, 기계의 강성에도 영향을 크게 미치게 된다. 이것이 한계에 도달하면 심한 채터링이 발생하며, 가공 정밀도를 저하시키는 원인이 된다.

총형 연삭에서는 이 기계적인 부담을 경감시켜 주는 일이 중요하며, 그 대책으로는 결합도를 표준 결합도보다 1도 연하게 하고 칩을 제거하기 쉽게 조직을 1~2단 거칠게 한다. 표면 거칠기나 형상 정밀도가 엄격할 때에는 입도가 가는 숫돌을 고른다.

총형 연삭에서는 특히 트루잉이나 드레싱 조정이 품질에 크게 영향을 미친다.

거친 연삭에서는 드레싱을 거칠게 하고(100~300mm/min), 다듬질은 절삭 깊이의 양을 적게 하며(2~4μm), 속도도 느리게(50~100mm/min) 하는 것이 좋다.

요령

⑤ 좁은 홈 및 각내기 연삭 (플런지 컷 연삭)‥‥④와는 반대로 숫돌 폭이 좁으므로, 숫돌에 대한 단위 면적당 연삭 저항은 크게 되며, 숫돌 입자가 매우 탈락하기 쉬워진다.

그래서 표준 선택 숫돌(트래버스 연삭 때보다 입도를 곱게 하고 결합도를 1~2도 굳게 하며 조직이 치밀한 숫돌을 고르면, 형상이 무너지는 것을 방지하는데 효과가 있다.

⑥ 크리프 피드 연삭 ‥‥‥ 이 연삭 방법은 1회의 절삭 깊이를 0.1~10mm나 되게 깊게 하고 테이블 속도를 10~2,000mm/min의 느린 속도로 하는 것이 특징이며, 연삭 칩은 가늘고 길게 하며 더구나 다량으로 제거하지 않으면 숫돌의 눈이 막혀 연삭 번이 일어나 연삭을 할 수가 없게 된다.

그래서 연삭 칩을 완전히 제거할 수 있는 포켓이 필요하게 되며, 숫돌을 고를 때에는 숫돌 접촉 면적이 넓은 것을 감안하여, 결합도를 연하게 하여 절삭 칩 포켓이 충분한 것을 고른다.

연삭 칩은 일반적으로 숫돌 입자의 크기에 비례하여 입도

표 1. 평면 연삭용 선정 숫돌(숫돌 지름 ⌀ 455 이하)

연삭 조건 (습식)	절삭 깊이량		피삭재 (경도 : HRC)			
			보통 탄소강 생재 SS, S-C STK, SF SC (HRC 25이하)	보통 탄소강 합금강 S-C, SK, SKS SCr, SNC, SCM SUJ, SNCM, SNC (HRC 26~55)	합금 공구강 고속도강 SKS, SKD SKT, SKH (HRC 56이상)	비철금속 주철 스테인리스강 BC, Bb, Aℓ FC, SUS
①트래버스 연삭	거침	10~20μm	A46J8V	WA46I8V	HA46H8V	C46I10V GC
	다듬질	2~10μm				
②단속 연삭	거침	10~20μm	A46L6V	WA46K6V	HA60J6V	C60J7V
	다듬질	2~10μm				
③얇은 물건 연삭	거침	6~10μm	WA60H10V	WA60G10V	HA60G10V	GC60I10V C
	다듬질	2~6μm				
④플런지 연삭 (대)	거침	4~10μm	WA60I10V ~100	WA60H10V ~PA100	HA60N10V ~PA100	C60I10V ~100
	다듬질	2~4μm				
⑤플런지 연삭 (소)	거침	4~10μm	WA80K7V ~PA180	WA80J7V ~PA180	HA80J7V ~PA220	HA80J7V ~PA180
	다듬질	2~4μm				
⑥크리프 피드 연삭	거침	1~10μm	WA80H12V ~180	WA80F12V ~180	GC80F12V ~180	GC80F12V ~180
	다듬질	0.1~1μm				
⑦로터리 (수평축)	거침	6~10μm	A60K7V ~80	WA60J7V ~80	HA60i6V ~80	GC60J8V ~80
	다듬질	2~6μm				
⑧로터리 (수직축)	거침	1~2 mm/min	A30J10V ~60	WA30I10V ~60	HA36H10V ~60	C30I10V ~60
	다듬질	0.2~1 mm/min				

가 크면 연삭 칩도 크게 되며, 여기에 걸맞는 연삭 칩 포켓이 필요하게 된다. 그래서 기공이 큰 구조의 숫돌이 필요하게 되며, 세밀한 형상이나 정밀도를 유지하기가 어렵게 된다.

따라서 형상 및 치수 정밀도가 엄격할 때에는 숫돌의 형상 유지를 생각할 필요가 있으며 가급적이면 입도를 곱게 하고 연삭 칩을 배출시킬 수 있는 최소한의 기공을 가진 숫돌을 고르는게 이상적이라고 말할 수 있다.

⑦ **회전 평면 연삭**(수평축, 둥근 테이블) ····· 회전 평면 연삭기는 테이블이 좌우 운동하는 왕복형보다 테이블 속도가 2배 이상 빠르고 가공 능력은 높지만, 숫돌에 대한 충격력도 크게 된다.

따라서 숫돌 입자가 탈락하기 쉬워지기 때문에, 숫돌을 고르려면 이 점을 고려하여 입도를 한 단계 곱게 하고 결합도를 굳게 하며 조직도 1~2단 조밀한 것을 고르면, 연삭 능률이나 표면 거칠기가 모두 향상된다.

또한 한 개의 테이블에 여러 개를 놓고 연삭할 때에는 당연히 단속 연삭이 되므로 조직이 더욱 조밀한 숫돌을 고르는 것이 연삭 작업을 효과적으로 수행하는 요령이라고 할 수 있다.

⑧ **수직축 회전 평면 연삭** ····· 이 작업에 사용하는 숫돌은 링형과 세그먼트형이 있다. 어느 것이나 숫돌의 접촉 면적이 크고 가공 능률은 높지만, 숫돌의 접촉 면적은 가공물의 크고 작음에 따라 비례하는 것이며 가공 조건이 크게 변화하는 것이므로, 수직축 연삭 때의 숫돌을 고르려면 매우 어렵다.

일반적으로 숫돌의 접촉 면적이 클 때에는 로딩이 생기기 쉬우며 연삭성이 나쁜 재료라면 이 경향이 더욱 두드러진다. 이것을 해소하기 위해서는 입도가 거칠고 조직이 열린 것(조직이 10~14)을 고르는 것이 중요하다.

다듬질면의 거칠기에 대한 요구가 엄격할 때에는 필요에 따라 입도를 곱게 하고 조직은 약간 열린 것 즉, 가급적이면 결합제가 연한 숫돌을 쓰는 것이 효과적이며, 가공물에 따라서는 레지노이드가 적합한 경우도 있다.

가공물의 재질이나 경도가 같아도, 그 형상이나 연삭 방법이 다르면 적정한 숫돌도 달라지게 된다. 특히 숫돌의 조직이 중요한 포인트를 차지하고 있다.

그리고 숫돌 입자에 대해서는 JIS 표시를 사용했는데 숫돌 메이커에 따라 기호가 다른 것도 있으나 같은 급수의 숫돌을 고른다. 또 최근에는 성능이 좋은 여러 가지 혼합 숫돌 입자도 나와 있다.

원통 연삭과 숫돌 선택

표 2는 원통 연삭에서의 표준적인 숫돌 선택 예이다.

① **트래버스 연삭** ····· 숫돌을 가공물의 끝에서 연삭하기 시작하여 가공물의 축과 평행으로 이송하여 연삭한다. 가장 일반적인 연삭 방법이다. 원통 연삭 때에는 평면 연삭보다 숫돌의 접촉 길이가 짧기 때문에 숫돌의 지름에 비해 가공물의 외경이 작으면 이러한 경향이 더욱 두드러진다.

가공물의 재질이나 경도에 대한 숫돌 입자의 선택은 평면 연삭 때와 같지만 입도나 결합도 그리고 조직은 달라진다. 즉, 원통 연삭 때의 숫돌 접촉호는 평면 연삭 때보다 짧으며 접촉 면적도 작기 때문에, 평면 연삭 때와 같은 숫돌을 사용하면 숫돌 입자의 탈락이 많게 되어 능률적인 연삭을 할 수가 없게 된다.

따라서 원통 연삭에서는 이 점을 고려해서 골라야 하며, 일반적으로 가장 많이 사용되고 있는 숫돌 입자는 입도가 #60~80이고 결합도가 J~K이며 조직이 6~7인 숫돌이다. 그 다음은 드레싱이나 연삭 조건을 변경함으로써 어지간한 범위는 대응할 수가 있다.

② 단속 연삭 ·····가공물의 외경에 엔드 밀이나 리머 같은 홈이 있어 단속적인 연삭을 하게 되면, 숫돌 작업면이 단속적인 충격을 받아 숫돌 입자가 탈락하기 쉽게 된다. 특히 가공물의 경도가 높을 때에는 이 경향이 두드러지며 연삭 능률이나 다듬질면 거칠기가 저하한다.

이것을 방지하기 위해서는 결합도를 1~2도 단단한 것으로 하고, 조직도 1~2단 조밀한 숫돌을 사용하면 된다.

③ 가는 물건의 연삭 ·····가는 물건을 연삭할 때의 주의점은 가공물이 연삭 저항 때문에 휘기 쉽다는 것이다. 그래서 이것을 방지하기 위해서는 연삭 저항을 될 수 있으면 작게 하여 연삭하는 방법, 즉 가공물 외경보다 길이가 길 때에는 방진구를 사용하는 등의 방법을 강구하는 것이 포인트이다.

이 때에도 연삭 저항이 적은 편이 진원도나 원통도가 좋다. 절삭성이 좋은 숫돌은 저항이 적으며, 이를 위해서는 다음과 같은 사항을 알아야 한다.

· 가공 재질에 맞는 숫돌 입자를 고른다.

· 입도는 숫돌 입자의 끝이

표 2. 원통 연삭용 선정 숫돌(숫돌 지름 ∅455 이하)

연삭 조건 (습식)	절삭 깊이량		피삭재 (경도 : HRC)			
			보통 탄소강 생재 SS.S C STK, SF SC (HRC25이하)	보통 탄소강 합금강 SC .SK.SKS SCr.SNC.SCM SUJ.SNCM, SNC (HRC26~55)	합금 공구강 고속도강 SKS, SKD SKT. SKH (HRC56이상)	비철금속 주강 스테인리스강 BC, Pb, Aℓ FC, Ti, SUS
①트래버스 연삭	거침	10~20 μm	A60L7V	WA60K7V PA	HA60J7V PA	C60K8V GC
	다듬질	2~10 μm				
②단속 연삭	거침	10~20 μm	A60M6V	WA60L6V PA	HA60L6V	GC60L6V C
	다듬질	2~10 μm				
③가는 물건 연삭	거침	4~10 μm	WA80K7V	WA80K7V	HA80J7V	C80J8V GC
	다듬질	2~6 μm				
④플런지 연삭	거침	1~5 rev	A80K6V	WA80J6V	HA80I6V	GC80J7V C
	다듬질	0.5~2 rev				
⑤홈연삭	거침	1~5 rev	A80L6V 180	WA80K6V 180	HA80J6V 180	HA80K7V DA 180
	다듬질	0.5~2 rev				
⑥센터리스 (관통 이송)	거침	10~100 μm	A60M6V	WA60M6V	HA60L6V PA	GC60M6V C
	다듬질	2~10 μm				
⑦센터리스 (정지)	거침	2~10 rev	A80L6V	WA80L6V	HA80K6V PA	GC80L6V
	다듬질	0.5~2 rev				

날카롭고 가는 것을 고른다.

· 로딩이나 연삭 번이 일어나지 않게 결합도는 약간 연한 것이 좋다.

· 가공물이 휘기 쉬운 경우에는 숫돌의 접촉 면적을 좁게 한다.

동시에 끝이 날카로운 다이아몬드로 드레싱하고 가공물의 이송 속도를 느리게 하는 등 연삭 조건에서도 연삭 저항을 줄이는 노력이 중요하다.

④ 플런지 연삭(앵귤러 방식 포함) ····· 플런지 연삭은 숫돌의 폭을 이용하여 가공물의 축방향으로 연삭 깊이를 주어 연삭하는 능률이 뛰어난 연삭 방법이며, 전기 부품이나 자동차 부품 또는 기계 부품 등과 같은 양산물 가공에 널리 사용되고 있다.

연삭 길이가 숫돌의 폭이 되고 길이도 5~150mm 이상이나 되는 넓은 범위에 미치고 있으므로 숫돌의 폭에 따라 그 선택 방법도 달라지게 된다.

여기에서는 숫돌 폭을 50mm 정도로 생각하고 선정했는데 숫돌의 폭이 넓어지면 로딩이 일어나기 쉽기 때문에 결합도를 1도 부드럽게 한 숫돌을 사용하면 좋은 결과를 얻을 수 있다.

다듬질 면의 거칠기는 입도에 직접 영향을 받으므로, 입도는 트래버스 연삭 때보다 한 단 곱게, 결합도는 1도 연하게 하고 조직도 1단 조밀하게 하면 연삭이 잘 되며 다듬질면이 고운 연삭을 할 수가 있다.

이것은 외주면만을 연삭할 때여서 측면과 외주면을 동시에 연삭할 때에는 문제가 있다. 그것은 측면 연삭의 양이 많으면 연삭 번이 일어나기 쉽기 때문이다.

그래서 숫돌의 형상을 편측 테이퍼형이나 양측 테이퍼형과 같이 닿는 부분을 줄인 것을 사용하고, 또한 다이아몬드 드레서로 측면에도 닿지 않는 부분을 만들어, 될 수 있으면 숫돌의 접촉 면적을 적게 하면 효과가 있다.

그러나 여기에도 한도가 있다. 즉 숫돌 외주면은 아직도 충분한 수명이 있는데도 불구하고, 가공물 측면에 곧 연삭 번이 발생하여 외주면과의 불균형이 심하며, 드레싱 횟수가 많아지고 숫돌은 측면만 소모하여 능률이 떨어진다. 이것을 해소하기 위해서는 측면의 연삭성을 높여야 하며, 여기에는 다음과 같은 방법이 있다.

· 보통 때보다도 입도를 1단계 곱게 하고 조직이 열린 숫돌을 사용하면 측면의 연삭 번이 적어지며, 외주면의 다듬질 표면 거칠기를 유지할 수가 있다.

· 숫돌의 측면 연삭부에 방사선 모양으로 가늘고도 많은 홈을 파서 연삭 칩이 잘 배출되면서 연삭액이 잘 들어가게 하여 연삭열을 발산시킨다.

· 숫돌 측면부의 입도는 거칠고 외주 부위는 고운 것을 합쳐서 만든 특수 접합·숫돌을 사용한다.

⑤ 홈연삭 및 각내기 연삭 ····· 이 때에는 숫돌의 형상 유지가 특히 중요한데 이를 위해 입도가 곱고 조직이 치밀한 숫돌을 고른다. 숫돌 메이커에 따라 다소의 차이는 있지만, 강도가 강하고 본드율이 낮은 결합제를 사용한 숫돌을 사용하면 더욱 효과가 있다.

⑥ 센터리스 연삭

(a) 스루 피드(through feed) 연삭 ····· 양쪽 센터 지지에 의한 원통 연삭보다 센터리스 연삭은 강성이 몇 배가 강하여 힘으로 연삭하는 감이 있다. 따라서 숫돌의 숫돌 입자보다는 입도와 결합도가 중요하게 여겨진다. 즉, 기계의 강성이 강하므로 비철 금속과 같은 특별한 것을 제외한 모든 가공물을 한 종류의 숫돌로 연삭할 수도 있다.

그래서 숫돌을 고를 때에는 통상적인 원통 연삭 때보다도 결합도가 1~2도 단단한 것을 고르고 조직도 치밀한 것을 고르는 것이 드레싱 간격이 길어져 능률적이다.

이런 종류의 숫돌은 무겁기 때문에 숫돌을 자주 교환하기는 어려우므로 가공물의 재질이나 형상이 여러 가지인 다종 대량 가공을 할 때에는 혼합 숫돌을 사용하면 효과적이다.

또한 최근에는 숫돌 폭을 반으로 나누어 한쪽에는 거친 입도로 하고 다른 한쪽에는 입도가 고운 것으로 만든 숫돌을 사용하여, 한 번 통과시키면 거친 연삭과 다듬질 연삭을 모두 끝내는 가공 방법도 있다.

(b) 인피드(infeed) 연삭(정지 연삭) ····· 이 때에는 가공물의 길이가 숫돌 접촉면이 되어, 다듬질면의 거칠기는 직접 입도의 영향을 받게 된다.

가공물 재질이나 입도는 물론, 외경 치수나 길이 등이 크게 영향을 미치므로 숫돌을 고를 때에는 무엇에 주안점을 두어야 하는지를 잘 검토해 보는 것이 중요하다.

같은 재질의 가공물이라도 외경이 크고 긴 것이라면 연삭량이 많아 연삭 저항도 크게 되며, 작은 것보다는 연삭하기가 어렵게 된다. 반대로, 외경이 작은 가공물을 같은 숫돌로 연삭하면 숫돌 입자가 빨리 탈락하게 되며 다듬질면도 나쁘게 된다.

표준 숫돌에서 순조롭게 가공할 수 있는 외경 치수는 숫돌 지름의 1/20~1/100 정도이며 그 이상이나 그 이하를 연삭할 때에는 숫돌을 다시 선택하는 것이 효과적이다. 또한 코너 R의 지정이 있을 때나 총형 연삭일 때에는 숫돌의 형상 유지를 중시하여 입도가 고운 숫돌을 고를 필요가 있다.

원통 연삭 때에도 평면 연삭 때와 같이 가장 표준적인 가공물을 생각하면서 숫돌을 골랐는데, 이것을 기준으로 하여 가공물의 외경과 다듬질 정밀도, 등을 고려하면서 입도나 결합도를 조정하는 것이 중요하다.

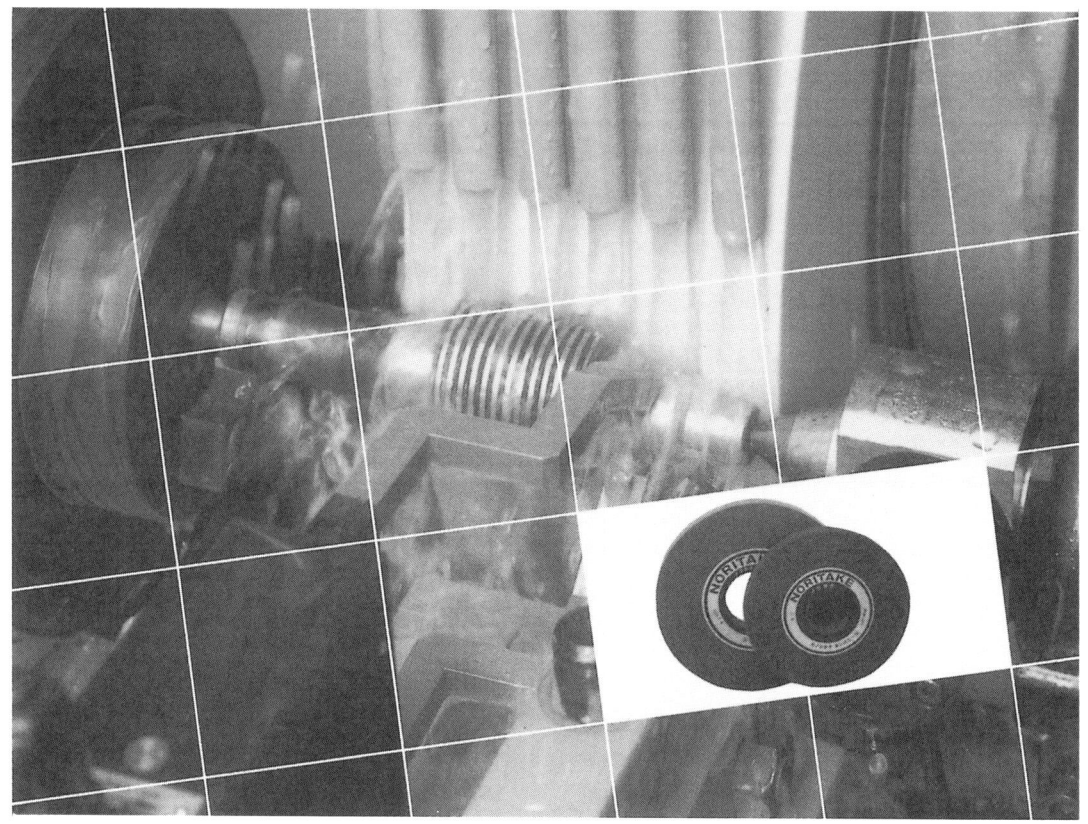

난삭재 연삭 가공때의
숫돌 선택

최근 훌륭한 성질을 가진 여러 가지 금속 재료가 개발되었는데 이와 같은 재료들은 그 특유의 성질 때문에 연삭 가공이 어려울 때도 있다.

그래서 이와 같은 난삭재의 연삭 가공을 할 때의 숫돌 선택 포인트를 정리하면 다음과 같다.

난삭재의 특성

난삭재라고 불리는 재료에는 다음과 같은 성질이 있다.

① 재료의 연성이 크다.

② 재료 가공중, 숫돌 표면에 용착하기가 쉽다.

③ 열전도가 나쁘다.

④ 연삭열 때문에 가공 경화를 한다.

⑤ 재료가 단단하며, 강도가 강하다.

이와 같은 난삭재의 성질이 숫돌의 수명을 단축시키며, 치수 정밀도도 나쁘고 또한 연삭 가공도 하기 어렵게 한다(표 1).

그 결과, 다듬질면의 거칠기도 나쁘게 되어 가공물의 품질을 저하시키는 원인이 된다.

난삭재를 연삭하기 어려운 이유로서는 다음과 같은 것을 생각할 수가 있다.

순금속이나 오스테나이트계 합금강(예를 들면 SUS 300 시리즈)은 연성이 커서 연삭 가공을 하면, 숫돌 입자 때문에 많이 부풀어 올라 바라는 연삭을 할 수가 없다.

그리고 열전도율이 작기 때문에 연삭열이 축적되기 쉬우며, 또한 내산화성과 내열성이 크므로 숫돌 입자와 가공물 사이에 산화막이 생기기 어려우며, 재료가 강인하기 때문에 변형 저항도 크게 되어 숫돌 입자와 화학 반응을 일으켜 용착하게 된다.

고바나듐 고탄소 공구강 같은 것은 금속 입자 속의 바나듐 탄화물이 숫돌 입자와 같은 정도로 단단하기 때문에 연삭하기 어렵게 된다.

난삭재의 연삭 시험 예와 실용 데이터

여기서 내열 합금으로 사용되는 Ni(니켈)기 초내열 합금 및 티타늄 합금의 연삭 시험 예를 소개한다.

(1) Ni기 초내열 합금의 연삭 시험

·연삭 방법 : 습식 크리프 피드 연삭

·숫돌의 원주 속도 : 1200mm/min

·테이블 속도 : 50m/min

·절삭한 양 : 205×10×50.8mm

·시험한 숫돌과 결과

시험 숫돌	소비 전력량	연삭비(研削比)
WA80-C15-V51P	205W/mm	3.8
RA80-C15-V51P	180	3.3
SA80-C15-V51P	195	3.3
GC80-C15-V99P	345	0.3

Ni기 초내열 합금의 경우에는 GC 숫돌보다는 A계 숫돌쪽이 우수한 결과로 나타나 있다.

그리고 S50C(조질재)와 비교해 보면 Ni기 초내열 합금은 연삭비(研削比)가 작게 되어 매우 어려운 난삭재로 되어 있음을 나타내고 있다.

(2) 티타늄 합금의 연삭 시험

·연삭 방법 : 평면 연삭

·숫돌의 원주 속도 : 600mm/min

·테이블 속도 : 3m/min

표 1. 난삭재의 특성과 주요 가공물

난 삭 재 의 특 성	주 요 가 공 재 질
인성이 큼(전성, 연성이 큼)	순철, 순니켈, 순동, 알루미늄
공구와의 친화성이 큼·반응성이 큼	연강, 알루미늄, 스테인리스강, 내열 합금, 고탄소강, 티탄 합금
열전도율 작음	내열 합금, 스테인리스강, 아스베스트 합성수지, 티탄 합금
가공 경화성 큼	내열 합금, 스테인리스강, 고망간강, 질화강, 내열강
고경도·고강도	초경 합금, 경질 롤, 담금질강, 칠드강, 세라믹스, 고장력강, 다이스강

시험한 숫돌과 결과

시험 숫돌	연삭비	다듬질면 거칠기
GC60-J8-V81R	30	R_z 2.0 μm
WA60-J7-V75R	10	3.5

GC 숫돌쪽이 연삭비와 다듬질면의 거칠기가 좋게 되어 있다. 이것은 GC 숫돌 입자의 열전도율이 높고 인성이 낮으며 벽개성(劈開性)이 우수하기 때문에, 절삭날이 날카롭고 연삭 칩의 용착이 적게 되기 때문이라고 생각된다.

다음에는 숫돌의 원주 속도를 600, 800, 1000, 1200, 1400m/min으로 변화시키면서 시험해 보았다. 시험한 숫돌은 GC60-J8-V81R이다.

숫돌의 원주 속도	연삭비	다듬질면 거칠기
600m/min	30	R_z 2.0 μm
800	12	2.5
1000	8	3.5
1200	6	4.5
1400	4	6.0

이 결과에서 숫돌의 원주 속도를 변화시킴으로써 연삭 성능에 뚜렷한 차이가 있다는 것을 알 수 있다. 즉, 원주 속도가 낮을수록 좋은 연삭 성능을 나타내고 있다.

이것은 숫돌의 원주 속도가 높아질수록 숫돌 입자의 날끝 온도가 현저하게 높아지면서 가공물도 고온이 되기 때문에, 티타늄의 고온 반응으로 소재의 경도가 증가하게 된다. 그 결과, 용착이 일어나고 로딩이 일어나기 쉽게 된다. 따라서 원주 속도를 낮게 하여 연삭 온도가 상승하는 것을 억제하면 효과적이다.

(3) 실용 데이터

〔예 1〕

- 가공물 : Ti-6A l -4V축
  ϕ 4~6×10 l
- 연삭 방식 : 인피드 센터리스
- 숫돌의 원주 속도 : 1100m/min
- 연삭 가공 여유 : ϕ 0.05mm
- 숫돌 : C/GC120-M7-V81R
  510×50×254.00
- 결과 : 사이클 타임 5초
  다듬질면 거칠기 R_z 3 μm

〔예 2〕

- 가공물 : Ti-6A l -4V축
  ϕ 6~10×4000 l
- 연삭 방법 : 스루 피드 센터리스
- 숫돌의 원주 속도 : 1000m/min
- 연삭 가공 여유 : ϕ 0.15~0.2mm

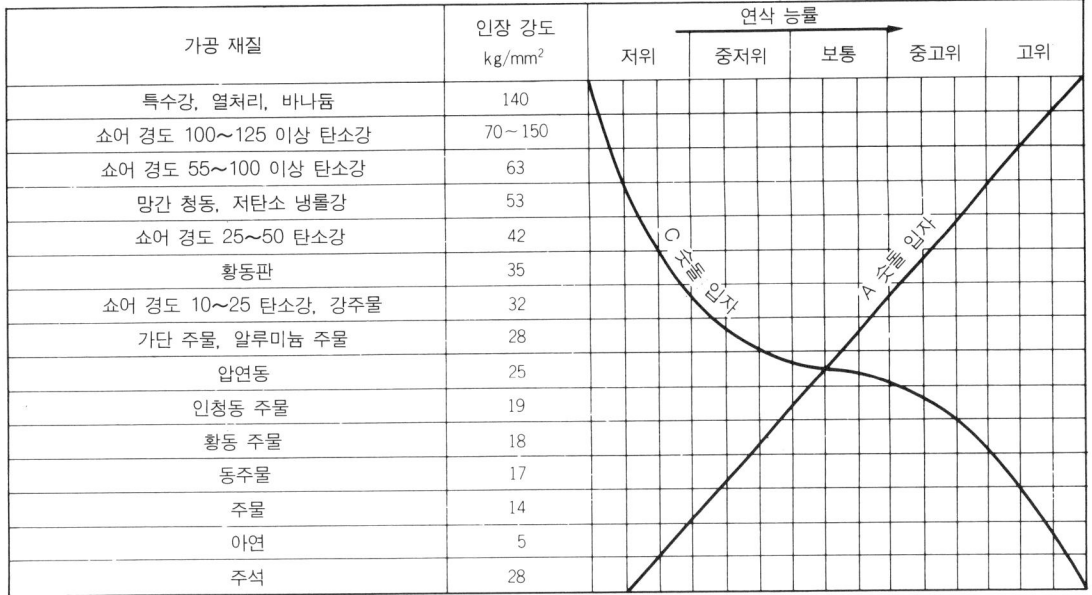

가공 재질	인장 강도 kg/mm²	연삭 능률				
		저위	중저위	보통	중고위	고위
특수강, 열처리, 바나듐	140					
쇼어 경도 100~125 이상 탄소강	70~150					
쇼어 경도 55~100 이상 탄소강	63					
망간 청동, 저탄소 냉롤강	53					
쇼어 경도 25~50 탄소강	42					
황동판	35					
쇼어 경도 10~25 탄소강, 강주물	32					
가단 주물, 알루미늄 주물	28					
압연동	25					
인청동 주물	19					
황동 주물	18					
동주물	17					
주물	14					
아연	5					
주석	28					

그림 1. 연삭 능률(숫돌 입자) (정밀 공작 편람·코로나사)

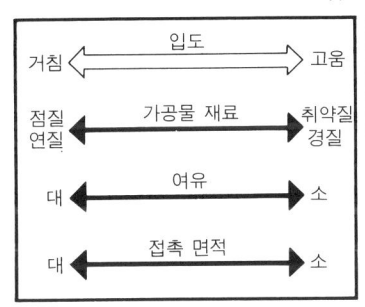

그림 2. 입도의 선정 방향

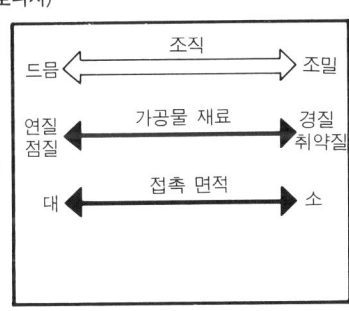

그림 3. 결합노의 선정 경향

그림 4. 조직의 선정 경향

· 숫돌 : C/GC 80-K9-B50E
　　　　　405×150×2286
· 결과 : 이송 속도 4m/min　3패스
· 다듬질면 거칠기 : R_z 6μm 이하

숫돌의 선택과 가공 조건

(1) 숫돌

난삭재를 연삭하려면 숫돌 입자의 성질을 충분히 이해한 다음에 숫돌을 고르는게 중요하다. 숫돌 입자의 누프 경도와 파쇄성(friability : 수치가 클수록 파쇄성이 높다)을 표 2에 표시하였다. C계 숫돌 입자는 A계 숫돌 입자보다 단단하지만, 파쇄되기 쉬운 성질이 있다.

인장 강도가 낮은 주철이나 동합금 또는 알루

표 2. 숫돌 입자의 성질

분류	노리다께	J I S	누브 경도	파쇄성
A계 숫돌 입자	A	A	2020	50
	GA	--	2020	54
	WA	WA	2050	57
	PA	PA	2100	48
	SA	HA	2250	38
C계 숫돌 입자	C	C	2700	64
	GC	GC	2700	70

미늄 합금 등을 연삭할 때에는 누프 경도가 높고 파쇄성이 낮은 C계 숫돌이 높은 연삭 성능을 나타낸다.

그러나 연삭 깊이를 많이 하면 C계 숫돌은 많이 파쇄되기 때문에 인성이 높은 A계 숫돌 입자를 선정한다.

가공물의 인장 강도와 연삭 능률에는 그림 1과 같은 관계가 있다.

(2) 입도

요구되는 다듬질면 거칠기에 따라 입도를 선정하게 되며, 가공물의 재질에 따라 그림 2와 같은 선정 경향이 있다. 그래서 단단한 가공물에는 고운 입도를 쓰고, 점질(粘質) 가공물에는 거친 입도를 선정한다.

(3) 결합도

결합도는 숫돌 입자의 연삭날 자생 작용에 영향을 미치는 중요한 항목이다.

가공물의 성질에 따라 그림 3과 같은 선정 경향이 있다. 점질 재료에는 굳은 결합도를 쓰고, 경질 재료에는 연한 결합도를 선정한다.

(4) 조직

조직은 숫돌 중의 숫돌 입자율을 나타내는 것으로서 숫자가 클수록 거친 조직을 나타내고 연속적인 연삭날의 간격에 영향을 미친다.

가공물의 성질에 따라 그림 4와 같은 선정을 하게 되며 연질 재료에는 거친 조직을 선정하여 로딩을 방지하고 경질 재료에는 조밀한 조직으로 하여 숫돌의 마모를 적게 한다.

(5) 결합제

정밀 연삭을 할 때에는 특수한 것을 제외하고는 거의 모두 비트리파이드(V) 결합제를 사용하는데 센터리스 연삭에서는 드레싱 간격을 길게 하고 다듬질면을 향상시키기 위해 일부에 레지노이드(B) 결합제를 쓰는 경우도 있다.

* * *

연삭 숫돌의 각 항목에 대하여 난삭재에 대한 선정 경향을 정리하여 설명한다.

숫돌은 사용 조건에 따라 연삭 성능이 크게 변하기 때문에, 반드시 이렇게 하여야 한다는 숫돌의 선정 기준을 말한다는 것은 어려운 일이다.

난삭재를 가공할 때의 숫돌 선정 기본 방법을 표 3에 표시한다.

표 3. 난삭재를 가공할 때의 기본적 숫돌 선택(원통 연삭)

가 공 물 재 질		숫돌 입자	입 도	결 합 도	조 직	결 합 제
스테인리스강	SUS 300 시리즈	SA, GC	60~80	K~M	7~9	V
	SUS 400 시리즈	PA, SA	60~80	K~M	7~9	V
동		C, GC	60	J~L	9	V
알 루 미 늄		C, GC	60	J~L	9	V
알루미늄 합금		PA	60~80	K~M	7~9	V
초 경		GC	80~100	I~L	9	V
세 라 믹 스		GC	80~100	I~L	9	V
내 열 강		PA	60~80	J~L	7~9	V

연삭 조건을 고려하여 다시 한번 사용하는 숫돌을 재검토하고 가장 좋은 숫돌을 발견한다는 것이 중요하다.

그리고 난삭재를 가공하다가 점질 재료 때문에 숫돌면에 연삭 칩이 녹아 붙어 결과적으로는 연삭 번 등이 일어났을 때에는 이를 방지하기 위해 고압 청정 장치로 연삭액을 분사하여 숫돌의 작업면을 깨끗하게 하는 일도 필요하다.

앞으로 더욱 더 신소재가 개발되어 연삭 가공이 어려운 물건이 나오겠지만, 이들은 다이아몬드 휠이나 CBN 휠을 사용함으로써 해결할 수 있다.

연삭 숫돌에는 매우 많은 종류가 있는데, 연삭 작업 때의 현상을 충분히 관찰하여 숫돌 선정을 잘못하지 않도록 주의하기 바란다.

A · WA · C · GC 숫돌 입자의 본명

최근에 이르러 CBN 같은 초(超)숫돌 입자가 출현했는데 전에는 알루미나 숫돌 입자나 탄화규소 숫돌 입자였다.

알루미나 숫돌 입자(Al_2O_3)를 발명한 것은 미국의 노톤사이며, 여기에 알런덤(Alundum)이라는 상표를 붙였다. 다갈색이나 흑갈색 숫돌 입자로서 일본에서는 그 머리 문자를 따서 A 숫돌 입자라고 말한다.

알런덤은 순도가 높게 되면 무색이 되어 백색 분말로 보인다. 따라서 White Alundum이라고 불리며 일본에서는 WA 숫돌 입자라고 부르게 되었다.

한편, 탄화규소 숫돌 입자(SiC)는 미국의 카보런덤사가 발명하여 카보런덤(Carborundum)이라는 상품명으로 팔았다. 그래서 이것을 C 숫돌 입자라고 부르게 된 것이다. 색은 흑색의 숫돌 입자이다. 이것도 순도가 높게 되면 녹색이 된다. Green Carborundum의 머리 글자를 따서 GC 숫돌 입자라고 부른다. 공구실에서 초경 공구를 거친 연마를 할 때 사용하는 '푸른 숫돌'은 GC 숫돌 입자를 쓰기 때문에 녹색인 것이다.

● 초숫돌 입자 숫돌의 활용

CBN 휠의 특징과 사용 방법

● CBN 숫돌 입자란

CBN(Cubic Boron Nitride＝입방정 질화붕소)은 자연으로는 존재하지 않는 물질이며, 인조 다이아몬드와 같이 초고압에서 만들어진다. 결정체 구조도 다이아몬드와 거의 같은 구조이며, 다이아몬드가 탄소 원자로 구성되는데 비해 CBN은 붕소(B)와 질소(N) 원자로 치환된 결정 구조로 되어 있다.

경도는 다이아몬드의 1/2 정도이지만, 탄화규소나 알루미나와 비교해 보면 거의 두 배나 되는 경도를 가지고 있어서 다이아몬드 다음으로 단단한 물질이다.

세계에서 최초로 CBN을 개발한 것은 미국의 제너럴 일렉트릭(GE)사이지만, 현재는 영국의 디·비어스나 일본의 쇼와 전공에서도 생산하고 있다. 그리고 일본에서는 거의 대부분의 숫돌 메이커가 이 CBN 숫돌 입자를 구입하여 휠을 만들고 있다.

메이커마다의 촉매 차이에 따라 다소 결정체 구조의 차이는 있지만, 기본적으로는 같다고 할 수 있다.

레지노이드 결합제를 사용하기 위해 숫돌 입자의 유지를 강화시키는 니켈 코팅을 한 것도 있고, 메탈이나 비트리파이드를 사용하기 위해 특수 표면 처리를 하는 등 연구를 하고 있다.

● CBN 휠

CBN 휠은 알루미나계 숫돌과는 제작법이나 외관이 전혀 다르다. 일반적으로 열압연 성형법으로 고압력을 동시에 걸어 구어낸다. 이것을 알루미늄 합금 베이스에 3mm 정도의 두께로 붙이며, 외관도 다이아몬드 휠과 같다. CBN 휠은 매우 연삭성이 좋으며, 절삭하는 것 같은 유성형 연삭 칩이 나온다. 또한 여간해서는 마모되지 않기 때문에 드레싱이나 숫돌 교환이 적다는 장점이 있다.

경제면을 고려하여 이 장점을 유효하게 살릴 수 있는 가공물은 고속도 공구강이나 베어링강 그리고 초합금과 같은 연삭 능률이 나쁜 소위 난삭재에 해당된다. 그리고 최근에는 구조용강 같은 양산 연삭 가공에도 널리 사용되고 있다. 그러나 연삭성이 좋으므로 알루미나계 숫돌보다 표면 거칠기가 나빠질 때도 있다.

숫돌에는 숫돌 입자와 결합제 그리고 기공의 3요소가 있지만, 초기의 CBN 휠에는 이 3요소 중의 기공이 없었다. 기공이 없으면 숫돌은 곧 눈이 막혀 열도 도망갈 수 없다고 생각되겠지만 그렇지도 않다. 숫돌 입자의 내마모성이 높고 연삭 저항이 낮으며 숫돌 입자의 열전도율이 높기 때문에 연삭열이 발산되기 쉬워진다.

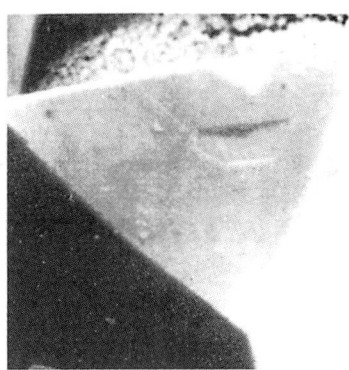

↑ CBN 숫돌 입자(×100) 100/120 입도   ↑ CBN 숫돌 입자에 니켈 피복(×100)   ↑ CBN 숫돌 입자의 예리한 절삭날

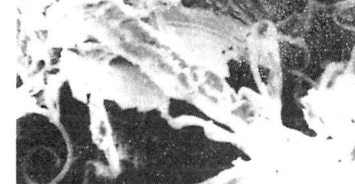
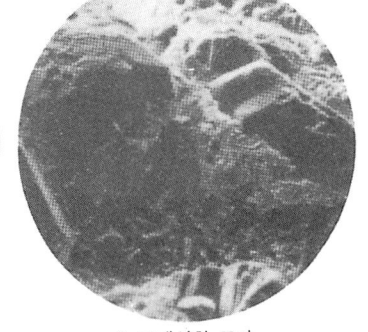

↑ CBN 숫돌에 의한 연삭칩   ↑ 트루잉한 표면   ↑ 드레싱한 표면

그리고 숫돌 입자가 잘 나오지 않으면 결합제가 깎여 나가 새로운 연삭날이 나오는 소위 자생날 빌생 때문이라고 생긱된다. 자생날 발생이라고는 하나, 알루미나계 숫돌과 같이 숫돌 입지기 탈락하는게 아니고 숫돌 입자가 파쇄하여 새로운 날이 나오는 것과 연삭 칩 때문에 결합제가 깎여 나가 묻혀 있던 숫돌 입자가 머리를 내미는 작용을 하게 된다. 따라서 조건에 따라서는 알루미나계 숫돌보다 수백 배나 수명이 오래 갈 때도 있다.

그러나 이 숫돌 입자가 잘 탈락하지 않는다는 이점은 한편으로는 트루잉이나 드레싱을 하기 어렵다는 말도 된다

●여러 가지 결합제

결합제에는 레지노이드(기호 B)와 비트리파이드(V) 그리고 메탈(M)과 니켈(전착(電着) : P) 등이 있다. 처음에는 레지노이드 본드의 휠이 판매되었는데 아무래도 일반적인 용도에 맞았는지 대부분의 CBN 휠을 차지하게 되고 거의 대부분의 용도에 사용되었다.

이와 같이 여러 가지 결합제가 있고 사용 비율도 다르지만, 원래는 어느 결합제의 숫돌에나 다같이 사용된다. 다만, 용도와 목적에 따라서는 결합제로 인한 차이가 생긴다.

레지노이드 본드는 연삭 능률이나 숫돌의 성형성 등을 고려할 때, 가장 일반적으로 사용하기 쉽기 때문에 사용량도 많아지고 있다. 그러나 레지노이드 본드는 가공 조건에 따라서는 빨리 마모되는 수도 있으므로, 이를 대체하기 위해 메탈 본드가 생겼다.

그러나 CBN과 메탈 본드는 잘 맞지 않고 성형성도 조금 나은 것밖에 없으므로, 레지노이드가 메탈보다 쓰기 좋다고 한다. 또한 내면 연삭과 같이 단석 드레서로 드레싱하고 싶을 때에는 드레싱하기 쉽게 하기 위해 비트리파이드 본드를 사용한다.

성형 숫돌과 같은 복잡한 형상을 만들기 위해서는 레지노이드나 비트리파이드로는 작업하기 어려우며, 또한 경제적이지도 못하므로 전착(電着)을 사용한다. 또한 지그 연삭에 사용하는 0.3, 0.4mm와 같은 매우 가는 숫돌은 레지노이드나 비트리파이드로는 만들 수 없으므로 이것도 전착을 사용하는게 좋다.

●입도와 집중도

입도란 CBN 숫돌 입자의 크기를 나타내는 것으로 16에서 325까지는 메시 사이즈라고 하며, 각 메이커가 모두 같은 사이즈이지만, 400 이상은 미크론 사이즈라하고 같은 번호라도 메이커에 따라 숫돌 입자의 크기가 다소 다르다. 또한 결합도라고 하는 휠의 경도도 같은 기호라 할지라도 메이커에 따라 다르다.

집중도는 $1cm^3$ 중에 4.4캐럿이 들어 있는 것을 100으로 하고 있다. 여기에 대해 3.3캐럿이라면 75%이므로 75가 된다.

여기에서 문제가 되는 것은 어떤 입도와 집중도의 휠을 선택하느냐 하는 것인데 일반적으로 입도는 #140이나 #170 정도가 가장 많으며 전체의 80%를 차지하고 있다.

숫돌 입자가 너무 고우면 능률이 떨어지는게 아닌가 생각하기 쉽지만 실은 #140보다는 #170쪽이 능률이 오른다는 결과도 나와 있다. 이것은 #140쪽이 더 연삭 저항이 많기 때문이라고 생각된다.

표면 거칠기도 숫돌 입자가 고울수록 좋

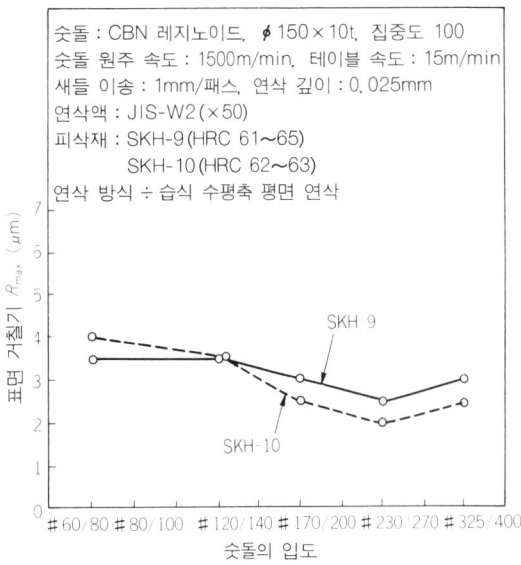

그림 1. 입도와 표면 거칠기

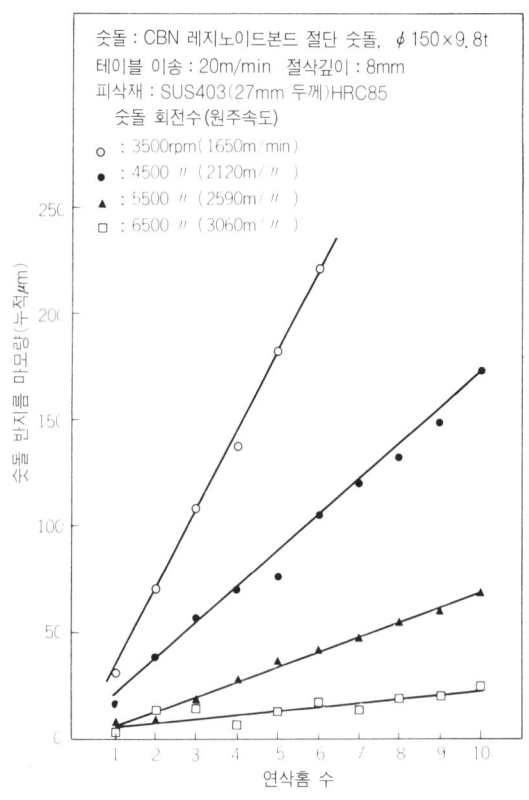

그림2. 숫돌 원주속도와 숫돌 마모

아지는 경향이 있지만, 같은 연삭 조건이라면 그다지 차이가 없는 것 같다(그림 1).

집중도는 일반적으로 100이나 75가 사용되는데 메이커에 따라 100을 주류로 하는 곳도 있고 75를 주류로 하는 곳도 있어서 어느 정도 결정되어 버린 것 같다.

●CBN 휠의 사용 방법

CBN 휠을 사용할 때 가장 중요한 것은 이 비싼 휠을 사용하면서 어떤 이점을 끄집어 낼 것인가를 명확히 해 두는 것이다. CBN 휠이라면 수명이 길어서 공구값도 싸질 것이라고 안이하게 생각하여 도입하면 실패하는 수가 있다.

원칙적으로 습식 연삭이라면 휠의 원주 속도가 빠를수록 좋으며(그림 2), 원주 속도를 2배로 하

표 1. CBN 숫돌의 용도 일람표

피 삭 재 질		공 구			내연 기관 부품, 자동차 부품, 일반 기계 부품		
		목 적 제 품	연삭 방법	결합제	목 적 제 품	연삭 방법	결합제
공구강	고속도강 SKH	엔드 밀, 탭, 드 릴, 브로치, 호 브, 총형 바이트 / 치수결정, 플루팅, 끝면 기타, 날붙임	원 통, 홈파기	B	베인 펌프 부품	양두 평면	B
					압연 롤	원 통	B
	합금공구강 SKS		평 면, 공구 연삭	(VP)	마이크로미터의 스핀들, 앤 빌	원 통	B
			총 형	PMV			
	다이스강 SKD	금 형	평면, 내면 연삭	BP	태핏 심	양두 평면	B
		금형 가이드 핀	센터리스	B	게이지 ·	양두 평면	B
		가드 레일 절단날	NC 연삭	B	압연 롤	원 통	B
	탄소 공구강 SK	금 형	내면 연삭	P	롤 기계 부품	내면 연삭	B
					날, 면도날	평 면	B
					연필깎이의 날	특 수	B
구조용합금강	SC				캠 축	캠 연삭	B
					재봉틀 부품	평면연삭·홈파기	B
	SCM SNC				밸브 록암	총형·평면 연삭	BM
					기어 박스	내면 연삭	B
					기어(축 구멍, 단면 등)	내면 연삭·외	B
					스파이더 컵	내면 연삭·외	BV
					연료 분사 노즐	내면 연삭	P
					압력 실린더	호 닝	M
					플런저 펌프의 피스톤	센터리스·외	B
					캠	모 방	BM
					컴퓨터 주변 기기 부품	절 단	B
	SNCM SACM SCr	금 형	내면 연삭	B	크랭크 축	홈파기	B
					베인 펌프 부품	원 통	B
					기어(축 구멍 가공)	내면 연삭	B
베어링	SUJ				볼 베어링	내면 연삭 양두 평면	VMB
주철	FC 기타				오일 실	평 면	B
					캠 축	캠 연삭	B
					압축기 부품	원통·내면 연삭	B
초 합 금					제트 엔진 부품	총 형	B

고 나니 휠의 마모가 1/10이 되었다는 데이터도 있을 정도이다. CBN 휠의 경우에는 고속 연삭 이론이 들어 맞는 것 같다. 다만 건식 연삭일 때에는 1500m/min 정도가 한도인 것 같다.

CBN 숫돌 입자는 고온에서 물과 반응하여 암모니아가 되는 결점이 있기 때문에 물만 쓰든지 또는 물과 방청제의 혼합액을 사용하면 휠의 성능을 저하시키는 수가 있다. 그래서 이상적인 것은 황화나 황염화물의 불수용성 유제를 사용하면 되는데 현실적으로는 수용성 연삭제를 주로 사용하고 있다. 가급적이면 중(重)연삭용 수용성제(에멀션형 유제)의 희석 배율을 낮춘 용액이 좋다. 공구의 재연삭을 할 때에는 건식 연삭이 주로 사용된다. 건식 연삭을 할 때에는 절삭 깊이가 적합하도록 주의하면서 연삭해야 한다.

예를 들면 알루미나 숫돌을 사용할 때 연삭 깊이를 0.4mm로 하여도, 실제로는 0.1이나 0.2mm 정도밖에 연삭되지 않는 수가 있다. CBN 휠 때에는 내마모성이 높아 연삭 깊이를 준 만큼 확실하게 연삭되므로, 처음부터 연삭 깊이를 0.2mm 이하로 설정하여야 하며, 수명을 생각해서라도 너무 무리하게 연삭하지 않도록 한다.

그리고 CBN 휠을 효과적으로 사용하기 위해서는 마력수를 높이고 강성이 높은 연삭기를 사용하는 것도 중요하다. 모터의 ·출력이 그다지 크지 않을 때에는 휠의 지름을 작게 하는 것보다는 휠의 폭을 좁게 하여 가급적이면 연삭 저항을 작게 하는 지혜가 필요하다.

표 1에 CBN 휠의 피삭재별 주요 용도를 나타냈다. CBN 휠은 매우 성능이 좋은 숫돌이다. 이제까지 말한 특징을 충분히 살려 목적에 걸맞는 사용 방법을 구사하는 것이 중요하다.

● 초숫돌 입자 숫돌의 활용

네오포릭스 CBN 휠의 특징과 사용 방법

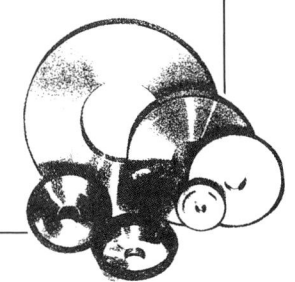

CBN 휠을 효과적으로 사용하기 위해서는 숫돌 입자를 유지하고 있는 결합제(본드)의 역할이 매우 중요하며, 이것이 CBN 휠의 성능을 크게 좌우한다. 그래서 당연한 일이기는 하지만, 숫돌 메이커에서는 고성능 결합제를 개발하기 위해 심혈을 기울이고 있다.

● 네오포릭스 본드의 특징

현재 시판되고 있는 CBN 휠을 결합제별로 분류하면, 레지노이드와 메탈 그리고 비트리파이드와 전착의 네 종류가 있다. 각각에는 특징이 있으며, 가공물이나 필요한 정밀도 그리고 연삭 방식이나 가공 조건 등에 따라 분류하여 사용하고 있다.

최근의 경향으로 비트리파이드와 메탈 본드의 사용 신장률이 눈에 띄지만, 현재까지는 레지노이드가 가장 많이 사용되는데 그 사용의 편리성 때문에 여전히 인기를 얻고 있다.

여기에서 소개하는 '아사히' 다이아몬드 공업의 '네오포릭스 본드'는 레지노이드 본드에 속한다. 그러나 종래의 레지노이드와는 전혀 다르다.

일반적으로 레지노이드는 페놀 수지를 주성분으로 하여 유기질과 무기질 및 금속질의 필러(충진제)를 보충한 것이지만, 네오포릭스는 폴리아미드 수지를 주성분으로 하고 있다.

다이아몬드 휠에서는 폴리아미드계 레지노이드 본드가 이미 십여 년 전부터 사용되고 있다.

그러나 CBN 휠에 폴리아미드계 레지노이드를 응용해도, 다이아몬드와의 물성 및 숫돌 입자 모양의 차이 때문에 처음에는 좋은 결과를 얻지 못했었다. 그 후, CBN 숫돌 입자용으로 새로 개발되어 1986년에 발표된 결합제가 이 네오포릭스이다.

네오포릭스와 종래의 페놀계 레지노이드 본드와의 차이를 종합해 보면, 다음의 세 가지로 요약된다.

① 높은 연삭열에 견딜 수 있다(열변형 온도가 페놀 수지보다 약 100℃ 높다).

② 인장 강도가 높아 숫돌 입자 유지력이 크다

   (네오포릭스는 실온에서 $1100 kg/cm^2$이며, 200℃에서의 강도는 알루미늄에 버금간다).

③ 탄성력이 높고 숫돌 입자의 충격에 대해 매우 높다

   (굽힘 탄성률은 $3 \times 10^4 kg/cm^2$와 비교해 보면 약 1/2이다).

그림 1은 수평축 습식 평면을 연삭했을 때의 네오포릭스 CBN 휠의 연삭 성능과 페놀계 레지노이드 CBN 휠을 비교한 것이다. 그림 중의 BG-N은 당사의 페놀계 레지노이드 본드이고, B61-N은 페놀계 레지노이드 본드이며, 당사에서 만든 수명 중시형 본드이다.

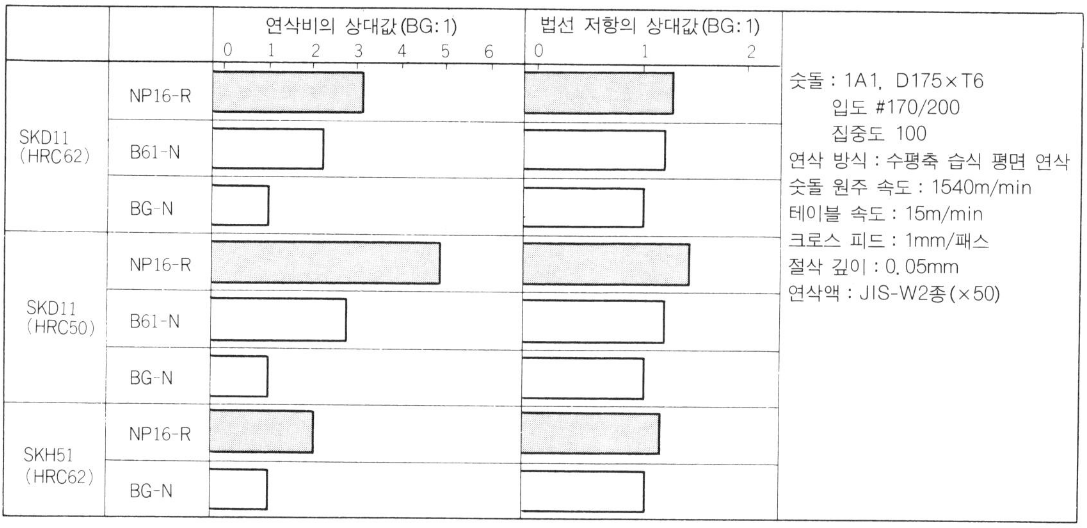

		연삭비의 상대값 (BG:1) 0 1 2 3 4 5 6	법선 저항의 상대값 (BG:1) 0 1 2	
SKD11 (HRC62)	NP16-R			숫돌 : 1A1, D175×T6 입도 #170/200 집중도 100 연삭 방식 : 수평축 습식 평면 연삭 숫돌 원주 속도 : 1540m/min 테이블 속도 : 15m/min 크로스 피드 : 1mm/패스 절삭 깊이 : 0.05mm 연삭액 : JIS-W2종(×50)
	B61-N			
	BG-N			
SKD11 (HRC50)	NP16-R			
	B61-N			
	BG-N			
SKH51 (HRC62)	NP16-R			
	BG-N			

그림 1. 네오포릭스 CBN 휠의 연삭 성능

경도가 다른 다이스강이나 대표적인 고속도강인 SKH 51을 연삭할 때의 연삭비(가공물 제거량/숫돌 마모량)는 어느 것이나 우수하다. 연삭비가 크다는 것은 숫돌의 마모가 적고 수명이 길다고 말할 수 있다.

특히 SKD 11(HRC 50)과 같이 인성이 높은 재료로서 경도가 약간 낮을 경우에는 유동형의 커다란 연삭 칩이 발생하여 숫돌 입자 근처에 있는 본드를 마모케 하여 숫돌 입자의 탈락을 촉진하기 때문에 숫돌의 마모가 빨라진다. 그러나 이와 같은 재료는 페놀 레지노이드보다 양호한 연삭비를 나타내고 있다. 즉, 네오포릭스 본드는 숫돌 입자의 유지력이 좋고 내마모성이 높은 본드라고 말할 수 있다.

반대로 법선 연삭 저항이 약간 높은 값을 나타

표 2. 네오포릭스 본드의 종류

본드 랭크	N P 1 시리즈	N P 2 시리즈	N P 3 시리즈
A 랭크	NP 15	NP 25	NP 35
B 랭크	NP 16	NP 26	NP 36
C 랭크	NP 17	NP 27	NP 37
	짧다 ←———— 숫돌 수명 ————→ 길다		

표 1. 네오포릭스 본드의 특성과 적용 범위

본드	본드 특성		본드의 특징과 적용 범위
	항절 강도(kg/mm²)	탄성률(kg/mm²)	
NP 1 시리즈	9.0 ｜ 12.0	750 ｜ 1000	• 항절 강도, 탄성률이 모두 낮은 연한 본드이며, 절삭성도 좋고 형상 일그러짐도 적기 때문에 범용성이 있음 • 금형의 평면 연삭, 엔드 밀, 탭, 드릴 등의 크리프 이송 연삭이나 원통 연삭에 적합함 • 경도에 관계없이 폭넓은 강종을 연삭할 수 있다
NP 2 시리즈	11.0 ｜ 14.0	1000 ｜ 1500	• 탄성률이 매우 높고 항절 강도도 높은 고강성 본드 • NP 1 시리즈에 어느 정도의 형상 유지력을 주면서 절삭성을 좋게 한 본드 • 비교적 경도가 높은 강종 연삭에 적합함
NP 3 시리즈	12.0 ｜ 16.0	900 ｜ 1300	• 굴절 강도가 매우 높고 탄성률도 높은 고경도 본드. • 매우 억센 본드, 고경도 하이스의 중(重)연삭 때에 형상 일그러짐이 적고 수명도 길다. 또한 비교적 경도가 낮은 강종에서 수명을 늘리고 싶을 때에 적합 • 경도에 관계없이 폭넓은 강종을 연삭할 수 있다

내고 있으므로 숫돌 축계에 대해서는 어느 정도의 강성이 요구된다.

● 네오포릭스 본드의 종류

표 1은 네오포릭스의 특성과 적용 범위의 표준을 나타낸 것이다. 또한 표 2는 현재 사용되고 있는 주요 결합제이며, 각 본드에 J부터 R까지 다섯 단계의 결합도가 있다. 랭크 A와 B, C는 가공물의 재질이나 요구되는 특성에 따라 선정한다.

랭크 A는 구조용 합금강이나 베어링강 또는 내열강이나 스테인리스강 그리고 다른 재질이라도 형상 유지나 수명을 중요시할 때에 사용하며, 랭크 B는 공구강이나 특수 주철 또는 다른 재질이라도 절삭성을 중요시할 때에 사용한다. 랭크 C는 HRC 67 이상의 고경도강이나 다른 재질이라도 아주 중(重)연삭을 할 때 사용한다.

● 용도와 사용 실례

네오포릭스 CBN 숫돌에 알맞는 가공 재료를 표 3에 표시하였다. 이 중에서 특히 ① 형상 유지가 요구되는 연삭, ② 비교적 경도가 낮은(HRC 40~50) 강으로서 긴 수명이 요구되는 연삭, ③ 중(重)연삭이나 크리프 피드 연삭에 효과가 뛰어나다.

표 4는 현재 사용되고 있는 실례의 일부이며, 이제까지의 사용 예를 분석해 보면 엔드 밀이나 드릴, 탭 등의 플루팅, 생크의 연삭, 날붙임 연삭, 금형의 평면 연삭, 자동차 부품이나 정밀 기계 부품의 원통 연삭에 많이 사용되고 있다.

숫돌의 수명은 페놀계 레지노이드의 1.5~3배이며, 가공 능률은 범용 기계와 같던가 또는 20% 정도 높지만, 고출력 전용기에서는 1.5~2배나 된다는 예도 있다. 표면의 거칠기는 본드의 높은 탄성 때문에 약간 좋은 결과가 나와 있다. 건식 연삭에서는 성공한 예가 적어 그다지 권할 만한 것이 못된다.

그리고 실제로 사용한 사용자의 의견 중에 특기할 만한 것은 페놀계 레지노이드보다 난난한 느낌이 드는 연삭음이 들리지만, 그래도 연삭 번이나 연삭 균열이 발생하지 않는다는 것이다.

표 3. 네오포릭스 CBN 휠에 유효한 피연삭재

분 류	재료의 종류
구조용 탄소강	탄소강 (SC)
공 구 강	탄소 공구강 (SK) 합금 공구강 (SKS, SKD, SKT) 고속도강 (SKH)
구조용 합금강	강인강 (SCr, SCM, SNC, SNCM) 표피 경화강 (위와 같음) 질화강 (SACM)
베 어 링 강	고탄소크롬 베어링강 (SUJ)
내열강 및 초내열 합금	페라이트계 (SUH) 오스테나이트계 (SUH, Ni기, Co기)
스테인리스강	마텐자이트계 (SUS)
주 철	구상 흑연 주철 (FCD, 덕 타일) 특수 주철 (Ni-Cr 주철, 칠드 주철)
자 성 재 료	자성 합금 (센다스트, Sm-Co, 퍼멀로이, 알니코 자석, 규소강)

표 4. 네오포릭스 CBN 휠의 사용 예

	A 사	B 사	C 사	D 사
연 삭 방 식	크리프 피드 연삭	크리프 피드 연삭	원통 트래버스 연삭	수평축 평면 연삭
재 질 · 경 도	SKH57 (HRC67)	SKS 5 (HRC55)	SKH 3 (HRC67)	SKD62 (HRC52)
숫돌 원주 속도	1800m/min	2200m/min	1900m/min	1800m/min
절삭 깊이량	2.5mm/패스	0.2mm/패스	0.03mm/패스	0.015mm/패스
이 송 속 도	100m/min	3.0m/min	1.5m/min	18m/min
전 후 이 송	———	———	———	4.5mm/패스
연 삭 액	불수용성	수용성 (50배)	수용성 (50배)	수용성 (30배)
숫 돌 치 수	$200^D \times 10^T$ (총형)	$200^D \times 9$ (스트레이트형)	$300^D \times 20^T$ (스트레이트형)	$350^D \times 20^T$ (스트레이트형)
숫 돌 시 방	B 140N 100N P16	B 140N 100N P35	B 120R 100N P15	B 200R 100N P16
성 능 평 가 (페놀계 수지 본드와의 비교)	가공 능률 20% 상승 휠 수명 2배	가공 능률 같음 휠 수명 2.2배	가공 능률 20% 상승 휠 수명 1.6배 표면 거칠기 1.5S	가공 능률 같음 휠 수명 2.5배 표면 거칠기 1.5S

●효과적인 사용 방법

(1) 설치와 트루잉, 드레싱

숫돌을 연삭기에 설치했을 때의 흔들림 정밀도에 따라 가공 정밀도나 가공 품질 그리고 숫돌 모양의 마모가 좌우된다. 따라서 가급적이면 사용면의 흔들림을 작게 할 필요가 있다. 정밀도가 비교적 조잡한 제품이고 연삭 여백도 많은 가공에서는 10μm정도의 흔들림이라면 문제가 되지 않지만, 그 이상의 흔들림이 있을 때나 정밀도가 요구되는 가공에서는 강제적으로 흔들림을 잡을 필요가 있다.

네오포릭스 본드는 기공이 없는 형식의 결합제이므로 트루잉(흔들림의 제거, 모양 고침)을 한 후에는 반드시 드레싱을 할 필요가 있다. 트루잉과 드레싱하는 방법은 종래의 레지노이드와 같은 문제는 없다.

(2) 숫돌의 원주 속도

일반적으로 다이아몬드 휠이 1000~1500m/min에서 숫돌 수명의 최고값을 나타내는데 비해 CBN 휠은 연삭 번이 생기지 않는 한 원주 속도가 높을수록 연삭 성능이 좋다. 이것은 다이아몬드 휠이 600℃인데 비해 1000℃로 높기 때문이다.

네오포릭스 CBN 휠도 기본적으로는 원주 속도가 빠를수록 좋다고 말할 수는 있겠지만, 그러기 위해서는 기계의 강성이 높고 출력이 높으며, 정밀도도 높고 고압의 냉각 장치가 도입되어야 하는 등 연삭 가공을 위한 환경이 충분히 정비되어 있지 않으면 안된다.

범용 연삭기에서는 공구강일 때 1800~2000m/min이고, 구조용 합금강이나 비교적 경도가 낮은 공구강(HRC 50 정도)일 때에는 2000~2200m/min이며, 베어링강이나 스테인리스강 또는 탄소강일 때 2000~2400m/min 정도로 하기를 권한다.

(3) 연삭액

냉각성보다는 윤활성이 좋은 연삭액을 쓰는 것이 연삭 성능이 좋으므로 불수용성 연삭액을 추천하는데, 작업 환경이 나쁘다던가 가공물 재료나 가공 공정상의 문제 때문에, 이것을 사용할 수 없을 때가 있다. 그 때에는 수용성이라도 에멀션형이나 솔류블형 또는 에멀션과 솔류블형의 복합형을 쓰되, 보통 때보다 희석하는 배율을 진하게 하여 20~40배로 하여 쓰는 것이 효과적이다.

연삭액의 공급 방법도 중요하며, 어떻게 연삭점에 많은 연삭액을 쏟아 붓느냐 하는 것이 요령이다. 고압 냉각 장치를 사용하면 가공 능률도 대폭적으로 향상 시킬 수가 있다.

(4) 가공 능률과 경제성

수평축 평면 연삭의 예를 들면, 절삭 깊이나 테이블 속도 그리고, 전후 이송의 세 가지를 곱한 것이 가공 능률이다. 만일 같은 가공 능률이라면 절삭 깊이를 작게 하고 테이블 속도를 빨리 하는 것이 법선 연삭 저항이 낮아져 범용 기계에 맞는다고 할 수 있다.

다만 이 때에는 숫돌 입자에 걸리는 충격이 의외로 커서 페놀계 레지노이드 본드로서는 숫돌 입자가 탈락하기 쉽다. 그러나 숫돌 입자 유지력이 높은 네오포릭스를 사용하면 반대로 효과를 발휘한다.

또한 같은 가공 능률에서 전후 이송을 0으로 하고 절삭 깊이를 많이 하며 테이블 속도를 느리게 하는 가공법, 즉 크리프 피드 연삭에서는 통상적인 연삭보다 숫돌의 수명이 대폭적으로 향상된다. 다만 이 때에는 접촉호도 크게 되어 법선 연삭 저항이 많아지므로 강성이 높은 연삭액을 충분히 부으면서 연삭하는게 조건이다.

일반적으로 제품 한 개당 단순 연삭비 S(원/개)는 다음 식으로 나타낼 수 있다.

$$S = C_w + C_t + C_d$$

여기서, C_w : 숫돌값(원/개)

C_t : 시간값(원/개)

C_d : 드레서값(원/개)

이 때 주의하여야 할 점은 가공 능률을 필요 이상으로 올리면 시간값은 작아지지만, 숫돌의 마모가 증대하여 숫돌값과 드레서값은 상승한다. 반대로 숫돌의 마모를 작게 하는데 너무 중점을 두면, 숫돌값과 드레서값은 줄일 수 있지만 능률이 오르지 않아 시간값이 늘어난다. 그래서 가장 적당한 가공 능률을 올리기 위해서는 가공물 재료나 필요한 정밀도 그리고 복표 생산수와 연삭기 성능 능을 충분히 생각한 다음에 결정해야 한다.

*   *   *

고정밀도화, 고능률화, 저가격화는 이제 시대의 흐름이며, 연삭 가공에서도 마찬가지이다. 성능이 좋은 연삭기와 숫돌 개발에 대한 요구는 더욱 치열해지고 있다. 네오포릭스 CBN 휠의 개발도 그 일환인데 물론 만능의 숫돌은 아니다. 용도에 가장 잘 맞는 숫돌을 골라서 사용하는 것이 중요하다.

●초숫돌 입자 숫돌의 활용

다이아몬드 휠의 특징과 사용 방법

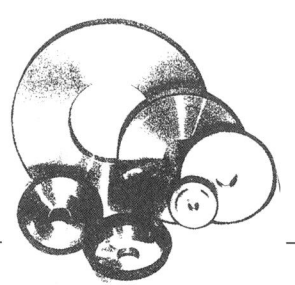

다이아몬드 휠이 처음 사용된 것은 치과용 소형 숫돌이며, 1870년경이라고 한다. 그 후 근대 정밀 공업의 발전과 단단하고 취성이 높은 재료가 개발되어 보급되면서, 다이아몬드의 용도와 사용량이 급속하게 늘어났다.

최근에는 자성(磁性) 재료나 반도체 재료 등의 전자 분야로부터 구조용 뉴세라믹에 이르기까지의 첨단 기술 분야에서 다이아몬드 휠이 가공에 없어서는 안될 공구 재료로서 독자적인 지위를 확보하고 있다.

다이아몬드 휠에 사용되는 숫돌 입자도 초기에는 천연 다이아몬드 중 보석용으로 할 수 없는 작은 결정이나 불순물이나 하자가 있는 다이아몬드를 주로 전용해 사용하였다. 그러나 숫돌 입자로서의 품질이 고르지 못해 숫돌의 성능에 영향을 미치는 원인이 되었다.

1950년대 중반에 오랜 꿈이었던 다이아몬드 합성에 성공한 이래 각종 피삭재나 결합제에 적합한 여러 가지 숫돌 입자가 개발되어 품질적으로도 안정된 다이아몬드를 공급할 수 있게 되었다. 현재로서는 공업용 다이아몬드 수요 중, 95% 이상이 합성 다이아몬드로 대치되어 있다.

●다이아몬드 휠의 구조와 특성

(1) 구 조

일반적인 다이아몬드 휠은 숫돌 입자층과 베이스 블레이드로 구성되어 있다. 사진 1은 대표적인

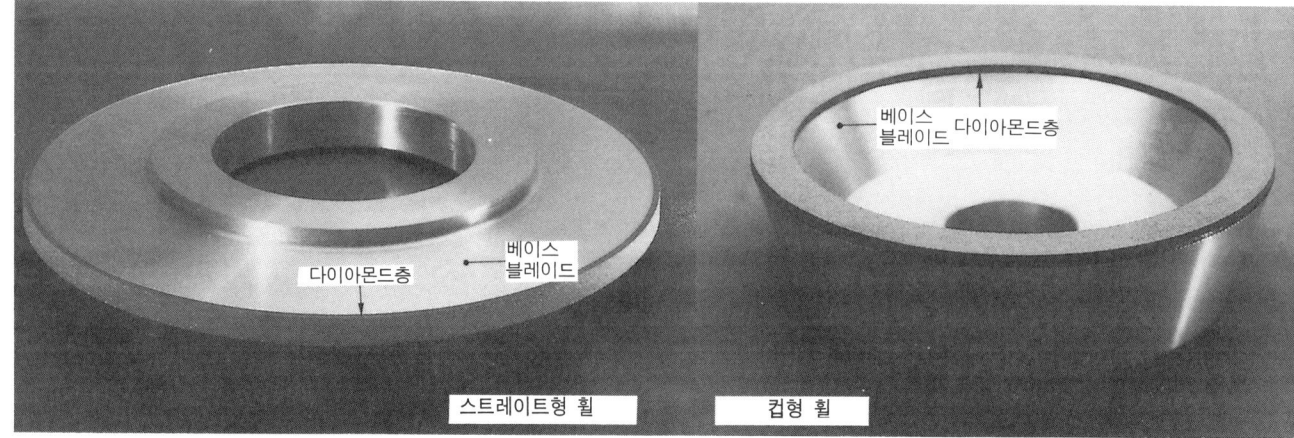

스트레이트형 휠　　　컵형 휠

사진 1. 대표적인 다이아몬드 휠

다이아몬드 휠이며 숫돌 입자층은 다이아몬드 숫돌 입자와 결합제로 구성되고 목적에 따라 충전제를 첨가한다. 기본적으로는 결합제 중에 다이아몬드가 널려 있고 기공이 없는 구조로 된다. 본드(결합제)에는 레지노이드와 메탈 그리고 비트리파이드와 전착을 사용하는 것이 일반적이며, 각 본드의 머리 문자를 따서 B, M, V 그리고 P를 붙여 표시한다.

일반적으로 레지노이드와 비트리파이드는 베이스 블레이드를 알루미늄 합금으로 만들고, 메탈 본드나 전착에서는 철(탄소강)로 된 베이스 블레이드를 사용한다. 그리고 스트레이트형 휠에서는 무게를 줄이고, 컵형 휠에서는 제조 단가를 줄이기 위해 철과 알루미늄 합금을 접합시킨 접합 합금도 많이 사용되고 있다.

또한 반도체 재료를 절단 가공할 때 사용하는 극박(極薄) 절단 숫돌(dicing blade)과 같이 숫돌 입자층으로만 구성되어 있는 숫돌도 있다.

일반적인 다이아몬드의 형상은 스트레이트형 숫돌과 컵형 숫돌이 기본형이며 사용하는 목적에 따라 결정된다. 다이아몬드 휠의 기본 형상에 대해서는 1982년에 JIS B 4131로 통일되었다.

(2) 특 성

다이아몬드는 지구상에 존재하는 물질 중 가장 단단한 물질이며, 일반적인 소성 숫돌에 사용하는 탄화규소(SiC)나 알루미나(Al_2O_3) 등의 숫돌 입자보다 누프 경도로 약 3~4배의 경도를 가지고 있다. 따라서 세라믹스나 유리 또는 초경 합금 등과 같은 단단하고 부서지기 쉬운 재료를 가공할 때 우수한 연삭성을 나타내며, 숫돌의 마모도 적게 된다.

한편, 다이아몬드는 비교적 불에 약하며, 공기 중에서는 700℃ 부근부터 산화하기 시작하여 탄소화가 진행된다. 이 때문에 탄소를 고용(固溶)하는 철계 재료를 가공할 때 생기는 연삭열에 의해 다이아몬드의 확산 마모가 진행되며, 이와 같은 재료를 가공하는 데에는 적당치 않다.

그러나 예외적으로 탄소 함유량이 많은(다이아몬드의 확산 마모가 적다) 강재, 예를 들면 회주철이나 합금 공구강을 가공할 때, 또는 숫돌의 원주 속도가 낮고 숫돌 입자의 강도가 필요한 호닝 가공 때와 같이 주로 다이아몬드의 확산 마모나 열적 마모를 낮게 억제할 수 있을 경우에는 다이아몬드 휠을 사용할 수가 있다.

●다이아몬드 휠의 종류와 선택

결합제의 종류에 따라 메탈(M)과 레지노이드(B) 그리고 비트리파이드(V)와 전착(P) 숫돌이 있으며, 가공물의 종류나 연삭 방식에 따라 가장 적합한 숫돌을 고르게 된다.

(1) 메탈 본드 숫돌(M)

다이아몬드를 금속의 분말과 섞어서 소성하는 것이며, 원료의 구성에 따라 브론즈계(Cu-Sn계)와 스틸계 그리고 코발트계로 크게 나눌 수가 있다.

그리고 숫돌 입자의 유지력이나 내마모성을 제어하기 위해 내마모성 금속이나 무기질 충전제 등도 사용한다.

메탈은 다른 결합제보다는 숫돌 입자 유지력이나 내마모성이 우수하기 때문에, 유리, 세라믹스, 페라이트, 반도체(Si, Ge 등), 내화물, 석재 등 단단하고 부서지기 쉬운 재료의 거친 다듬질이나 중간 다듬질 또는 가공 능률과 숫돌의 수명을 중시하는 분야에서 사용된다.

그림 1은 세라믹의 수평축 평면 연삭 가공에서 메탈 본드 숫돌과 레지노이드 숫돌의 제거율을 비교한 것이다. 메탈 본드쪽이 한 단계 더 고운 입도임에도 불구하고 지르코니아에서 1.4배이고

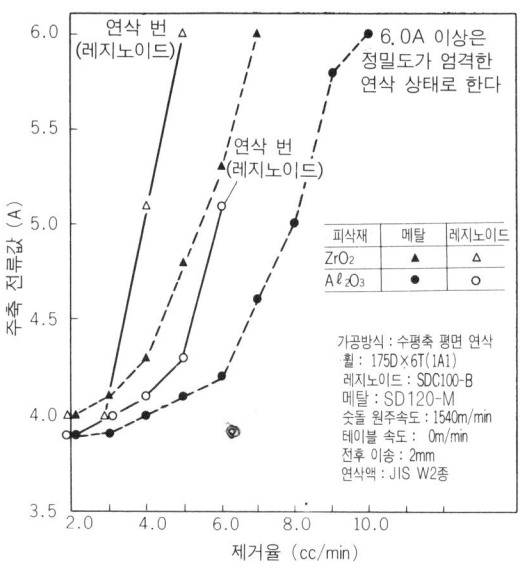

그림 1. 세라믹스를 가공할 때의 결합제와 제거율의 관계

알루미나 세라믹스에서 1.7배나 높은 제거율로 가공되었음을 알 수 있다.

한편, 표면 거칠기나 치핑 등 가공 품질면에서는 레지노이드 숫돌보다 떨어진다.

초경 합금을 연삭할 때에는 종래부터 레지노이드 숫돌을 쓰는 경우가 많으며, 성형 연삭이나 NC 연삭 때와 같이 숫돌의 형상을 유지해야 할 때나 결합제의 도전성(導電性)을 이용한 전해 연삭 또는 통전 복합 연삭을 할 때에는 메탈 본드 숫돌을 사용한다.

(2) 레지노이드 숫돌(B)

레지노이드와 다이아몬드를 혼합하여 고온 프레스하여 만든다. 내열성과 내마모성을 제어하기 위해 금속이나 무기질 또는 유기질의 충전제를 첨가한다. 레지노이드 본드는 크게 나누어 페놀 수지계와 폴리아미드 수지계가 있는데, 일반적으로는 페놀계를 레지노이드 본드라고 말하고 있다.

레지노이드는 메탈 본드보다 숫돌 입자 유지력이 약하기 때문에, 사용하는 다이아몬드 숫돌 입자도 강도가 낮아 미소 파쇄되기 쉬운 불규칙 형상의 것이나, 숫돌 입자의 탈락을 방지하기 위해 금속 코팅한 것을 사용한다(사진 2). 따라서 예리한 숫돌 입자 숫돌날이 필요한 연삭일 때 이 성능을 발휘하게 되며, 주로 초경 합금, 서멧 공구, 세라믹 공구 등을 가공할 때 사용된다. 또한 다른 본드보다 탄성이 있기 때문에 연삭면의 표면 거칠기가 요구될 때의 다듬질에 적합하다.

폴리아미드계 본드를 사용한 숫돌은 페놀계 본드보다 우수한 내열성과 내마모성을 가지고 있으며, 크리프 피드 연삭과 같은 중(重)연삭이나 성형 연삭에 적합하다. 페놀계 레지노이드 본드보다 결합제의 탄성이 높으므로, 표면 거칠기도 개선된다고 말할 수 있다.

(3) 비트리파이드 본드 숫돌(V)

유리질의 결합제를 사용한 부서지기 쉬운 본드이기 때문에, 다이아몬드, 루비, 사파이어, 수정 등을 가공할 때 사용된다.

(a) 메탈 본드용 숫돌 입자　　(b) 레지노이드 본드용 숫돌 입자　　(c) 레지노이드 본드용에 금속 피복을 한 숫돌 입자

사진 2. 대표적인 합성 다이아몬드 숫돌 입자

레지노이드 숫돌을 쓰면 결합제의 탄성 때문에 가공물이 늘어지기도 하고 부분적인 형상 마모가 일어나고, 메탈 본드를 쓰면 연삭성이 떨어지므로, 그 중간 성질을 가진 비트리파이드 본드를 골라 쓰는 경우가 많다.

최근에는 기공이 있는 비트리파이드 CBN 휠이나 다이아몬드 휠이 등장했기 때문에 연삭성과 함께 트루잉 성능이 대폭적으로 향상 되었다. 그 결과, 주로 CBN 휠 분야에서 용도가 확대되고 있다.

그리고 여기에다 구조용 세라믹을 고능률과 고정밀도로 연삭하기 위해 기공이 있는 비트리파이드 다이아몬드 휠(예를 들면, 아사히 다이아몬드의 '하이세락스')도 등장했다.

(4) 전착 숫돌(P)

다이아몬드 숫돌 입자를 철로 된 베이스 블레이드 위에 전기 도금으로 고정시킨 것이며, 숫돌 입자 유지력과 함께 숫돌 입자의 돌출성이 좋기 때문에 연삭성이 좋고 중(重)연삭에 적합하다.

따라서 다른 결합제로서는 로딩이 일어나기 쉬운 연한 재료나 초경 합금, 세라믹의 반소결품, 경화 플라스틱, 고무 등의 가공, 재료의 제품 비율을 중시하는 반도체 재료의 절단 가공(슬라이싱, 다이싱 등)을 할 때 위력을·발휘한다.

다만, 주로 숫돌 입자층이 단층이기 때문에 숫돌의 수명이 짧다는 것과 표면 거칠기가 나쁘다는 결점도 있다.

표 1. 다이아몬드 휠의 용도 일람표

피 삭 재		다이아몬드 휠			
		메탈(M)	레진(B)	비트리(V)	전착(P)
유 리	판유리	△			△
	장식용 유리	◎	○		△
	광학 렌즈	△	○		△
	안경용 렌즈	◎	○		△
	석영 유리	△			△
세라믹스	내화물·도자기 등	○			○
	파인 세라믹스	△	○	◎	△
	전자 부품용 세라믹스	△	○	◎	△
전자 재료	페라이트	△	○	○	◎
	반도체 재료(Si, Ge 등)	△	○	○	○
	자성 합금(Sm-Co 등)	○			○
	수정	△	○		△
초경 서멧	초경 합금(공구·부품)	△	◎	△	○
	서멧	○			○
특수 재료	귀석·반귀석(루비, 사파이어 등)	△	○	◎	△
	콤팩트 공구	◎	△	◎	
금 속	비철금속·주철		○		
플라스틱	플라스틱·고무				○
석 재	건축 자재·묘석용 석재	△	○		△
숫 돌	일반 소성 숫돌	○			○

△ : 주로 거친 가공용에 사용   ○ : 주로 다듬질 가공에 사용   ◎ : 거침, 다듬질 양쪽에 사용

한편, 복잡한 형상의 통형 숫돌도 베이스 블레이드를 만들 수 있다면 비교적 간단하게 만들 수 있으며 로트(lot)가 적은 가공에서는 숫돌값이 싸게 된다는 이점이 있다. 표 1은 다이아몬드 휠의 용도 일람표이다.

●사용 방법과 주의점

(1) 숫돌의 설치

연삭기에 숫돌을 장치했을 때의 흔들림 정밀도에 따라 가공 정밀도나 표면 거칠기와 같은 가공 품질이나 숫돌의 형상 마모에 영향을 미친다. 그래서 스트레이트형 숫돌에서는 외주면과 측면의 흔들림을 컵형 숫돌에서는 면의 흔들림을 될 수 있는 한 작게 되도록 설치하는 것이 중요하다.

특수한 경우를 제외하고는 다이아몬드 휠의 구멍 지름 허용차는 스트레이트형 휠의 경우가 H6이며, 컵형 휠에서는 H7의 기준으로 가공되어 있다. 따라서 휠을 축(플랜지나 스핀들)에 설치했을 때, 이론상 최대 틈새에 해당하는 외주 흔들림을 일으키는 수가 있다.

따라서 표면 거칠기나 형상 정밀도와 같은 가공 품질이 요구되는 다듬질용 숫돌이나 총형 연삭용 V면 숫돌 등은 숫돌 메이커에서 숫돌을 플랜지에 조립한 상태로 가공하여 출하할 때가 많아졌다.

그러나 스핀들과 플랜지 테이퍼 부분과의 끼워맞춤 상태가 좋지 않거나 하자가 있을 때에는 진동이나 치핑 등이 발생한다. 그래서 휠을 스핀들에 설치한 시점에서 다이얼 게이지를 휠 작업면이나 기준면에 대고 손으로 휠을 회전시키면서 외주 흔들림을 측정하는 것이 중요하다.

그래서 휠의 제작이나 완성 검사 또는 연삭기에 설치할 때의 정밀도 보증을 위한 기준면을 설정할 때가 있다. 그 일례가 **그림 2**이다.

(2) 숫돌의 원주 속도

다이아몬드 휠에 영향을 미치는 하나의 요인으로 숫돌의 원주 속도가 있다. 그림 3은 알루미나 세라믹을 가공할 때의 숫돌 원주 속도에 대한 영향을 조사한 예이다. 원주 속도가 증가함에 따라 표면 거칠기나 가공물 에지에 발생하는 치핑이 개선된다.

한편, 연삭비(研削比)는 1000m/min 부근에서 최대값을 나타내고 있는데, 숫돌의 수명은 숫돌의 원주 속도에 따라 달라진다. 이것은 다이아몬드 휠에서 공통적으로 볼 수 있는 현상이다.

다이아몬드는 공기 중에서 700℃ 부근으로부터 산화하기 시작하고 흑연화도 진행되는데 여기에 숫돌의 원주 속도가 너무 빠르게 되면 수명이 짧아지는 요인 중의 하나가 된다. 따라서 다이아몬드 휠을 사용할 때에는 냉각성이 있는 연삭액을 충분하게 쏟아붓는 것이 중요하다.

(3) 제거율

절삭성이 좋은 조건하에서 어떻게 하면 제거율을 높게 하는가가 중요한 요소가 된다. 제거율이 일정하다면, 저항이 낮은 조건으로 가공하

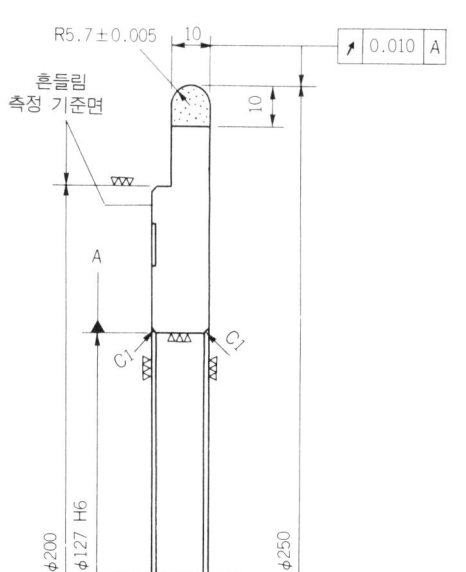

그림 2. 흔들림 정밀도 보증을 위한 기준면을 설치한 예

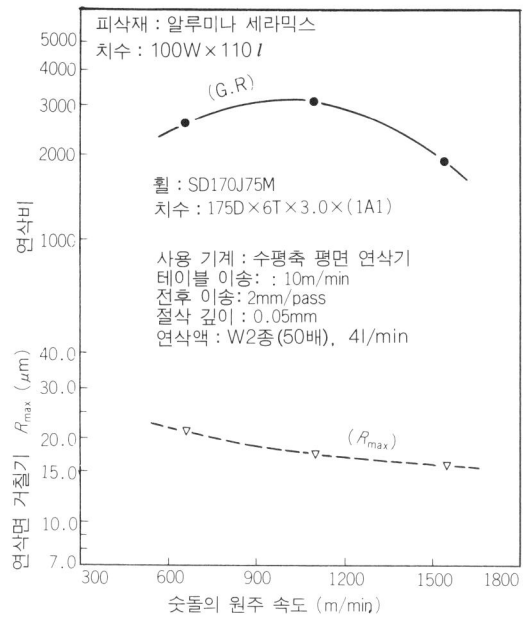

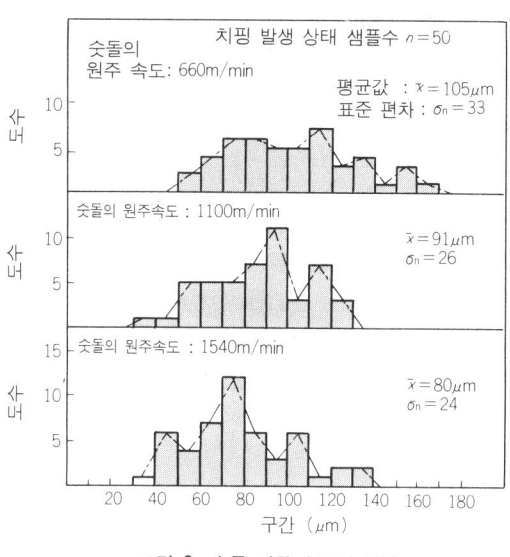

그림 3. 숫돌 원주 속도의 영향

는 것이 유리하다. 수평축 평면 연삭 가공에서는 절삭 깊이나 테이블 속도 그리고 전후 이송의 세 가지를 곱한 것이 제거율이 되는데 같은 제거율이라면 절삭 깊이를 작게 하고 테이블 속도를 크게 하면 작은 저항으로 가공된다.

최근에는 가공 능률을 향상 시키기 위해 일반적인 공구 연삭이나 세라믹의 총형 가공 분야에서 원 패스 방식으로 크리프 피드 연삭 가공하는 경우가 많다. 이것은 통상적인 많은 패스 방식의 플런지 연삭보다 숫돌의 수명이 길고 숫돌의 형상 유지 능력이 우수한 가공 방식이기 때문이다.

한편, 크리프 피드용 연삭기는 연삭 저항, 특히 법선 방향의 분력이 크게 되기 때문에 강성이 높은 고출력의 연삭기를 사용할 필요가 있다.

● 기계의 강성과 출력

다이아몬드 휠을 고효율로 사용하기 위해서는 기계의 강성과 출력이 중요한 요소이다. 이와 같은 능력이 부족하면, 가공중에 진동이나 숫돌의 회전이 일정하지 않게 되어 숫돌의 수명에 나쁜 영향을 미칠 뿐만 아니라 바라는 가공 능률을 얻을 수 없다. 특히 제3의 소재로 주목받는 세라믹의 연삭 가공에서는 접선 연삭 저항보다 법선 연삭 저항이 4~10배 정도 크게 되기 때문에, 가공 비용을 줄이고 제거율을 높이기 위해서는 기계의 강성이 중요하다.

그러나 강성이 높은 연삭기에서 가공하는 경우보다는 아직도 범용 연삭기로 가공하는 경우가 많으므로, 연삭 저항이 적으며 안정된 절삭성을 지속하는 숫돌의 개발이 요구된다. 이러한 목적에 따라 개발된 세라믹 연삭용 다이아몬드 휠(상품명 '하이세락스')은 질화규소(Si_3N_4)의 고능률 연삭 조건하에서 종래의 레지노이드 숫돌보다 60% 이하의 연삭 저항으로 가공할 수 있으며 연삭성의 안전성도 우수하다. 그림 4에 연삭 능률을 표시하였다.

이 하이세락스를 사용함으로써 고강성의 연삭기는 물론이고 범용 연삭기에서도 고능률로 연삭할 수 있다.

그리고 다이아몬드 휠은 가공중에 연삭 원주 속도가 변동되면 마모되기 쉬우며, 특히 출력이 작

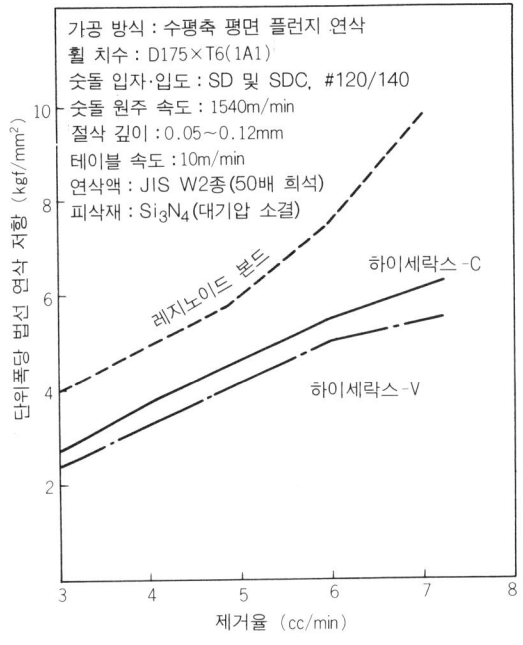

가공 방식 : 수평축 평면 플런지 연삭
휠 치수 : D175×T6(1A1)
숫돌 입자·입도 : SD 및 SDC, #120/140
숫돌 원주 속도 : 1540m/min
절삭 깊이 : 0.05~0.12mm
테이블 속도 : 10m/min
연삭액 : JIS W2종(50배 희석)
피삭재 : Si_3N_4(대기압 소결)

레지노이드 본드

하이세락스-C

하이세락스-V

세로축: 단위폭당 탄성 연삭 저항 (kgf/mm^2)

가로축: 제거율 (cc/min)

그림 4. 하이세락스의 연삭 능률

은 연삭기에서는 마모되기가 쉽다. 모터의 출력 부족은 가공중의 연삭 소리가 바뀌는 것으로 알 수 있는데 이와 같은 경우에는 숫돌 축 모터를 교환하여 출력을 올리면 효과가 있다.

●트루잉과 드레싱

트루잉과 드레싱은 숫돌의 초기 연삭 상태와 숫돌의 성능을 좌우하는 중요한 조정 작업이다. 이 작업이 올바르게 실시되지 않으면 연삭 작업을 순조롭게 진행할 수 없게 될 뿐만 아니라 때에 따라서는 가공할 수도 없게 된다.

다이아몬드 휠의 경우, 드레싱하기 위한 다이아몬드보다도 단단한 물질이 없고 대개의 경우 결합제 중에 숫돌 입자가 깔려 있으면서 기공이 없는 구조이므로, GC나 WA 숫돌 등과 같은 일반 소성 숫돌의 가루나 슬러리로 필요없는 본드를 마모시키고, 동시에 숫돌 입자를 탈락시키는 드레싱 작업이 같이 이루어지게 된다.

따라서 CBN 휠과 같이 트루잉과 드레싱을 명확하게 구별하는 것은 어렵다.

현재까지는 다이아몬드 총형을 성형하기 위해서는 숫돌 성형기에서 크러싱 롤을 사용하는 방법밖에는 없지만, 만일 설비가 있다면 숫돌 메이커에서 하고 있는 기계적인 방법, 예를 들면 다이아몬드 휠이나 GC 숫돌로 연삭하던가 또는 방전 가공으로 하는 트루잉이나 드레싱을 할 수도 있다.

*   *   *

다이아몬드 휠에 대해, 단지 수명이 길고 절삭성이 좋은 숫돌을 요구하는 것만이 아니라, 목적물에 대한 품질이나 형상의 정밀도를 높이고 더욱 능률적으로 다듬질할 수 있는 숫돌을 요구하게 되었다.

여기에 대해 새로운 가공법과 함께 고정밀도, 고강성의 연삭기의 개발과 보급을 바라는 바이다.

어째서 연삭 번이 일어났는가

가공 조건에 맞는 숫돌을 고르기 위해서는 가공하는 재료의 재질, 경도, 형상, 치수, 가공 정밀도, 다듬질면 거칠기 그리고 사용하는 기계나 가공 조건 등을 충분히 생각해야 함은 물론, 전용 숫돌이나 여러 가지 연삭에 적용할 수 있는 범용 숫돌을 결정한 후 골라야 한다.

숫돌을 고르는 순서는 숫돌 입자 → 입도 → 결합도 → 조직 → 결합제의 순서가 된다.

다음에 숫돌의 선정 예와 그 결과에 대해 소개한다.

평면 연삭에 사용한 같은 치수의 숫돌로 재질 SKS-3(HRC 58)을 가공했을 때,

① 89A46I6V112(티로리트, 일본산 WA46I6V에 해당)에서는 연삭 번이 발생했다.

② 89A46I9AV217(티로리트, 일본산 WA46I9V에 해당)을 사용하니 연삭 번이 전혀 일어나지 않았다.

언뜻 보기에 똑같아 보이는 이 두종류의 숫돌을 분석해 보면 다음과 같다.

	숫돌 입자	입도	결합도	조직	결합제
①	89A	46	I	6	V112
②	89A	46	I	9	AV217

숫돌 입자와 입도 그리고 결합도는 같지만, 조직이 ①은 6(숫돌 입자율 48%, 티로리트 규격)이고 ②는 9(숫돌 입자율 42%, 티로리트 규격)이며, 결합제가 ①은 V112(유리질로서 단단하다)이고 ②는 V217(유리질+도토(陶土))로 되어 있다.

여기에서 알 수 있는 것은 숫돌 ②쪽이 숫돌 입자율이 낮고(기공률이 높고) 본드도 연하다는 것이다.

즉, 같은 89A46I의 숫돌이라도 ①은 연삭 번이 발생하지만, ②는 조직 사이가 넓고 본드가 연하기 때문에 로딩이 생기지 않으며 양호한 연삭을 할 수 있다. 이와 같이 숫돌을 구성하는 모든 시방이 연삭 작업에 큰 영향을 미친다.

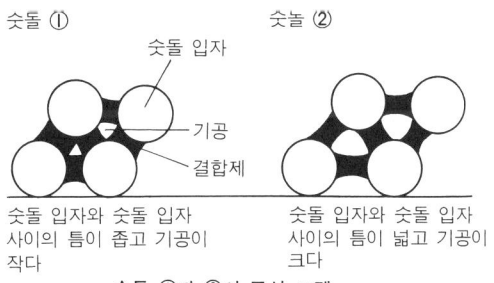

숫돌 ①과 ②의 구성 모델

●초숫돌 입자 숫돌의 활용

세라믹 본드 다이아몬드 휠의 특징과 사용 방법

CBD(세라믹 본드 다이아몬드) 휠은 전자 부품이나 반도체 부품 또는 초경 합금과 같은 난삭재를 고정밀도로 연삭할 수 있는 새로 개발된 숫돌이다.

●CBD 휠과 일반 숫돌과의 비교

(1) 결합제(본드)

CBD 휠은 결합제로서 세라믹 재료를 사용하고 있으며, 일반적인 숫돌보다 훌륭한 특징을 가지고 있다. 레지노이드 본드계 숫돌은 탄성이 있기 때문에, 닿는 면이 연하여 쓰기는 쉽지만 가공면에 처짐이 생기기 쉬우며, 열 팽창이 크므로 치수의 정밀도를 내기 어렵다는 문제점이 있다.

그리고 메탈 본드계 숫돌은 구리나 주석 분말을 주체로 하여 소결시켜 결합시킨 것이므로, 가공 중에 가공물과 본드가 접하여 마찰열이 발생하기 쉬우며, 치수 정밀도를 내기가 어렵게 된다. 또한 로딩이나 글레이징이 생기기 쉽다는 결점이 있다.

CBD 휠은 일반적인 숫돌과 전혀 성질이 다르며, 탄성이 없기 때문에 가공물의 면 처짐이 거의 발생하지 않는다. 열 팽창률도 낮아 치수 정밀도를 내기도 쉽다. 그리고 본드 자체가 적당히 탈락하여 고운 가루가 되어 본드의 자생 작용을 촉진하고, 본드 자체가 연삭날을 만들어 다이아몬드 숫돌 입자와 합쳐져 두 가지로 절삭할 수 있다는 특징이 있다.

(2) 수명

레지노이드 본드에서는 다이아몬드 숫돌 입자의 결합력이 약하기 때문에 탈락이 빠르고 빨리 소모된다. 또한 메탈 본드에서는 숫돌 입자의 결합력은 강하지만 본드 자체가 탈락하지 않기 때문에 로딩이나 글레이징이 생기기 쉬우며, 드레싱을 자주 해야 한다.

CBD의 경우에는 가공 정밀도가 안정되어 있다는 것과 연삭날의 자생 작용이 있다는 것 그리고 결합력이 강하다는 점에서 다른 숫돌보다 수명이 길다고 볼 수 있다.

●CBD 휠을 사용할 때의 주의점

CBD 휠의 특징을 충분히 살리기 위해서는 그 취급을 할 때 주의할 필요가 있다.

우선, 연삭기에 기계적인 진동이나 덜그럭거림이 없어야 하는 것은 물론이지만, 가공물의 설치 불량에 따른 진동이 발생하지 않게 하는 것이 중요하다. 그래서 가장 좋은 연삭 능력을 얻을 수 있도록 여러 가지로 가공 조건을 바꿀 수 있는 기계를 사용하는 것이 바람직하다. 최고의 능률을 얻을 수 있는 조건은 종래의 다이아몬드 휠보다 매우 좁은 범위 안에 있다.

면 흔들림이나 중심 흔들림은 연삭을 할 수 없게 될지도 모르므로 1/100mm 이하로 억제할 것과 메시가 높은 CBD 휠일 때에는 0에 가깝게 하는 것이 중요하다. 그리고 반드시 휠의 수정 장치를 설치하여 숫돌면의 변형이나 로딩, 글레이징, 셰딩 등의 수정은 빨리 해야 된다. 건식으로도 사용할 수 있지만, 고능률을 얻기 위해서는 수용성 연삭액을 다량으로 공급할 필요가 있다. 연삭액은 냉각 작용과 연삭 칩 배출 작용을 겸하고 있기 때문에 점성이 낮은 수용성을 사용한다. 연삭액을 공급하는 방법에 따라 능률이 몇 배나 차이가 생긴 예가 있으며, 숫돌의 손상에도 큰 영향을 미치므로 가장 능률적인 조건을 찾아 다량으로 공급하는 것이 바람직하다. 또한 초경합금 공구 등에서는 생크 용접부의 은납을 가급적 깎아 내야 하는데 로딩을 일으킬 가능성이 크기 때문이다.

다음에는 특히 하이 메시 CBD 휠을 사용하여 가공할 때의 주의점이다.

우선, 연삭 능력이 작으므로 큰 부담이 되지 않게 하는 것이 중요하다. 또한 연삭액 때문에 떠오르는 현상을 억제할 정도의 압력을 주는 것도 요령이다. 그리고 연삭 칩이나 본드의 마모 칩과 탈락된 다이아몬드 등이 서로 뭉쳐 스크래치가 생기지 않도록, 연삭액을 충분히 공급하여 숫돌면을 언제나 깨끗하게 해 둔다.

가공 재료와 하이 메시 다이아몬드 숫돌 입자 사이즈와의 상관 관계에 있는 연삭 능력에 따라 회전 속도를 넓은 범위로 조정하는 것도 중요하다. 그림 1과 2는 초경합금을 대상으로 한 표면 거칠기와 가공 능력을 나타낸 것이다.

●가공 정밀도 및 가공 변질층의 비교

전자 부품이나 반도체 부품 등은 연삭 공정을 거친 후에, 다이아몬드 숫돌 입자에 의한 래핑이나

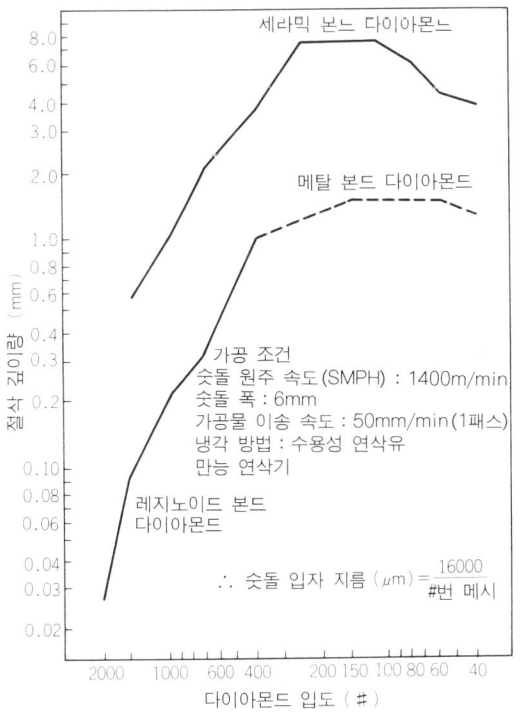

그림 1. 다이아몬드 휠에 의한 초경 합금 연삭 능력 비교

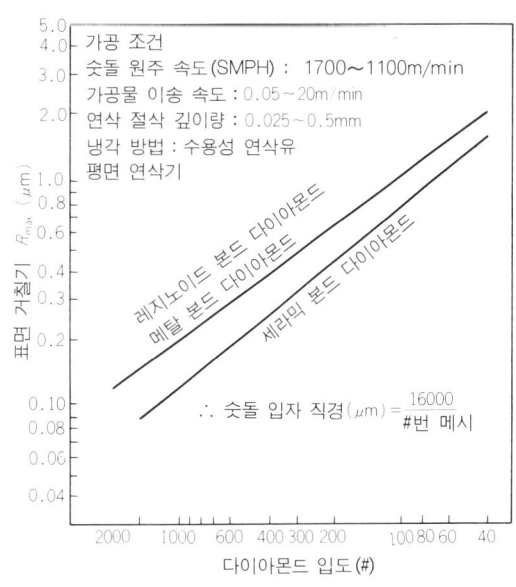

그림 2. 다이아몬드 휠에 의한 초경 합금의 다듬질면 거칠기

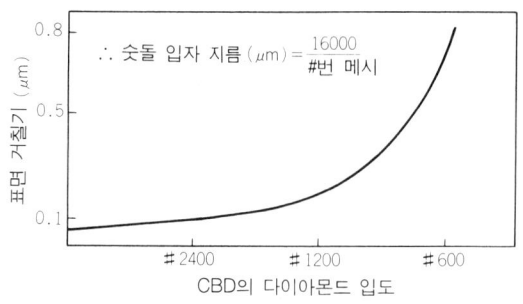

그림 3. 실리콘 웨이퍼의 표면 거칠기

초미립자가 섞여 있는 용제로 최종적인 폴리싱 가공을 한다. 그러나 최근에는 연삭 공정에서의 표면 거칠기를 향상시켜 후공정에서의 생력화를 꾀하고 있다. 종래의 래핑에 의한 가공에서는 가공 변질층이 연삭 때보다 깊으므로, 후공정에서 에칭을 하던가 폴리싱을 하여 이를 제거한다.

일반적인 다이아몬드 휠에서 가장 엄선된 것이라도 변질층의 깊이는 14μm가 한계이다. 여기에 비해 CBD는 변질층 깊이를 4μm 이하로까지 억제할 수가 있다. 연삭 가공만을 하여 후공정을 전부 생략할 수는 없지만, 변질층을 통상의 1/3로 억제할 수 있다는 것은 후공정에 걸리는 시간을 많이 단축시켜 능률이 향상된다.

실리콘 웨이퍼를 가공했을 때의 표면 거칠기는 **그림 3**과 같다. 가공면이 경면에 가까울수록 스크래치가 들어가기 쉽게 되는데 CBD 휠의 경우에는 완전한 경면으로 하는게 아니고 반경면을 지속시킨다. 그 이유는 대상물이 실리콘일 때, 3인치 웨이퍼를 4000~6000매 드레싱하지 않고 가공하기 위한 것이다. 일반적인 다이아몬드 휠에서는 300~400매가 한계이다.

세라믹 본드는 다이아몬드가 로딩이나 글레이징을 일으키기 전에 자생 작용으로 적당히 탈락하여 연삭날을 스스로 생기게 하는 역할도 하고 있다. 그래서 일정한 조건하에서는 평탄도나 표면 거칠기를 오랫동안 유지할 수 있으며 스크래치나 치핑 또는 에지의 처짐이나 기복 등이 생기지 않으며 안정된 연삭 상태로 가공할 수 있다.

이와 같이 CBD 휠은 후공정의 단축이나 숫돌 수명 연장 등으로 인한 원가 절감도 기대할 수 있다.

● 초숫돌 입자 숫돌의 활용

초(超)숫돌 입자 전착 숫돌의 특징과 사용 방법

고능률로 연삭하기 위해 다이아몬드나 CBN 등 소위 초(超)숫돌 입자 숫돌을 많이 이용하게 되었으며, 앞으로도 더욱 더 초숫돌 입자의 성능을 충분히 발휘하는 기회가 많아질 것으로 생각된다.

초숫돌 입자 숫돌에는 레지노이드, 메탈 본드, 비트리파이드와 함께 전착 숫돌도 한 몫을 차지하고 있다. 여기에서는 다이아몬드와 CBN 숫돌 입자를 사용한 몇 가지 전착 숫돌의 사용 실례를 소개하고 연삭 가공의 효율을 높이는 차원에서 언급하겠다.

전착 숫돌은 그 베이스가 되는 블레이드에 다이아몬드나 CBN의 초숫돌 입자를 니켈 전기 도금으로 유지시킨 것이다. 즉, 도전성 베이스 블레이드 위에 비도전성인 다이아몬드나 CBN 숫돌 입자를 산포한 상태이며 니켈을 석출시켜 굳힌 것이다. 그러니까 초숫돌 입자를 베이스 블레이드 위에 1층으로 정렬시킨 상태의 숫돌이다.

이와 같이 초숫돌 입자가 니켈에 묻혀 있으므로 숫돌 입자 지름의 50% 이상이 묻혀 있으면 숫돌 입자를 충분히 유지할 수 있게 된다. 같은 입도의 숫돌 입자라도 사용 조건에 따라서는 이 매몰률이 50~80% 범위 내에서 조정된다. 통상적인 연삭에서는 60~70%가 일반적이지만, 중(重)연삭이나 드레싱에 사용될 때에는 이 매몰률을 약간 높게 히는 것이 좋다.

전착 숫돌은 베이스 블레이드 위에 올려놓은 초숫돌 입자가 전부 전착되므로, 숫돌 입자가 매우 빽빽하게 정렬되어 있다. 이 숫돌은 연삭 효율이 좋다고 하는데, 그 이유로서는 연삭하는 숫돌 입자가 매우 많다는 것과 숫돌 입자의 튀어나가는 양이 많기 때문이라고 할 수 있다.

전착 후의 초숫돌 입자와 베이스 블레이드의 상태를 **그림 1**에 표시하였으며, 실제로 전착한 다이아몬드의 상태를 **사진 1**에 표시하였다.

전착 숫돌은 숫돌 입자를 니켈로 유지하고 있기 때문에 일반적인 다른 레지노이드 본드나 메탈 본드 그리고 비트리파이드 숫돌보다 숫돌 입자 유지력이 가장 견고하다고 할 수 있다.

● 초숫돌 입자 전착 숫돌

여기에서는 초숫돌 입자 전착 숫돌의 특징과 초숫돌 입자의 선택, 또는 입도의 선정 방법, 전착 숫돌의 기호, 전착 숫돌에

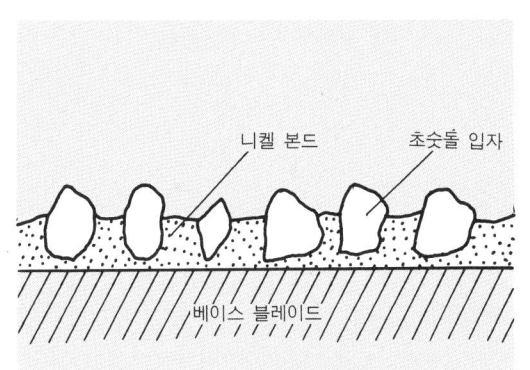

그림 1. 초숫돌 입자가 전착된 상태

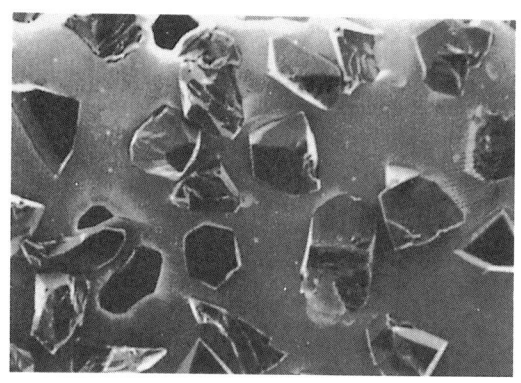

사진 1. 전착된 다이아몬드의 상태

표 1. 초숫돌 입자의 표준 선택표

피 삭 재		다이아몬드	CBN
초경 합금		○	
유리·세라믹스		○	
페라이트		○	
고무·플라스틱		○	
석재·콘크리트		○	
반도체(Si·Ge)		○	
용사재(내마모 코팅)		○	○
주철·주강		○	○
담금질강	탄소강		○
	합금 공구강		○
	고속도 공구강		○
	베어링강		○
	표피 경화강		○
경질 크롬 도금		○	
페로틱		○	
탄소		○	

적합한 베이스 블레이드에 대하여 알아보자.

(1) 특징

초숫돌 입자 전착 숫돌은 레지노이드, 메탈, 비트리파이드 본드의 숫돌보다 다음과 같은 특징이 있다.

① 숫돌 입자의 돌출이 양호하므로 연삭성이 우수하며, 중(重)연삭에도 사용할 수 있다.

② 숫돌 입자의 밀도가 높으므로 마모 변화가 적으며, 총형 숫돌에서는 연삭 능력을 충분히 발휘할 수 있다.

③ 다른 숫돌보다 값이 싸기 때문에 로트수가 작은 가공물에 사용할 때에는 매우 경제적이며, 또한 한번 사용한 베이스 블레이드에 이상만 없다면 반복해서 전착할 수 있다.

④ 세라믹이나 초경 합금의 가공부터 경질 고무와 같은 탄성 있는 재료에 이르기까지 다른 숫돌로는 가공하기 어려운 재료라도 비교적 간단하게 연삭이나 절단하는 가공을 할 수가 있다.

⑤ 복잡한 형상의 숫돌을 만들 수가 있다.

⑥ 극히 작은 지름의 숫돌을 만들 수가 있으며 작은 구멍의 연삭도 할 수 있다.

⑦ 원칙적으로 트루잉이 필요치 않으며 그대로 사용할 수 있다.

⑧ 특수 사용 방법으로서 연삭성을 살린 크리프 피드 연삭이나 치수 안정성을 이용하여 리머 가공과 같이 쓸 수 있다.

⑨ 연삭성이 좋고, 연삭 번이 잘 생기지 않는다.

⑩ 거친 숫돌 입자를 전착하여 간이 드레서로 사용할 수 있다.

이상과 같은 장점이 있는 반면,

⑪ 숫돌 입자층은 1층이며, 돌출량이 많으므로 같은 입도의 다른 숫돌과 비교해 볼 때, 연삭면이 거칠어진다.

⑫ 숫돌 입자층이 1층이기 때문에 숫돌 입자 수명이 짧다.

는 결점도 있다.

(2) 숫돌의 선택

전착 숫돌에 사용되는 초숫돌 입자에는 다이아몬드와 CBN의 두 종류가 있다. 어느 쪽을 선정하

표 2. 초숫돌 입자의 입도

호 칭	입 도	입자 지름(μm)	적응할 수 있는 가공
# 60	60/80	271/181	거친 연삭 절단 드릴링 전해 연삭
# 80	80/100	197/151	
# 100	100/120	165/127	
# 120	120/140	139/107	
# 140	140/170	116/90	일반 연삭 거친 다듬질 연삭 절단
# 170	170/200	97/75	
# 200	200/230	85/65	
# 230	230/270	75/57	다듬질 연삭 정밀 절단
# 270	270/325	65/49	
# 325	325/400	57/41	정밀 다듬질 정밀 절단
# 400		37/34	

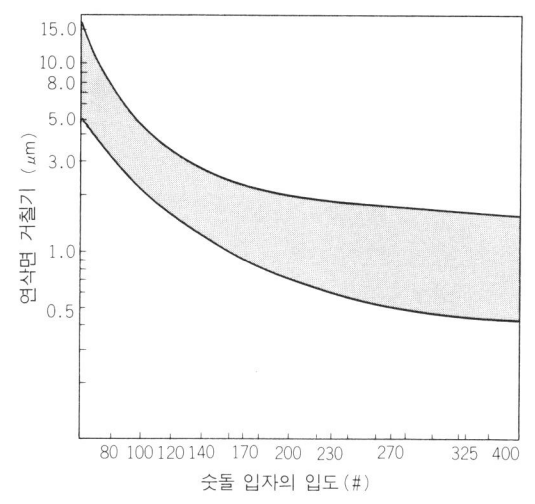

그림 2. 일반적인 사용 조건하에서의 내면과 원통 연삭의 표면 거칠기

느냐 하는 것은 가공물의 재질에 따라 결정된다. 숫돌 입자의 선정 기준은 표 1에서 선정할 수가 있다. 다이아몬드는 모든 물질 중에서 가장 단단하므로 단단하면서도 부서지기 쉬운 재료를 가공할 때 사용한다.

다이아몬드 숫돌 입자에는 천연 다이아몬드와 인조 다이아몬드가 있다. 일반적으로 숫돌에 사용하는 다이아몬드는 거의 대부분이 인조 다이아몬드이다. 그리고 CBN 숫돌 입자는 모두 인조 숫돌 입자이다.

(3) 입도 선택

전착 숫돌에 사용하는 숫돌 입자의 입도는 #60~400 범위 내의 입도가 일반적이다. 연질 재료에는 거친 눈목의 입도를 쓰고 부서지기 쉬운 재료에는 고운 눈목의 입도를 쓴다. 입도는 가공물의 표면 거칠기에 영향을 미치므로, WA 숫돌 때보다 1~2단계 고운 입도를 사용하면 같은 정도의 다듬질면을 얻을 수 있다.

그리고 연삭비(研削比) 면에서는 입도가 큰 숫돌을 쓸수록 유리하게 된다.

전착 숫돌에 사용하는 숫돌 입자의 입도와 연삭 공정과의 관계를 표 2에 나타내었다.

일반적인 사용 조건에 따라 얻을 수 있는 표면 거칠기는 숫돌 입자의 입도나 원주 속도와 연삭 깊이 그리고 이송 외에도 숫돌을 장치했을 때의 흔들림이 영향을 미친다. 표준적인 조건에서의 입도와 표면 거칠기의 관계는 그림 2와 같다.

(4) 전착 숫돌의 기호

전착 숫돌은 JIS에서 P라는 기호로 표시하며 이외의 기호는 표 3에 나타냈다. 초숫돌 입자 숫돌의 표시는 이들의 기호로 종류를 분류하고 있다.

(5) 전착 숫돌에 적합한 합금

전착 숫돌의 베이스 블레이드는 보통의 경우, 강을 사용하는데 어닐링강이나 조질강을 사용하고 대부분의 경우 조질강을 사용한다.

가공물의 종류나 가공 조건에 따라 어닐링강을 사용하는 경우, 다이아몬드나 CBN 숫돌 입자가 연질의 베이스 블레이드에 파고 들어갈 때가 있다. 이럴 때에는 경도를 높인 조질강을 사용해야 한다.

표 3. 초숫돌 입자 숫돌의 종류

결합제 또는 제조법에 따른 종류	기호 (JIS)
레지노이드 본드 숫돌	B
메탈 본드 숫돌	M
비트리파이드 본드 숫돌	V
전착 숫돌	P

표 4. 각종 피삭재와 원주 속도

피삭재	숫돌 입자	원주 속도 (μm/min)
담금질강	CBN	500~1800
초 경	다이아몬드	500~1500
페라이트	다이아몬드	1500~2000
실리콘	다이아몬드	500~1400
유 리	다이아몬드	1500~1900
조개껍질	다이아몬드	1500~2000

표 5. 다듬질면과 절삭 깊이

다듬질면	절삭 깊이 (μm)
거친 다듬질	20~30
일반 연삭	10~20
다듬질	5~10

강의 종류로는 탄소강이나 공구강이 일반적이지만, 스테인리스 등도 사용할 수 있다.

알루미늄 같은 비철 금속을 전착 공구에 응용한다는 것은 밀착성이나 강성 그 외의 점으로 봐서 그다지 바람직하지는 않지만, 경량화하기 위해 알루미늄을 사용하고 내식성을 올리기 위해 동을 사용하며, 강성을 높이기 위해 초경 합금도 사용한 예가 있다.

● 사용상의 주의점

전착 숫돌은 연한 고무로부터 단단한 초경 합금 가공에 이르기까지 그 적용 범위가 넓어 피삭재의 종류에 따라 적절한 연삭 조건을 선정할 필요가 있다. 잘못 사용하면 그 성능이 현저하게 저하되므로, 다음과 같은 사항에 주의하면서 사용하는 것이 중요하다.

(1) 흔들림

숫돌의 흔들림은 피삭재의 가공 치수 정밀도에 크게 영향을 미칠 뿐만 아니라 한쪽만 마모되어 숫돌의 수명을 짧게 한다. 그리고 연삭기의 정밀도, 특히 스핀들의 흔들림이나 진동 그리고 덜거덕거림이 있으면 초숫돌 입자가 파쇄될 뿐만 아니라 니켈의 결합제나 베이스 블레이드를 상하게 하거나 벗기기도 한다. 또한 채터링이나 이상 마모를 일으키는 원인이 되기도 한다. 그래서 기계에 숫돌을 장치할 때에는 흔들림을 0.02mm 이하로 하여야 하며, 될 수 있는 한 0.01mm 이하가 되었는지를 확인해 둘 필요가 있다.

(2) 숫돌의 원주 속도

피삭재 및 작업 조건에 따라 다르기는 하지만, 연삭 효율에 크게 영향을 미치므로 적정 원주 속도를 일률적으로 결정할 수는 없다. 대략 표준이 되는 조건을 표 4에 나타내었다.

일반적으로 숫돌의 원주 속도는 1000~2000m/min이 필요하며, 그 이하로 하면 성능을 충분히 발휘할 수가 없다.

표 6. 각종 피삭재와 이송 속도

피삭재	이송 속도 (mm/min)	가공 방법
담금질강	2~15	연 삭
초경	1~15	연 삭
페라이트	5~30	연 삭
실리콘	0.06~0.24	절 단
유리	100~1000	연 삭
세라믹스	1~10	연 삭

(3) 절삭 깊이와 이송

절삭 깊이와 이송 속도는 원주 속도와 관련되어 있으며, 숫돌 입자의 입도나 피삭재 또는 다듬질면 거칠기나 작업 조건 등에 따라 결정된다. 표 5와 6에 나타낸 조건이 표준이며, 연삭 소리나 진동 그리고 열이 나는 것도 표준을 정할 때의 조건이 된다.

(4) 연삭 압력

전착 숫돌은 숫돌 입자의 돌출량이 많으므로 절삭성은 좋지만, 숫돌의 수명면으로 보아 되도록 낮은 연삭 압력을 사용해야 한다.

그러나 숫돌 입자의 매입률이 60%인 숫돌로 전해 연삭을 할 때에는 기계의 강성이나 동력 등에 따른 제약도 있지만, $3kg/cm^2$ 정도의 연삭 압력이라도 가능하다.

(5) 연삭액

지그 연삭기를 사용하는 연삭이나 임시 소결한 합금과 같이 연삭액을 꺼리는 소재를 연삭할 때에는 연삭액을 쓰지 않는 건식으로 작업할 수도 있다. 그러나 연삭액을 사용하면 피삭재의 정밀도와 다듬질면이 좋아지며, 동시에 숫돌의 절삭성과 수명이 향상된다.

연삭액은 숫돌의 냉각과 세척에 중점을 두고 선정하여야 하며, 숫돌에 연삭액이 직접 닿을 수 있도록, 유효량과 공급 방법을 연구할 필요성이 있다.

(6) 로딩과 드레싱

전착 숫돌은 연삭 칩에 의한 로딩은 그다지 없지만, 특별히 연질이고 점성이 있는 특수 피삭재의 경우에는 로딩을 일으키는 경우가 있다.

보통은 솔로 제거할 수 있지만 로딩이 심할 때에 WA 스택으로 제거할 수 있다.

●전착 숫돌의 사용 실례

전착 숫돌은 베이스 블레이드가 가공되면 비교적 짧은 기간 내에 숫돌로 만들어 낼 수 있으므로 현재는 널리 사용되고 있다.

여기에서 몇 가지 사용 실례를 보기로 한다.

(1) 내면 연삭

재질 SUJ 2(HRC 56~60)의 래크 축에 $\phi 30mm$, 길이 60mm인 구멍을 퀼(quill)이 있는 전착 숫돌로 내면 연삭을 히였디. 숫돌온 $\phi 20mm$이고 폭은 20mm이며, 숫돌 입자는 CBN #120이다. 숫돌 회전수 3000rpm, 가공물 속도 324rpm, 절삭 깊이 0.04mm, 건식 연삭 조건으로 수동 이송하였다.

가공 시간은 종래의 WA 숫돌보다 1/3로 단축되었다.

(2) 세라믹스의 거친 가공

$\phi 50mm$의 질화규소 링을 $\phi 300mm$, 인조 다이아몬드 #100 숫돌 입자를 사용한 컵 숫돌을 써서 수직형 로터리 평면 연삭기로 인피드 연삭을 하였다. 숫돌 회전수는 1200rpm, 테이블 회전수는 12rpm이며 절삭 깊이량은 $5\mu m/min$였다.

그 결과, R_{max} $2.4\mu m$, 평면도 $0.4\mu m$의 연삭 면을 얻을 수 있었다.

(3) 구멍 가공

MC로 실린더 배럴의 구멍에 대한 다듬질 가공을 하였다. 사용 공구는 $\phi 14.5^{+0.032}_{-0.015}$의 전착 리머이며, 숫돌 입자는 #140인 다이아몬드이다. 숫돌 회전수 400rpm, 이송 0.3mm/rev, 절삭 깊이 0.02mm, 수용성 연삭액을 사용 조건으로 하여 가공한 결과, 연삭 시간이 단축되고 종래의 타원 수정 가공을 생략할 수 있었다. 또 진원도, 원통도, 표면 거칠기에서 $2\mu m$ 이하로 할 수가 있었다.

전착 숫돌은 형상이 복잡하다던가 단순하다는 것과는 관계없이 베이스 블레이드가 있으면 다이아몬드나 CBN 숫돌 입자를 전착하여 즉시 숫돌을 만들 수 있다는 특징이 있으므로, 최근에는 많이 이용하게 되었다. 한편, 트루잉이 필요 없는 숫돌이라는 캐치 프레이즈로 보급되고 있는데 전착 숫돌로 고정밀도의 총형 연삭을 시도하는 경향도 있다. 즉, 현재의 셰이빙 공구에 다이아몬드나 CBN 숫돌을 전착하여 기어의 다듬질 가공을 하는 것 등이다.

신소재가 등장하면서 동시에 그 가공 방법도 중요하게 되었다. 예를 들면, 앞으로는 세라믹이나 복합 재료를 가공할 때에 전착 띠 톱이나 전착 와이어 톱 등이 사용될 것이다.

이와 같은 신소재는 종래의 공구로는 가공하기가 매우 어려우며, 아무래도 다이아몬드 숫돌 입자를 이용한 공구에 의지해야 할 현실이다.

전착 숫돌은 앞으로 더욱 더 용도가 개발됨과 동시에, 고정밀도 가공을 지향하고 신소재 가공에 응용될 것이다.

연삭과 절삭의 차이

사과 모양으로 생긴 강재를 사과 껍질을 깎듯이 바이트로 깎는다고 하면, 그 깎여 나간 껍질-절삭 칩-을 원래의 본체에 감으면 원래대로 감을 수가 없다. 정말로 사과라면 원래대로 감을 수 있지만, 강재일 때에는 본체의 1/3밖에 감을 수 없게 된다. 왜냐하면 절삭 칩의 길이가 1/3로 줄어 들고, 그대신 두께가 3배로 두꺼워지기 때문이다.

즉, '자른다'와 '깎는다'의 제일 큰 차이이다.

절삭이나 연삭은 모두 칩 부분을 소성 변형시켜서 본체로부터 잘라내는 것을 말한다.

금속을 소성 변형시키기 위해서는 여기에 해당되는 에너지가 필요하며, 이 소비되는 에너지는 절삭날의 절삭성이 좋을수록 적어도 된다. 절삭성을 좋게 하기 위해서는 절삭날의 각을 적게 하면(레이크각에서도 같음) 좋다.

연삭과 절삭의 큰 차이점은 우선 첫째로 이 레이크각의 크기에 있다. 그림 1에서 보면, (a)는 면도날과 같은 바이트로 절삭했을 때이며, (b)는 고속도강으로, (c)는 초경 바이트로 절삭했을 때이다.

(a)와 같이 너무 절삭날의 각을 날카롭게 하면 칼끝이 가공물 방향으로 멋대로 끌려가게 되는데 이것은 레이크각의 크기로 인해 절삭 배분력이 마이너스가 되기 때문이다. (b)는 배분력이 0이고 주분력만 작용하고 있는 경우이다. (c)는 레이크각이 마이너스이지만, 그래도 $-5°\sim-10°$ 근처이다. 따라서 절삭 주분력이 배분력보다 작다고는 할 수 없다. (d)의 숫돌 입자라면 레이크각은 마이너스 몇 도일 것이다. 울퉁불퉁한 입자라면 $60°\sim70°$ 정도이므로 주분력보다는 배분력이 훨씬 크게 되는데 대략 2배 이상이다.

이 배분력이 너무 크면 숫돌 입자 즉, 숫돌을 밀어올리게 되어 설삭할 수 없게 되고, 가공면에는 문지른 흔적만이 남게 된다. 소위 '짐을 지는 현상'이 일어나는 것이다. 더구나 연삭은 절삭과 비교해 볼 때, 절삭량이 매우 얕다. 절삭에서 절삭 깊이를 작게 하면 칼끝이 미끄러지면서 깎을 수가 없다(초경 바이트라면 최소 절삭 깊이는 0.02가 한계임).

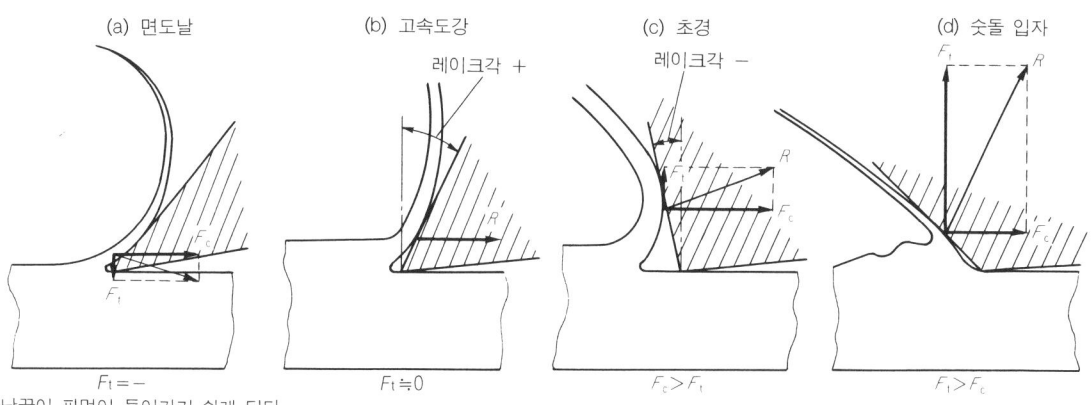

그림 1. 배분력 F_t는 레이크각의 크기에 따라 $-$로도 되고 0으로도 된다

연삭할 때의 배분력은 주분력보다 훨씬 크다는 것 즉, '양보다 질'에의 변화가 일어난다. 경면 연삭의 면을 보면, 그것은 깎아낸 면이 아니고 숫돌 입자에 의한 버니싱 작용으로 일어난 소성 유동층이라고 봐야 한다. 확실히 깨끗해져서 표면 거칠기가 매우 작지만, 가공 표면에는 과대한 가공 변질층이 있다. 특히 검게 빛나는 경면은 무섭다.

생산 기술자는 자칫 가공 비용과 형상 정밀도만을 중요시하기 쉽지만, 이제부터는 단순히 정밀도만 중시할 게 아니라 좀더 품질에 눈을 떠야 할 것이다. 같은 경면이라도 블록 게이지의 면은 검게 빛나지 않고, 하얗게 빛나고 있다. 같은 숫돌 입자 가공면이지만, 연삭이 아니고 랩 다듬질면이기 때문이다.

연삭 가공은 숫돌 입자의 레이크각이 큰데다 여러 가지 형상의 숫돌 입자가 무규칙적으로 존재하고, 각각의 숫돌 입자가 매우 큰 응력을 가공면에 주면서 가공한다.

제 3 장

숫돌의 수정

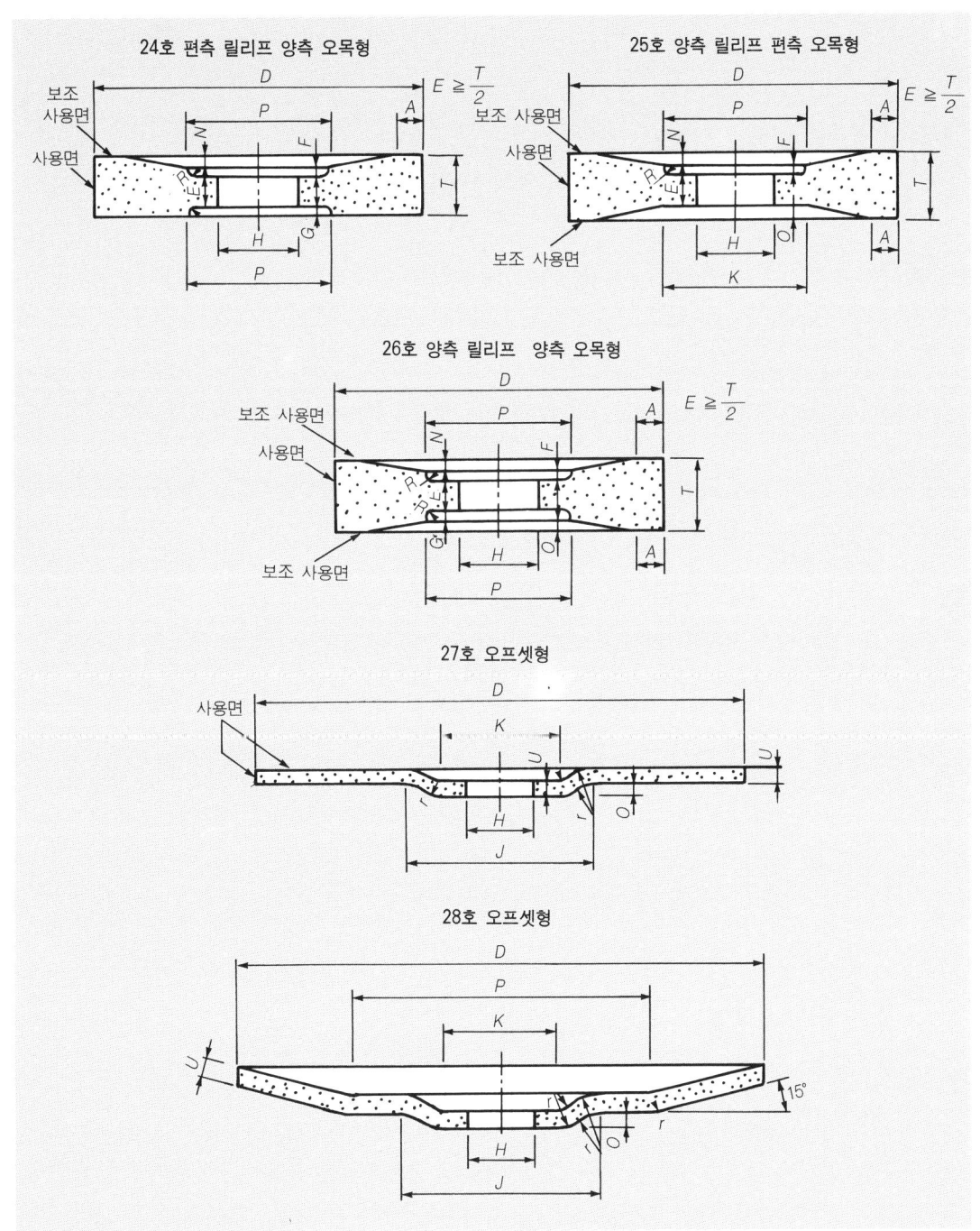

연삭 숫돌의 형상 ③(JIS R6211에서)

숫돌의 밸런스를 어떻게 잡을 것인가

숫돌 밸런서의 효과와 사용예

　연삭중에 진동이 생기면 표면 거칠기가 나쁘게 되던가 기복이나 채터링 마크가 생기기도 하여 가공에 나쁜 영향을 미친다는 것은 잘 알려진 사실이다.

　연삭중에 발생하는 진동 중에서도 특히 연삭 숫돌의 언밸런스 때문에 생기는 진동은 꽤 높은 비율을 차지하고 있다. 숫돌이 언밸런스일 때 고속 회전 때문에 강제 진동이 일어나고, 베어링에 주기적인 힘의 변동을 주게 되며, 나아가 연삭기 전체를 진동시키게 된다. 이 진동은 가공물의 품질을 떨어뜨릴 뿐만 아니라 베어링이나 숫돌 그리고 드레서 등의 수명에도 나쁜 영향을 미친다.

　따라서 고정밀도 연삭을 할 때에는 숫돌의 밸런스 잡기가 매우 중요한 작업이 된다.

　여기에서는 숫돌의 밸런스를 잡는 방법과 그 순서에 대해 설명하고자 한다.

밸런스 잡기는 왜 필요한가

　그림 1은 연삭면에 어떤 종류의 진동이 나타나는가를 조사하기 위해 연삭 방향으로 측정한 기복을 주파수로 분석한 것이다. 그림에 화살표로 표시한 큰 기복 성분은 바로 숫돌 회전수에 해당하는 주파수이며, 숫돌의 언밸런스 때문에 일어나는 진동이 기복이 되어 연삭면에 나타난 것이다.

　그리고 그림 2는 고의로 숫돌을 언밸런스되게 하여 언밸런스량이 표면 거칠기에 어떤 영향을 미치는가를 조사한 예이다. 언밸런스량이 커짐에 따라 표면 거칠기도 크게 된다는 것을 알 수 있다.

　이와 같은 여러 가지 이유 때문에, 연삭 작업을 할 때에는 숫돌의 밸런스를 잡는 일이 매우 중요하다.

　숫돌의 언밸런스 때문에 발생하는 채터링 마크의 피치는 다음과 같다.

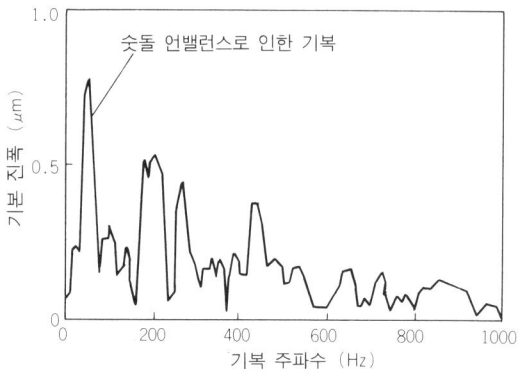

그림 1. 연삭면의 기복 주파수의 분석 예

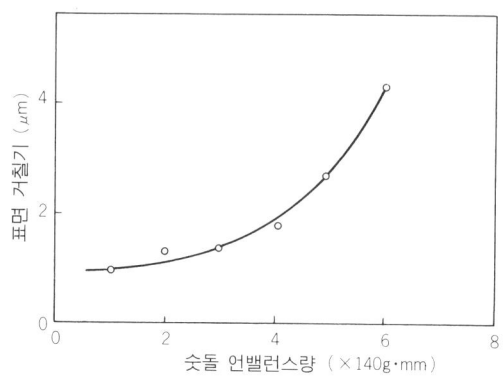

그림 2. 숫돌 언밸런스와 표면 거칠기의 관계

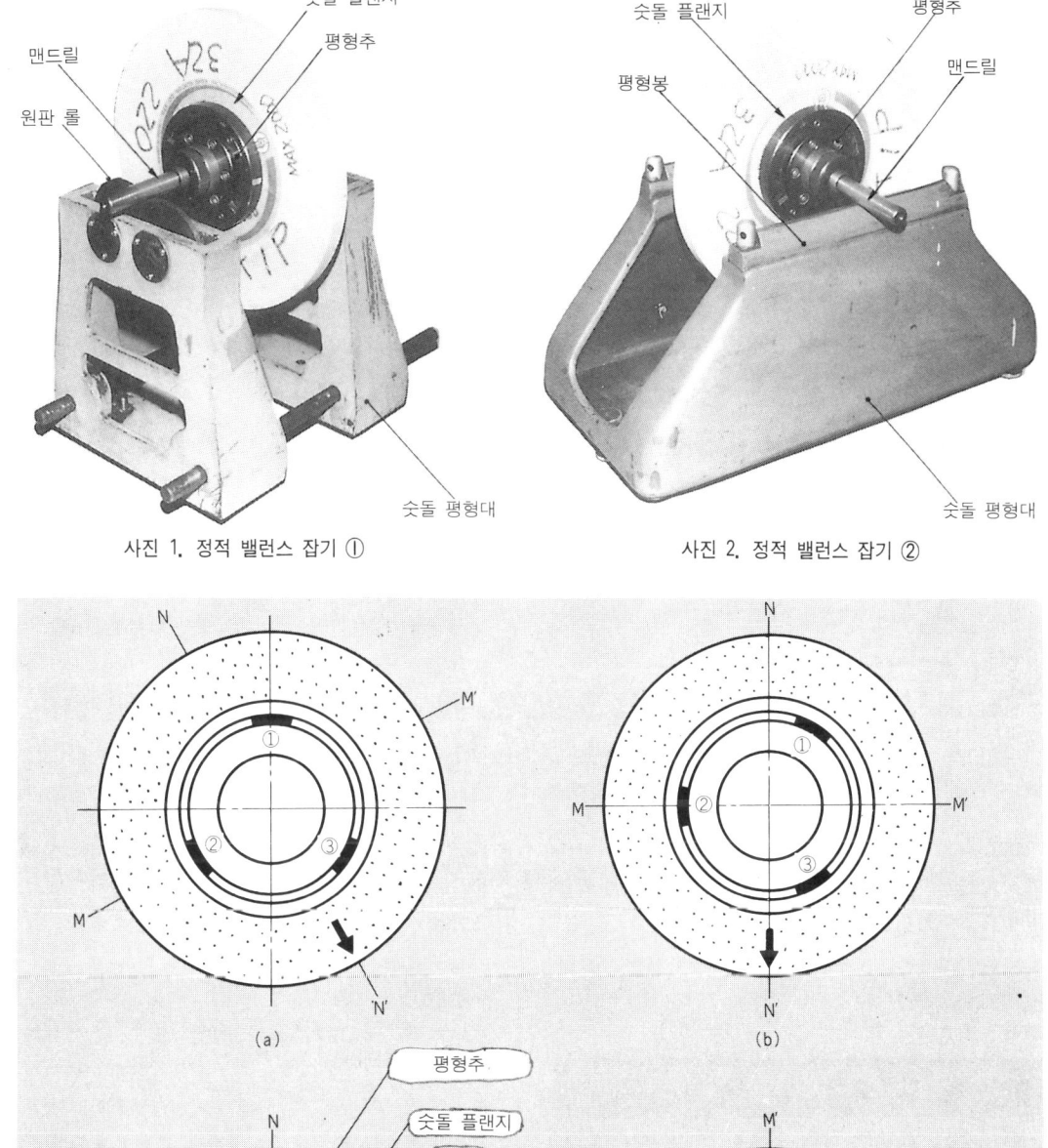

맨드릴
원판 롤
숫돌 플랜지
평형추
숫돌 평형대

사진 1. 정적 밸런스 잡기 ①

숫돌 플랜지
평형추
평형봉
맨드릴
숫돌 평형대

사진 2. 정적 밸런스 잡기 ②

평형추
숫돌 플랜지
숫돌

(a)

(b)

(c)

(d)

그림 3. 정적 밸런스 잡기의 순서

• 평면 연삭일 때

$$p = \frac{1000 \upsilon}{N}$$ ·· (1)

• 원통 연삭일 때

$$p = \frac{\pi d n}{N}$$ ·· (2)

여기서 p : 채터링 마크의 피치(mm)

        υ : 테이블 속도(m/min)

        N : 숫돌 회전수(rpm)

        n : 가공물 회전수(rpm)

        d : 가공물 지름(mm)

식 (1)과 (2)에서 계산되는 피치의 채터링 마크가 연삭면에 나타나게 되면, 숫돌의 밸런스를 다시 잡아야 한다.

숫돌의 밸런스를 잡는 방법으로서는 ①정적 밸런스 잡기를 한다, ②동적 밸런스 잡기를 한다는 두 가지 방법이 있다.

정적 밸런스를 잡는 방법

정적 밸런스 잡기는 가장 일반적으로 많이 이루어지고 있는 방법이며, 숫돌을 연삭기에서 떼어낸 상태에서 숫돌의 무거운 방향의 반대쪽에 이와 맞먹는 무게를 달아서 정적으로 밸런스를 잡는 방법이다.

사진 1은 정적 밸런스를 잡고 있는 상태이다. 우선 숫돌을 숫돌 플랜지에 설치하고 다음에는 플랜지 구멍에 맨드릴을 통과시키고, 이것을 숫돌 평형대 위에 올려 놓는다.

숫돌 평형대는 맨드릴이 자유롭게 회전할 수 있도록 지지하는 대이며, 사진 1의 예에서는 2장이 1조로 되어 있는 원판 롤이 한 쌍 있고, 이 원판 롤이 볼 베어링으로 지지되어 자유롭게 회전할 수 있다.

숫돌에 언밸런스가 생기면 숫돌의 가장 무거운 부분이 바로 아래에 올 때까지 회전하다가 정지한다. 그래서 숫돌의 어느 부분이 무거운지, 즉 언밸런스의 방향을 알 수가 있다. 숫돌 플랜지에는 숫돌의 언밸런스를 수정하기 위한 두 개 내지 세 개의 평형추가 붙어 있다. 그리고 이 평형추를 가벼운 방향으로 이동시켜서 밸런스를 잡는다.

평형대에는 사진 1과 같은 구조 외에도 **사진 2**와 같은 두 개의 평행봉 위를 맨드릴이 굴러가는 구조의 평형대가 있다.

그러면 이제부터 실제로 정적 밸런스를 잡는 순서를 **그림 3**에서 보기로 하자. 그림에서 화살표로 표시한 부분이 숫돌의 가장 무거운 방향이며, 여기에서는 평형추가 세 개인 경우인데, 두 개일 경우도 기본적인 순서는 같다.

순서 ① ····· (a)에 표시한 바와 같이 평형추를 서로 같은 간격(120°간격)이 되게 배치한다. 이 상태에서 세 개의 평형추는 밸런스를 잡고 있으므로 만일 숫돌에 언밸런스가 없다면 숫돌은 어느 각도에서나 평형대 위에 정지한다. 실제로는 언밸런스가 있기 때문에 (b)에 표시한 바와 같이 숫돌의 가장 무거운 부분(화살표)이 바로 아래로 올 때까지 회전하다가 정지한다.

　순서 ② ‥‥ (c)에 표시한 바와 같이 평형추 중의 하나인 ①을 숫돌의 바로 위(가장 무거운 부분의 반대편)에 설치하고, 다른 두 개의 평형추 ②, ③을 N-N′에 대하여 대칭되는 위치에 설치한다. 이 상태이면 M-M′ 방향의 밸런스는 잡히게 된다.

　순서 ③ ‥‥ (d)와 같이 숫돌을 90° 회전시켜 가장 무거운 부분이 바로 옆의 위치에 오도록 한다. 이 상태에서 두 개의 평형추 ②와 ③을 그림과 같이 N-N′에 대하여 대칭 관계를 유지하면서 왼쪽으로 움직여 숫돌이 밸런스를 잡아 정지하는 위치에 고정시킨다. 이로써 N-N′ 방향의 평형도 잡히게 된다.

　순서 ④ ‥‥ 숫돌을 임의의 위치까지 돌린 후에 손을 놓아 어느 위치에서 정지하는가를 확인한다. 좀더 정확하게 확인하기 위해서는 숫돌을 손으로 가볍게 돌려, 자유롭게 회전시킨 후 정지한 위치를 본다. 이것을 몇 번이나 반복하여도 정지하는 위치가 다르면 평형이 잡힌 것이다.

　이로써 작업이 끝나는데 만일 순서 ④의 확인 결과 밸런스가 잡혀 있지 않다면, 다시 한번 순서 ①부터 순서 ④까지를 반복하여 밸런스를 다시 잡는다.

　이 때 세 개의 평형추를 각각 다르게 움직여 조정하는 수가 있는데 그렇게 하면 언밸런스의 위치를 점점 모르게 되어 시간이 걸리게 된다.

　번거롭지만 순서 ①로 되돌아가서, 평형추 ②와 ③을 언제나 N-N′에 대해 대칭 위치에 오도록 이동시키면서 하는 것이 효과적으로 밸런스를 잡는 요령이다.

　정적 밸런스 잡기는 비용이 들지 않는 대신에 다음과 같은 문제점이 있다.

　① 수정하는 데 시간이 걸리며, 작업하는 데 숙련이 필요하다.

　② 정밀 수정이 어렵다.

　③ 숫돌만의 수정이며, 숫돌 축 등 기계 전체의 수정이 될 수 없다.

　그래서 여러 가지 정밀한 동적 밸런스(dynamic balance) 수정 방법이 고안되고 있다.

동적 밸런스를 잡는 방법

　동적 밸런스 잡기에서는 구름 마찰력보다도 작은 언밸런스는 수정할 수 없지만, 원심력은 회전수의 2승에 비례하므로 작은 언밸런스가 남아 있어도 숫돌을 고속 회전시키면 그 영향이 나타나게 된다. 그리고 숫돌 이외에도 숫돌 축이나 모터의 언밸런스 등이 있으므로 실제로 숫돌이 회전하고 있는 상태에서 언밸런스를 수정하는 것이 바람직하다.

　이와 같이 숫돌이 회전하고 있는 상태에서 밸런스를 잡는 방법이 동적 밸런스 잡기이며, 이를 위한 장치가 동적 밸런서이다. 이 장치는 ① 언밸런스 검출부, ② 언밸런스 수정부의 두 가지로 구성되어 있다. 이 중 언밸런스를 검출하는 데에는 언밸런스 때문에 발생하는 숫돌 축 끝의 진동을 측정하는 방법이 일반적인 방법이다.

　한편, 언밸런스를 수정하기 위해서는 ① 숫돌의 무거운 부분을 깎아서 수정한다거나, ② 평형추 등을 숫돌의 가벼운 부분에 이동시키던가 붙이던가 하여 수정하는 두 가지 방법이 있다. 그리고 작업 방법으로서는 ① 숫돌의 회전을 정지시킨 다음 수정한다거나, ② 숫돌을 회전시킨 채로 수정하는 두 가지 방법이 있다.

　동적 밸런서가 연삭기 안에 장치되어 있는 것(전용 드레서)과 숫돌이나 숫돌 플랜지만을 떼어내게 한 것(범용 균형 시험기)이 있다. 여기서는 일반적으로 사용할 수 있는 범용 밸런서에 대해 몇 가지 실례를 소개하겠다.

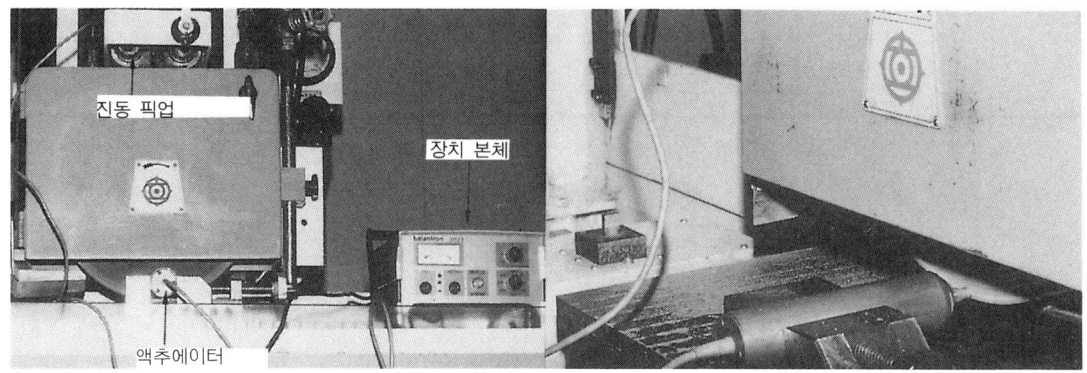

사진 3. 사례 ①의 동적 밸런스 잡기 작업·좌는 설치 상태, 우는 액추에이터부

사례 1 • 숫돌을 깎아내는 밸런서

사진 3은 숫돌의 무거운 부분을 깎아내어 밸런스를 잡는 장치(상품명 : 바라트론)를 사용하여 동적 밸런스를 잡고 있는 장면이다. 이 때의 작업 순서는 대략 다음과 같다.

① 진동 픽업을 숫돌 축 끝의 평평한 부분에 장치하여 검출되는 진동이 최대로 되도록 장치의 볼륨을 조정한다.

② 끝에 다이아몬드 드레서가 달린 액추에이터를 가볍게 숫돌에 대면 검출된 진동에 맞춰 액추에이터가 전후로 운동하면서 숫돌의 무거운 부분이 깎여 나간다.

이 장치는 연삭기나 숫돌 플랜지에 특별한 구조가 필요치 않으므로 어떤 연삭기에서나 쓸 수 있다는 특징이 있다.

그러나 숫돌의 측면을 깎아내는 방법이므로 숫돌이 얇거나 측면을 사용하는 숫돌에는 해당되지 않는다.

그리고 언밸런스가 클 때에는 숫돌을 깎아내는 양이 많으므로, 미리 정적 밸런스를 잡아 언밸런스를 줄여 놓고 동적 밸런스 시험 작업을 하면 좋다.

사례 2 • 정적 밸런스 잡기와 비슷한 다른 밸런서

그림 4는 언밸런스 검출을 동적으로 수행하고 언밸런스의 수정은 정적 밸런스 잡기와 같은 방법으로 하는 장치이다. 이 때에도 연삭기나 숫돌 플랜지를 개조할 필요가 없으므로, 어느 연삭기에나 사용할 수 있다.

작업 순서는 다음과 같다.

① 갭 센서와 광 센서를 그림과 같이 장치하여 숫돌을 회전시키면, 표시 장치에 언밸런스의 크기와 방향이 표시된다.

② 숫돌의 회전을 중지시키고, 정적 밸런스를 잡는 방법과 똑같은 요령으로 표시된 값에 따라 평형추를 숫돌의 가벼운 부분에 이동시킨다.

그림 5는 이와 같이 해서 동적 밸런스를 잡은 후 진동과 정적 밸런스만을 잡았을 때의 진동을 비교한 예이다. 동적 밸런스를 잡음으로써 숫돌의 언밸런스 때문에 생기는 진동이 대폭적으로 작게 된 것을 알 수 있다.

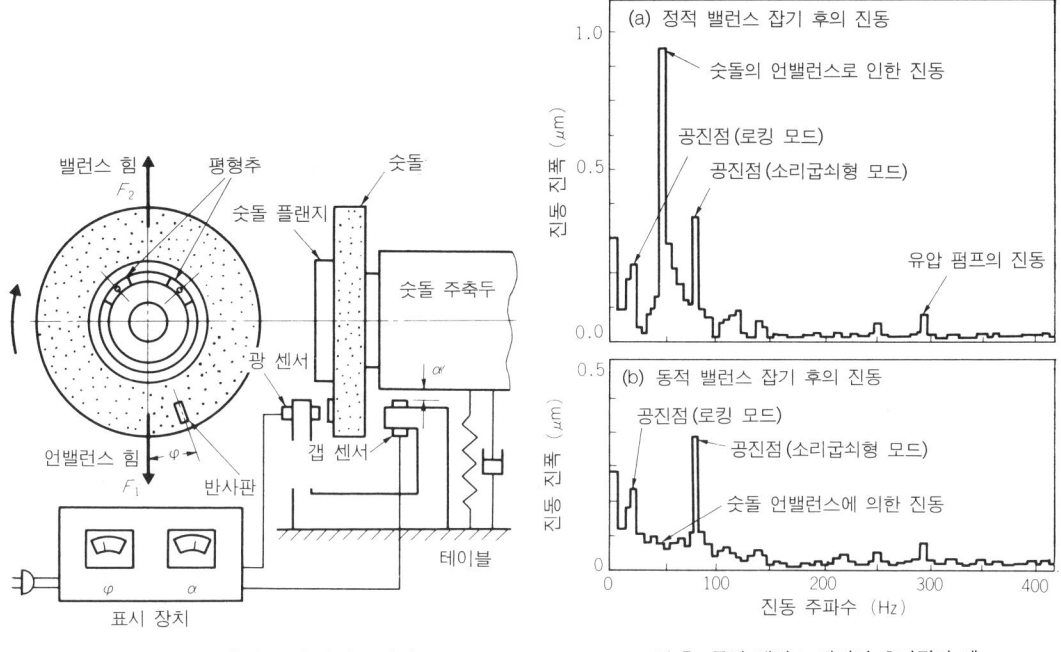

그림 4. 사례 ②의 동적 밸런스 잡기

그림 5. 동적 밸런스 잡기의 효과적인 예

사례 3 • 전용 숫돌 플랜지를 사용하는 밸런서

그림 6은 전용 숫돌 플랜지를 사용하여 밸런스를 잡는 장치이다. 숫돌 플랜지 속에는 서로 직각으로 교차하는 방향으로 이동하는 평형추가 장치되어 있다.

그림의 입력부를 밀거나 당기면서 평형추를 이동시켜 밸런스를 잡는다. 이 장치는 입력부가 볼 베어링을 사이에 두고 장치되어 있으므로 숫돌을 회전시킨 채로 조작할 수 있다.

작업 순서는 다음과 같다.

① 진동 픽업과 광 센서를 그림과 같이 장치하여 숫돌을 회전시키면, 언밸런스의 크기와 방향이 표시 장치에 표시된다.

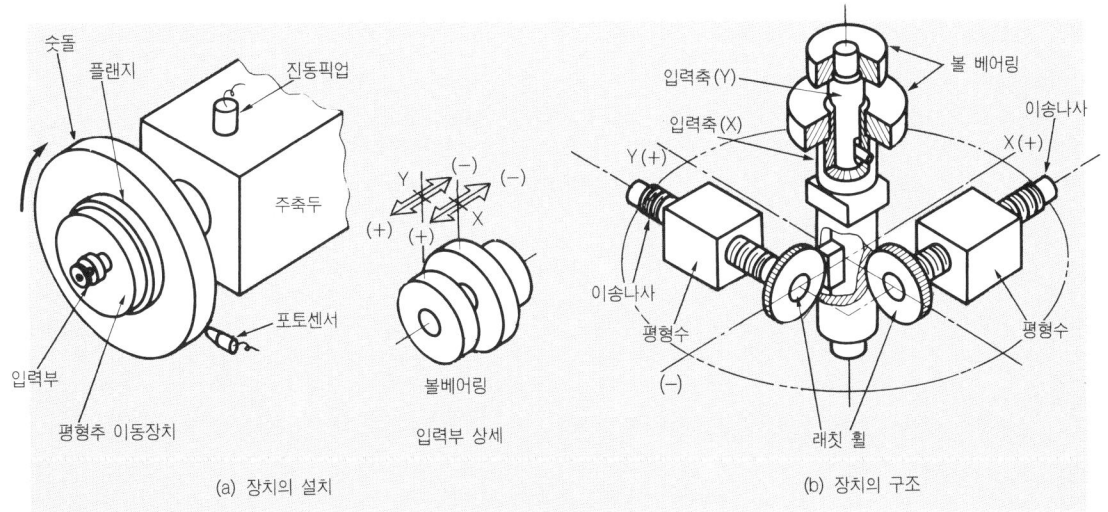

(a) 장치의 설치

(b) 장치의 구조

그림 6. 사례 ③의 동적 밸런서

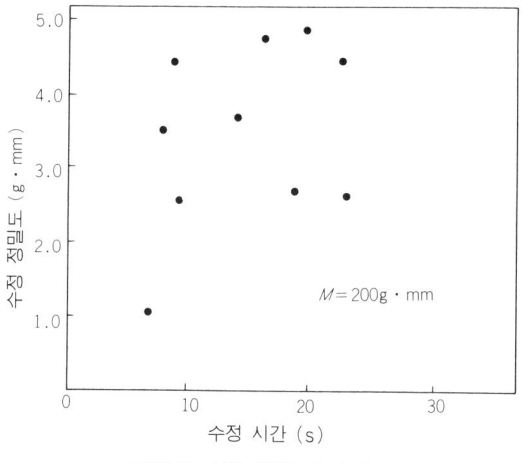

그림 7. 수정 정밀도와 수정 시간

② 숫돌을 회전시킨 채로 입력부를 밀거나 당기거나 하여, 표시되는 언밸런스의 크기가 가장 작도록 수정한다.

입력부를 손으로 조작하는 대신에 특수 액추에이터로 조작하는 장치도 개발되어 있다. 그림 7은 이 장치이며, 동적 밸런스를 잡았을 때의 정밀도와 소요 시간과의 관계를 표시하고 있다. 소요 시간은 평균 15초 정도이며, 정적 밸런스 잡기에 비해 효과적으로 밸런스를 잡을 수가 있다.

밸런스 잡기의 주의 사항

숫돌의 밸런스를 잡을 때의 주의 사항은 다음과 같다.

① 새로운 숫돌을 숫돌 플랜지에 장치했을 때에는 일단 숫돌을 드레싱하여 외주의 흔들림을 제거한 후 다시 한번 밸런스를 잡아야 한다.

② 숫돌의 회전을 중지시키고 밸런스를 잡을 때에는 연삭액을 충분히 뺀 후 수행하여야 한다.

③ 동적 밸런스를 잡을 때에도 새로운 숫돌을 장치했을 때에는 우선 정적 밸런스를 잡아두는 것이 좋다.

그리고 될 수 있는 한 제어계의 상태를 흩어지게 하는 외란 때문에 일어나는 진동을 제거해야 한다.

동적 밸런서는 이제까지 소개한 것 이외에도 여러 가지가 개발되어 있는데 일반적으로 장치가 너무 크던가 고가품이던가 하여 사용하기에는 한정되어 있다. 소형 연삭기에서는 정적 밸런스를 잡는 것만으로 끝내고 있는 경우가 많다.

숫돌의 반은 공기

입이 거칠은 시내 공장 아저씨가 친하게 지내는 숫돌 장사에게 '당신은 참 좋은 장사를 하고 있네요. 나에게 파는 물건의 반은 공기니까 말야' 하고 말하는 것이었다.

용적비로 말하자면 한 장의 숫돌 중 45~50%는 빈 구멍이 뚫려 있는 것을 아저씨는 비꼬아 말한 것이다. 연삭 숫돌의 표피층을 잘라내어 확대해 보면, 숫돌 입자와 숫돌을 굳히는 결합제가 차지하고 있는 부분은 50~55%이며 나머지 부분은 '기공'이라고 불리는 공간, 즉 틈이다.

숫돌의 한쪽에서 담배 연기를 불면, 반대편으로 연기가 나간다. 숫돌 안의 공간은 연결되어 있다. 따라서 숫돌은 잘라지는 것이다.

기공의 첫번째 역할은 연삭 칩이 도망가는 장소 제공이다. 만일 이 틈이 없으면 숫돌은 곧 로딩을 일으키고 만다. 두번째 중요한 역할은 '공냉'이다. 숫돌이 고속으로 회전하면 공기가 측면으로부터 안의 틈새를 통해 외주로 내뱉어져 연삭점을 냉각시킨다. 만일 숫돌의 양측면에 알루미늄 호일을 붙이고 작업을 하면, 곧 공작물의 다듬질 면에 연삭 번이 일어나는 것만 보아도 알 수 있다.

이미 20년 전에 연삭액을 숫돌의 중심에서 공급하여 원심력으로 불어나가게 하는 방법을 생각해낸 학자가 있어 '통액 연삭'이라고 말했었다. 이 생각은 참으로 좋았지만, 연삭액 중의 먼지가 숫돌 내부에 쌓여 통액량이 작아지는 바람에 실용화되지는 못했다.

고속 회전하는 숫돌의 주위는 매우 많은 공기층이 형성되어, 숫돌과 함께 회전하고 있다. 따라서 외부에서 공급하는 연삭액은 매우 강력한 펌프가 아니면 공기층에 쌓여 각 숫돌 입자의 끝에 연삭액이 닿지 않는다는 것을 연구한 사람도 있었다.

만일 연삭액 중의 먼지를 확실하게 제거할 수 있는 기술만 발명된다면, 또다시 이 통액 연삭이 주목을 받을 것이나. 그뿐만 아니라 연삭 기술은 비약적으로 진전힐 것이 틀림없다.

동적 밸런스 수정을 간단하게 하는 "밸런스 아이(balance eye)"

연삭 가공의 고정밀도화, 고능률화를 추진하기 위해서는 숫돌을 연삭기에 붙여 놓은 채로 숫돌이나 숫돌 축 등을 포함한 기계 전체의 동적 밸런스를 측정하여 고도의 수정을 하는 것이 필수 조건이 된다.

여기에서는 이 동적 밸런스 수정을 간단하게 할 수 있는 동적 밸런스 측정기 '밸런스 아이'(노리다케 제작)를 소개하면서 숫돌 밸런스 수정의 실제를 알아보기로 한다.

● 측정 원리

그림 1은 밸런스 아이의 구성과 측정 원리를 나타낸 개략도이다. 숫돌이 언밸런스로 되면 회전에 따라 주기적인 진동이 발생한다.

이 진동 상태를 포착하기 위해 가속도 센서와 파이버 센서를 연삭기에 숫돌을 설치한 상태로 장치한다.

그리고 이 센서에서 얻은 전압을 본체 내의 회전수에 해당하는 진동만을 끄집어 내는 밴드 패스 필터를 통해 검출한다.

이 진동의 상태, 즉 진동 변이량과 시간(회전수)과의 관계는 일반적으로 그림 2와 같이 나타낼

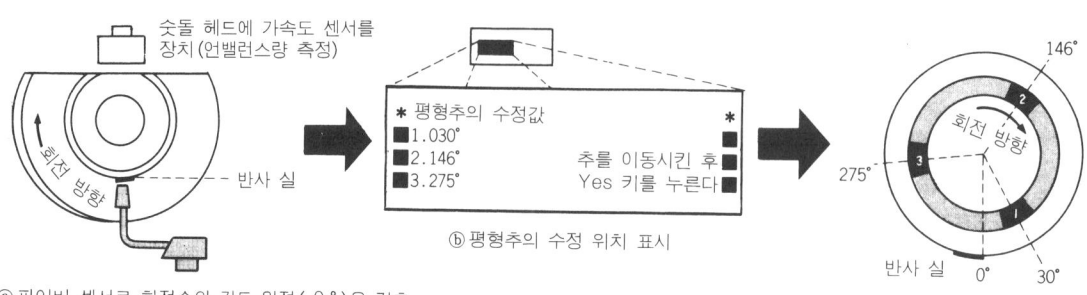

ⓐ 파이버 센서로 회전수와 각도 원점(0°)을 검출

ⓑ 평형추의 수정 위치 표시

ⓒ 평형추의 이동 (수동)값

그림 1. 언밸런스의 측정 원리

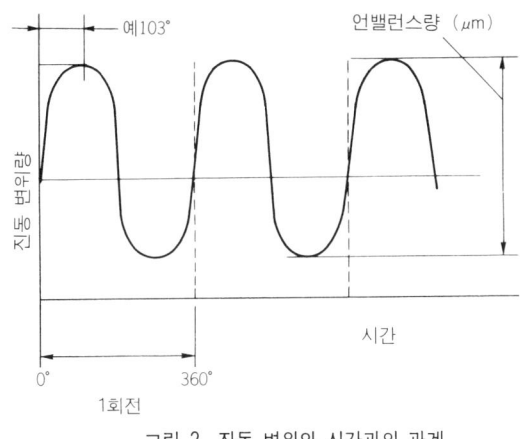

그림 2. 진동 변위와 시간과의 관계

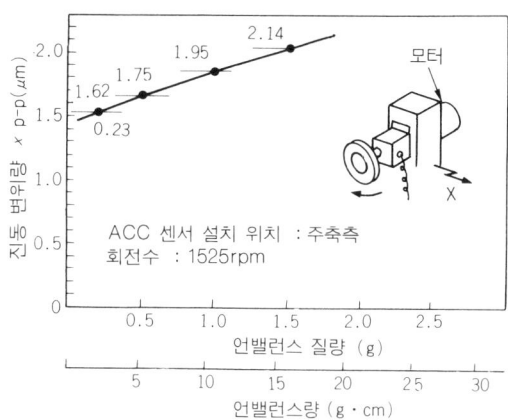

그림 3. 언밸런스에 따른 숫돌 주축두의 진동 변위

수가 있다. 각 센서에서 얻은 펄스를 본체 안에 있는 퍼스널 컴퓨터에서 동기시켜 계산을 해서 언밸런스량(변위량)과 위상(각도)을 디스플레이 부분에 표시한다.

밸런스 수정은 숫돌 플랜지부의 평형추를 움직여서 수행한다.

평형추 중의 임의의 한 개를 이동하여 다시 한번 측정하고 각 평형추의 위치를 퍼스널 컴퓨터에 입력시키면 언밸런스가 최소로 되는 평형추의 위치를 계산하여 표시한다. 이 때 이 표시된 위치에 평형추를 이동시켜 주면, 그 연삭기에서 가장 적합한 밸런스 수정을 할 수 있게 된다.

평형추가 없는 숫돌이나 회전체일 경우에는 추를 장치하여 측정하고 수정한다. 우선 현상태의 진동 변위량과 위상을 측정한 다음, 진동 변위량과 위상이 변화한 만큼만 시험추를 장치하면, 어디에 얼마만큼 추가로 장치해야 하는가가 계산으로 나타나므로, 여기에 따라 추를 추가하면 밸런스 수정은 끝난다.

● 기능과 특징

밸런스 아이의 기능과 특징을 보면 다음과 같다.

① 연삭기 위에서 숫돌을 항상 회전시키는 상태로 측정하므로, 숫돌만이 아니고 숫돌 축 등을 포함한 기계 계통 전체의 밸런스(동적 밸런스)를 수정할 수 있다.

② 언밸런스의 측정과 계산, 그리고 수정 위치의 표시까지 모두 센서와 퍼스널 컴퓨터로 자동으로 수행하므로 표시 위치에 평형추를 옮기는 것 외에는 사람이 하는 일이 없으며, 누구라도 똑같은 수정을 할 수 있다.

③ 언밸런스량이 위치 수정이나 수정 후의 잔류 언밸런스량 등 필요한 수치는 모두 절대값으로 디지털 표시가 되므로, 정확한 밸런스량을 파악할 수 있으며 작업 표준으로의 작성도 간단하다.

④ 한 면만 수정하는게 아니라 두 면을 동시에 수정하는 기능을 가지고 있으며 와이드 센터리스 연삭기 등 양축형의 경우에도 정확하게 수정할 수 있다.

⑤ 디스플레이와 YES, NO 키를 중심으로 한 조작 키의 인터페이스형이므로, 누구나 간단하게 사용할 수 있다.

⑥ 측정 정밀도가 높고 측정 범위가 넓다.

　측정 회전 범위 : 180~6만 rpm

　회전 측정 정밀도 : ±0.1% 이내

표 1. 캔틸레버형 센터리스 연삭기의 밸런스 수정

수 정 전		평형추 1개 이동	수 정 후					
추 No.	위상		첫번째		두번째		세번째	
1	359°	←	076°		051°		050°	
2	188°	178°	207°		←		←	
3	297°	←	←		285°		279°	
27.56 μm	110°	24.29 μm	15.26 μm	271°	4.82 μm	175°	1.01 μm	214°
27.21	110°	23.89	15.26	278°	4.74	179°	1.19	190°
27.76	109°	23.91	16.06	271°	4.82	183°	1.44	195°

　진동 변위 분해 기능 : ±0.01 μm 이내

　잔류 언밸런스량 : 0.01g·cm

　⑦ 숫돌 밸런스 전용 프로그램 외에 다이싱 톱, 슬라이싱 머신, 수직형 로터리 연삭기 등과 같이 평형추가 없는 것은 표준 장비인 로터 밸런스 전용 프로그램을 사용하여 높은 정밀도로 수정할 수가 있다(2면 수정도 가능).

　진동 모니터 전용 프로그램에서는 가속도나 속도 변위량을 리얼 타임으로 측정하므로 기계의 고장 진단도 할 수 있다.

　그리고 회전수의 편차에 대한 측정이나 전용 프로브를 이용한 치수 측정도 할 수 있다.

● 사용 실례

　숫돌의 언밸런스 때문에 생기는 숫돌 축두(軸頭)의 진동 변위를 그림 3에 표시한다. 사용한 연삭기는 숫돌 지름 ϕ305×25mm의 일반적인 연삭기이다. 그림에서 숫돌 축두의 진동 변위는 언밸런스의 크기에 따라 비례적으로 증가하고 있다.

　만일 언밸런스 질량 2g이 숫돌 플랜지에 있다면 숫돌 축은 0.78 μm 진동하게 된다.

　높은 정밀도를 바라는 연삭 가공에 있어서 숫돌 축의 진동은 치명적인 것이며 밸런스 수정을 해야만 된다.

　다음에는 밸런스 수정의 예와 그 효과를 소개한다.

　• 캔틸레버형 센터리스 연삭기의 밸런스 수정

　평형추가 세개 붙어 있으므로 숫돌 전용 프로그램으로 수정하였다.

　　가공물 : 축

　　사용 숫돌 : 610×205×304.8 mm

　　회전수 : 1548~1549 rpm

　　수정 방법 : 1면 수정

　밸런스 수정 전의 진동 변위량이 $x = 55.83 \mu$m 정도로 많기 때문에 세개의 평형추 이동만으로는 영향력이 적어 '밸런스 아이'로 계산해 보았다. 그 결과, 수정 불가라고 표시되었다.

　그래서 로터 밸런스 모드로 가벼운 위치를 찾아 예비 평형추를 그곳에 장치하여 $x = 27.51 \mu$m로 하고 나서 표 1과 같이 수정을 하고 나니, 계산 중량 352.1g에 대하여 추가한 평형추의 무게는 200g이었다.

　그 결과, 드레싱 횟수를 65개/회에서 100개/회로 변경할 수 있게 되었으며 숫돌 수명이 향상되었다.

정밀 연삭을 위한
드레싱

연삭 가공과 절삭 가공을 비교해 보면, 매우 다른 점이 몇 가지 있는데 이들을 요약하면 다음과 같다.

① 연삭 가공은 아주 작고 많은 연삭날이 미세한 연삭 칩을 깎아내는 가공이며, 양산 가공으로 표면 거칠기가 매우 거칠을 경우라도 연삭 칩의 두께는 $1\mu m$ 정도이다.

② 많은 절삭날을 갖고 있는 숫돌의 재료는 다른 절삭 공구 재료보다 훨씬 강한 알루미나 (Al_2O_3)나 카보런덤(SiC)이며, 이것이 열처리 후의 강재를 정밀 다듬질할 수 있게 한다.

③ 통상적인 절삭 공구는 그 공구의 정형이나 재연삭을 위해서 별도의 연삭기를 사용하지만, 연삭 숫돌의 모형상 정밀도나 연삭날을 만드는 드레싱은 연삭기 자체를 스핀들에 장치한 채로 하기 때문에 공구로서의 정밀도를 높이고 있다. 따라서 연삭은 정밀 가공에 적합한 가공법이다.

이와 같이 연삭 숫돌은 절삭 공구와는 그 재질이나 형상 수정 방법이 매우 다르다. 그래서 먼저 연삭 현상면을 알아보고 다음으로 숫돌의 정형 수단인 드레싱면을 알아보자.

숫돌과 연삭 현상

연삭 가공을 모델화해 보면 그림 1과 같이 둔각의 레이크각을 가진 숫돌 입자가 매우 작은 절삭 날각 i_g로 최대 연삭 칩 두께 t_{max}를 깎아내는 가공이다. 이 i_g와 t_{max}를 실제의 연삭 작업 조건으로 계산해 보면 표 1과 같이 된다. 이 표에서 알 수 있는 것은 한 개의 숫돌 입자가 깎는 연삭

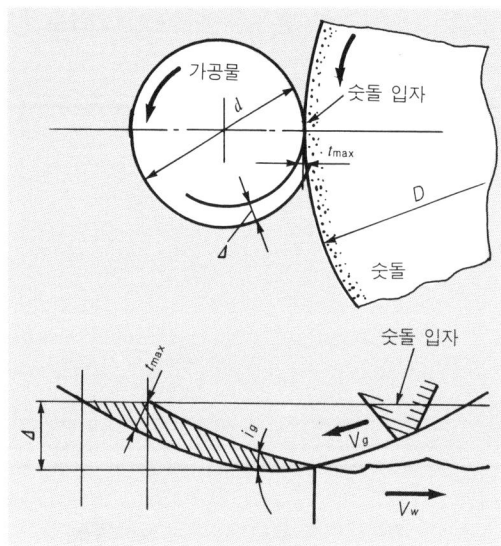

그림 1. 연삭 가공의 모델

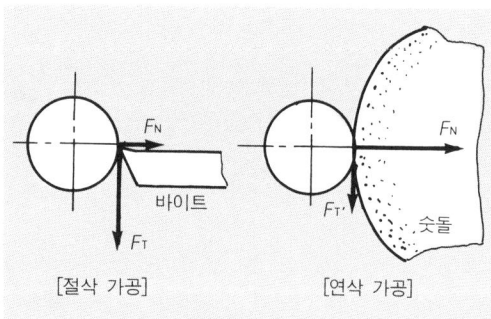

그림 2. 절삭과 연삭 때의 힘의 비교

칩의 치수가 매우 작고, 매우 작은 각도 (0.001rad란 1000m 길이에서 1m 높아지는 구배를 말한다)로써 절삭하고 있다는 것을 알 수 있다.

따라서 숫돌 입자는 여간해서는 가공물에 파고들지 못하고 미끄러져 버린다.

그러나 숫돌은 가공물에 점점 더 밀어 붙여지기 때문에 밀어붙이는 힘이 한계점에 이르러 결국은 숫돌 입자가 가공물에 파고 들기 시작한다. 이 힘의 한계점이 작을수록 절삭성이 좋은 숫돌이라고 말할 수 있다.

숫돌 가공에서는 숫돌의 연삭날이 둔각의 레이크각을 가지고 있다는 것과 연삭 칩의 두께가 얇다는 것 그리고, 절삭날과 절삭날의 간격이 작기 때문에 절삭날각 i_g가 작게 되기 쉽다는 것 때문에, 그림 2에 표시한 것과 같이 숫돌을 가공물에 밀어붙이는 힘(F_N : 법선력, 배분력이라고도 한다)이 깎기 위한 힘(F_T : 접선력, 주분력이라고도 한다)보다 크게 된다. 그림에서도 절삭 가공때와 다르다는 것을 알 수 있다.

여기에서 절삭 가공 때에 절삭성을 좋게 하기 위한 조건에 대해 정리해 보면 다음과 같다.

① 숫돌 입자의 날카로운 절삭날을 오랫동안 유지할 수 있는 재질일 것

② 숫돌 입자와 숫돌 입자와의 간격은 클수록 좋으며, 따라서 메시의 조직도 거칠수록 좋다.

③ 드레싱할 때의 다이아몬드 이송 피치는 크게 할수록 좋다.

④ 숫돌의 회전은 빠를수록 좋지만, 가공물의 회전수를 빨리 하는 것이 훨씬 효과가 크다(다만 기계의 강성 같은 제약 조건이 따른다).

표 1. 실제의 연삭 결과

연삭 조건 및 결과	베어링 내륜 (내경 ϕ8)	베어링 내륜 (내경 ϕ20)	원통 연삭 (외경 ϕ20)
숫돌 지름(mm)	6	14	300
숫돌 회전수(rpm)	100,000	80,000	2,000
가공물 회전수(rpm)	3,000	2,000	800
최대 절삭 깊이 속도(μm/s)	25	33	12.5
사이클 타임(s)	7	7	15
사용한 숫돌	WA180P	WA100P	WA80P
절삭깊이각 i_g(rad)	0.0025	0.0014	0.0032
연삭 칩 두께 t_{max}(μm)	0.29	0.33	0.45

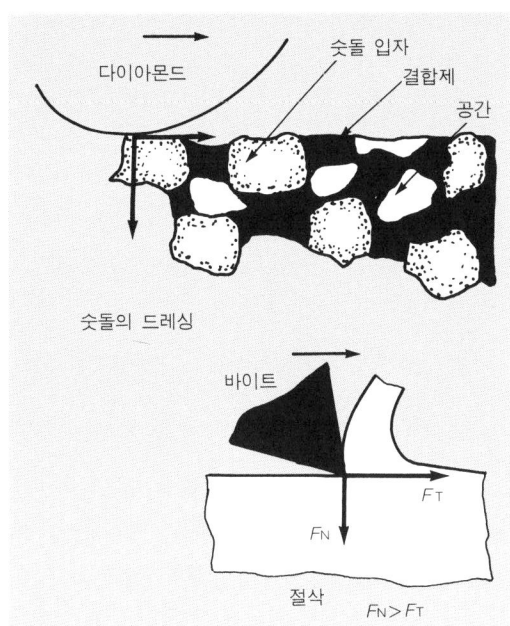

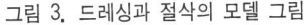

그림 3. 드레싱과 절삭의 모델 그림

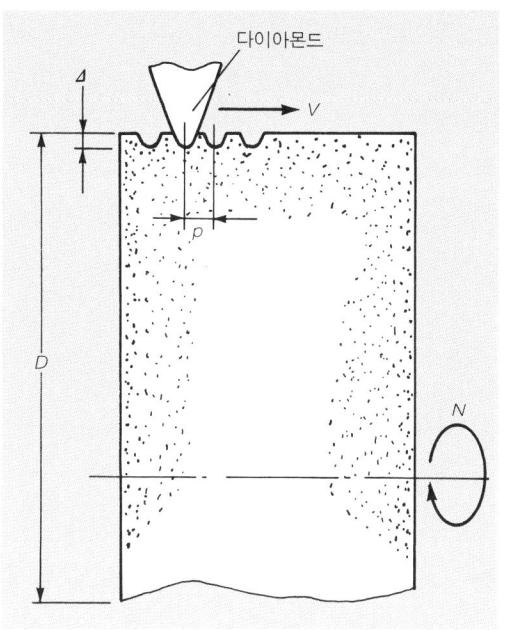

그림 4. 일석 다이아몬드 드레싱

⑤ 절삭 속도는 빠른 편이 좋다.

⑥ 연삭액은 다량의 연삭액을 고압으로 공급하여 반드시 연삭 부분에 도달하도록 한다.

이와 같은 조건은 ⑥을 제외하고는 모두 숫돌 입자가 가공물을 절삭할 때의 절삭날각을 크게 하고, 최대 연삭 칩 두께를 크게 하는 조건으로 되어 있다. 그리고 ③은 드레싱에 따라 절삭성을 좋게 할 수 있다는 것을 나타내고 있다.

드레싱 현상

싱글 포인트의 다이아몬드 드레서가 숫돌을 드레싱하는 모양을 확대해 보면 마치 그 운동이 선삭 가공과 비슷하다(그림 3). 그러나 가공 현상을 자세히 보면 전혀 질이 다르다.

이 드레싱할 때에 일어나는 현상을 정리해 보면 다음과 같다.

① 공구로서의 다이아몬드 드레서는 연삭날 끝이 날카롭지 않으며, 오히려 둔각이거나 또는 커다란 곡면을 가지고 있어, 도대체 깎는다는 작용에 적합한 모양을 하고 있지 않다.

② 단위 시간당 가공량이 작으며 절삭 깊이도 매우 작아(5~20μm) 드레서가 이상한 모양으로 마모되었을 때의 부분과 같은 정도의 치수이다.

③ 숫돌의 표면은 단속적으로 매우 단단한 재료(숫돌 입자)가 존재하고 있으며, 다소 경도가 낮은 재료(결합제)와 저항이 없는 공간(기공)이 뒤섞여 존재하고 있다.

따라서 드레싱은 단속적이고 충격적이고 진동적이 된다.

④ 드레서·다이아몬드와 숫돌 입자와의 충돌 속도가 빠르므로, 충돌 에너지도 클 뿐만 아니라 이 때문에 다이아몬드의 끝은 마찰 에너지가 있으므로 고온이 되고 화학적으로도 불안정하게 되어 결정 구조가 변화하기 쉽다.

한편, 이와 같이 충격적으로 가공되어 균열이 생긴 숫돌 입자나 결합제는 연삭 가공 초기에 탈락해 버리고 숫돌의 마모 상태가 일정하지 않게 된다. 그래서 균열이 적은 숫돌과 균열이 잘 생기지 않는 드레싱 방법이 필요하게 된다.

여기에서 드레싱한 숫돌의 요구 조건을 알아보자.

• 드레싱 후, 숫돌 입자의 갈라진 면(벽개면)의 절삭날 끝이 기하학적으로 똑바른 평면에 가지런히 되어 있을 것

• 숫돌 입자에 균열이 없을 것

• 결합제에도 균열이 적을 것, 그리고 숫돌 입자를 충분히 유지할 수 있는 힘을 가지고 있을 것

• 절삭날은 다이아몬드 드레서의 슬라이딩에 의하여 절삭날 끝에 마모(플랭크 마모)가 발생하지 않을 것

드레싱의 기초 조건

드레싱을 할 때, 숫돌(숫돌 입자와 결합제)과 다이아몬드가 받는 타격은 단위 시간당 드레싱 체적과 관계가 깊다.

단위 시간당 드레싱 체적 Q는 다음 식으로 나타낼 수 있다(그림 4 참조).

$$Q = \pi D \Delta V = \pi D \Delta p N$$

여기서　　D : 숫돌의 지름(mm)

　　　　　Δ : 드레싱의 절삭 깊이(mm)

　　　　　V : 드레싱 이송 속도(mm/min)

　　　　　p : 드레싱 이송 피치(mm/rev)

　　　　　N : 숫돌 회전수(rpm)

앞에서 드레싱은 충격적인 파괴이며, 따라서 숫돌은 타격을 입게 되고, 이로 인해 연삭 가공 초기에 불안정한 숫돌 마모가 있다는 것을 설명하였다. 이 숫돌 초기 마모의 크기는 드레싱 때의 충격이 클수록 그만큼 크게 된다.

그림 5는 그림 6에 나타낸 여러 가지 조건하에 있는 숫돌 마모 곡선에서 초기의 불안정 마모량 a를 꺼내어 세로축으로 삼고, Q를 가로축으로 삼아 그래프로 만든 것이다. 여기에서 알 수 있는 것은 Q가 작은(충격이 적은) 드레싱을 하면 초기 불안정량 a가 작은 숫돌이 된다는 것이다.

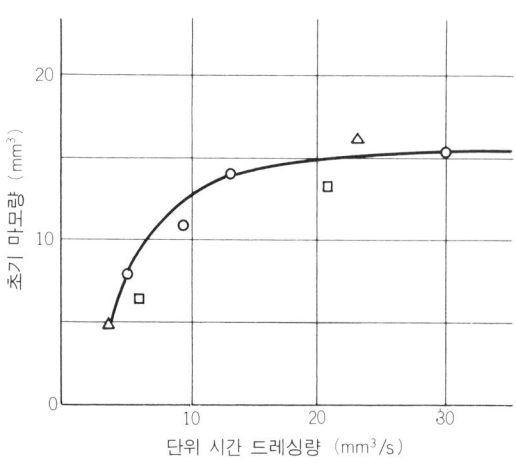

그림 5. 드레싱에 의한 초기 마모량 변화

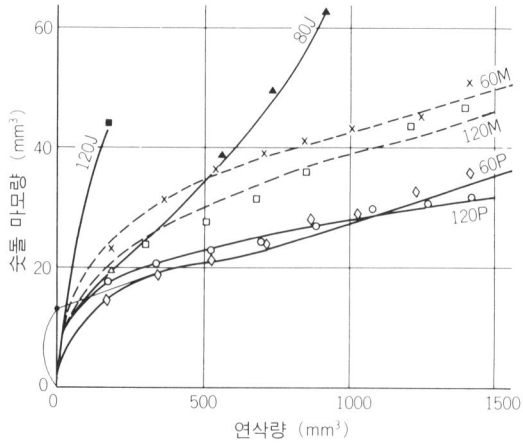

그림 6. 숫돌의 초기 마모

숫돌 마모 곡선에서 오른쪽 위로 변화해 가는 선의 구배의 역수를 구하면 연삭비(硏削比) G 가 된다. 즉,

$$연삭비\ G = \frac{가공물\ 제거\ 체적}{숫돌\ 마모\ 체적}$$

이 된다.

이 연삭비도 그림 7과 같이 충격이 적은 드레싱으로 하는 편이 좋은 결과를 갖는다. 이와 같이 Q 의 값을 되도록 작게 선정하는 것이 이상적인 숫돌의 연삭날을 만드는 드레싱 조건이라고 말할 수 있다.

실제로 드레싱 조건을 선정하려면, πDN 을 간단하게 바꿀 수는 없으므로 $\varDelta$ 와 V 로 드레싱 조건을 바꾸는 것이 현실이라고 생각한다.

그러나 V 를 바꾼다는 것은 드레싱 피치 p 를 바꾼다는 것이 되며 이 p 는 표면 거칠기를 결정하는 중요한 조건이 된다. 그래서 결국은 p 를 바꾸지 못하고 $\varDelta$ 만으로 조건을 선정하게 된다.

즉, 여기에 드레싱 조건 선정의 어려움이 있는데 p 와 표면 거칠기, 숫돌의 절삭성을 나타내는 일례를 그림 8에 나타냈다. 확실히 p 가 작은 쪽이 표면 거칠기가 좋으며, 또한 같은 모터 출력이라면 절삭 깊이의 속도가 작게 되어 절삭성이 떨어진다는 것을 알 수 있다.

드레싱 방법에 대하여

(1) 싱글 포인트

그림 9는 가장 일반적인 방법이다. 드레싱 피치 p(mm/rev) 와 다이아몬드 끝의 플랭크 마모폭

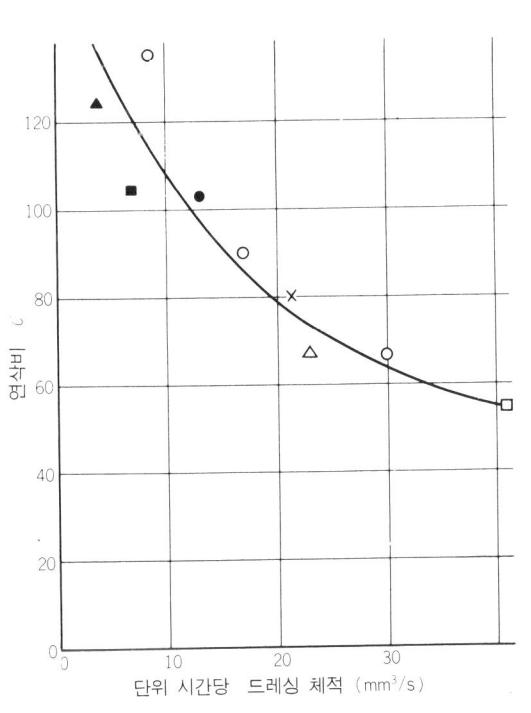

그림 7. 드레싱에 의한 연삭비 변화

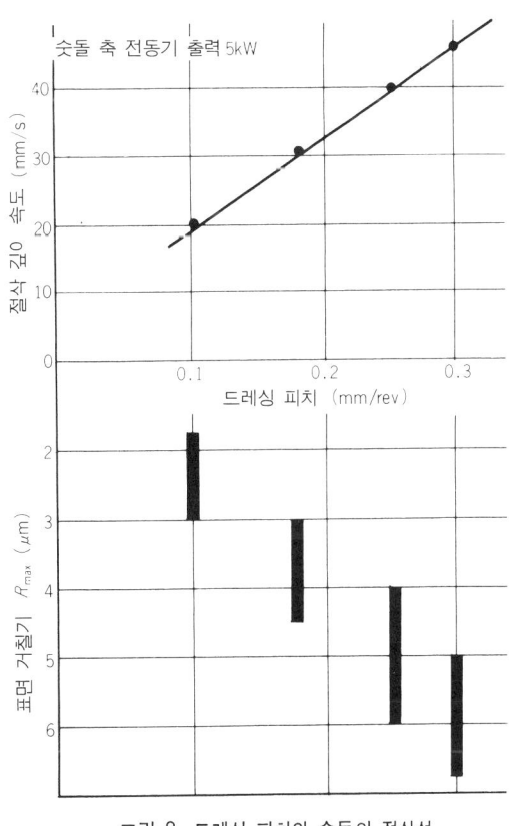

그림 8. 드레싱 피치와 숫돌의 절삭성

b (mm)로 절삭성이 달라진다. 피치를 거칠게 하면 절삭성이 좋아지며, 끝이 뾰족한 새로운 다이아몬드를 사용해도 절삭성이 좋아진다.

그림 9(b)와 같이 다이아몬드 끝이 넙적해지고 그 폭 b가 드레싱 피치 p보다도 크게 되면, 다이아몬드는 같은 숫돌 입자 위를 두 번 이상 통과하는 것이 된다. 이 마모폭 b와 피치 p와의 비율을 드레싱 비율이라고 하고, 이 드레싱 비율이 크면 클수록 절삭성이 나빠진다. 한편, 표면 거칠기를 좋게 하기 위해서는 이와 같이 드레싱 비율을 크게 한 숫돌이 바람직한 숫돌이 된다. 예를 들면 #60, #80 메시의 숫돌에다 플랭크가 마모한 다이아몬드로 드레싱 비율을 2 이상 하면 절삭성은 나쁘지만 경면 연삭을 할 수가 있다.

세이코 精機의 예를 보면, #80의 숫돌에서 편왕복의 드레싱 비율 5 정도로 하고, 1회의 드레싱 절삭 깊이로 3왕복 정도 스파크 아웃시킨 숫돌로 연마한 결과, 표면 거칠기를 $0.02\mu m\,R_{max}$ 정도까지 얻을 수 있었다.

이와는 반대로 다이아몬드의 끝이 뾰족하면, 드레싱 피치가 매우 작더라도 숫돌은 거칠게 드레싱되어(그림 9(a)) 절삭성이 좋은 숫돌이 된다. 그러나 마모폭 b는 드레싱이 진행됨에 따라 차츰 커지므로 가끔씩 다이아몬드의 방향을 바꿔 새로운 절삭날을 내놓게 한다.

(2) 다석 드레싱

많은 싱글 포인트가 동시에 닿는 것이므로 드레싱 비율은 크게 되어야 하지만, 처음에 드레싱할 때에는 다이아몬드의 끝이 반드시 가지런하지는 않으므로 보기보다는 드레싱 비율이 크지 않다.

이 드레서는 다이아몬드를 많이 사용함으로써 각 다이아몬드의 플랭크 마모를 지연시켜, 다이아몬드 마모로 인한 숫돌의 절삭성 변화를 적게 하자는 것이 목적이다.

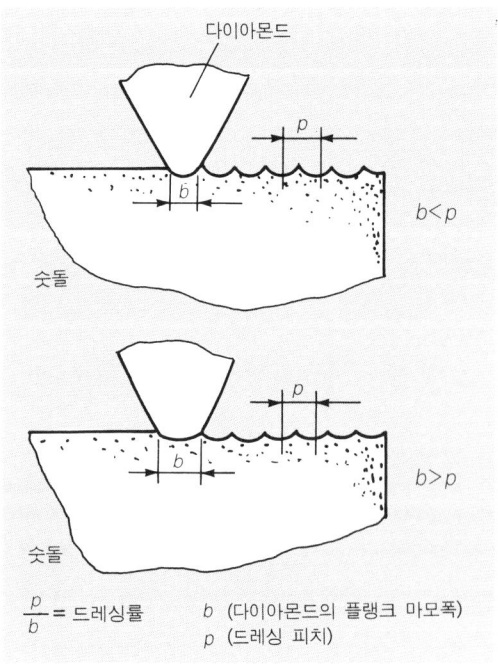

그림 9. 다이아몬드 끝모양과 드레싱 조건

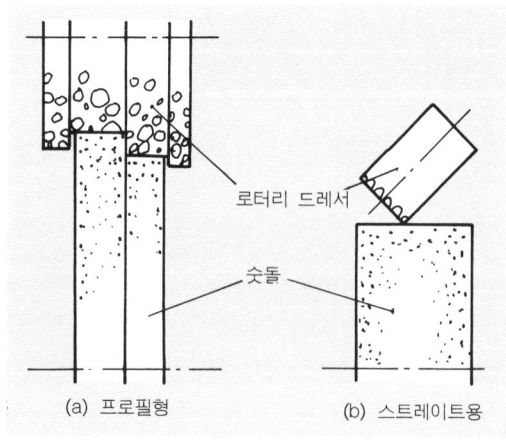

그림 10. 로터리 드레서

(3) 로터리 드레싱

싱글 포인트의 드레서와는 달리 **그림 10(a)**와 같이 원주상에 간헐적으로 드레싱하므로 숫돌 1회 전당 비율은 작게 된다. 그러나 통상적인 드레싱을 하는 것이므로, 반대로 드레싱 비율이 큰 숫돌이 되어 절삭성이 나빠지기 쉽다. 그래서 드레서와 숫돌과의 접촉 시간을 고려해서 조건을 설정할 필요가 있다.

접촉 시간은 숫돌이 몇 회전만 도는 것으로도 시간이 충분하며 그 이상 접촉한다는 것은 숫돌의 절삭성을 떨어뜨리는 것이 된다.

그런데 숫돌의 회전수는 고속이므로, 접촉 시간이 원통 연삭에서는 1/30초 정도이고, 고속의 내면 연삭에서는 1/1000초 정도로 해야 하는데 실제로는 절삭성이 나쁜 숫돌을 사용하고 있는 것이 현실이다.

숫돌의 모양이 단순하다면 그림 10(b)와 같이 다이아몬드 드레서가 숫돌의 한 점에 접촉하는 트래버스형의 로터리 드레서를 사용하면 절삭성도 좋으며, 최근에는 비트리파이드 CBN 휠의 드레싱에 사용되고 있다.

이 드레서는 회전 드레서의 외주상에 많은 다이아몬드를 박은 드레서이며, CBN과 같은 초숫돌 입자를 싱글 포인트로 드레싱하면 다이아몬드의 마모가 심하여 가공 치수나 표면 거칠기가 불안정할 때, 많은 다이아몬드에 드레싱 작업을 분담시키기 위해 사용하는 드레서이다.

다이아몬드는 숫돌과 접촉하지 않는 시간에 냉각되므로, 사용하는 다이아몬드의 개수만큼의 배가 되는 수명보다 훨씬 긴 수명을 갖기 때문에 실용화되었다. 그러나 사용 방법을 주의하지 않으면 모처럼 드레싱하여도 절삭성이 나쁘게 되던가 표면 거칠기가 거칠게 되던가 하여 성능이 우수한 초숫돌 입자 휠을 잘 활용할 수 없다.

그것은 드레서 외주상에 다이아몬드가 드문드문 박혀 있기 때문에 한 번의 트래버스로는 드레싱되지 않는 숫돌 표면이 남게 되며, 과도한 트래버스는 여러 번 다이아몬드와 접촉하는 숫돌 입자가 증가하여 숫돌의 절삭성을 저하시키기 때문이다. 그렇다면 트래버스 횟수는 몇 회가 좋은지 정리해 보았다

① 트래버스 로터리 드레서는 다이아몬드가 드문드문 박혀 있으므로 몇 번을 트래버스하지 않으

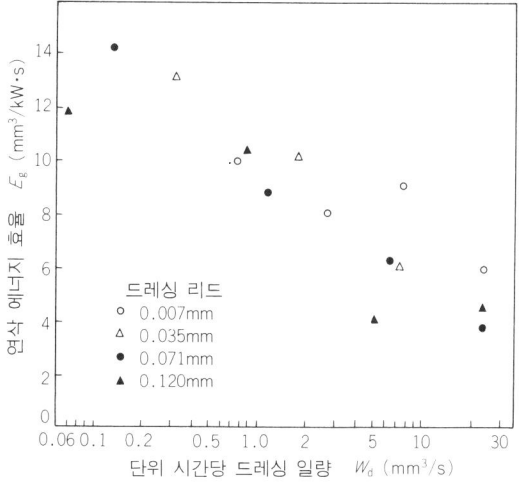

그림 11. 드레싱 일량과 연삭 에너지 효율

면 숫돌 전면의 드레싱을 할 수가 없다.

② 트래버스 횟수가 너무 많으면, 다이아몬드와 여러 번 접촉하는 숫돌 입자의 수가 많아져, 숫돌의 절삭성이 떨어진다.

③ 싱글 포인트 드레서와 같이 드레싱 작업 때문에 숫돌 입자가 다이아몬드로부터 받는 파괴 에너지는 단위 시간당 드레싱 체적과 숫돌 입자와 다이아몬드의 접촉 횟수를 모두 곱한 것이다(드레싱의 일량이라고 생각한다).

④ 숫돌 입자와 다이아몬드의 접촉 횟수는 확률적이며, 숫돌 표면 전체가 균일하지는 않지만 평균값은 구할 수 있다.

그림 11을 보면 CBN 휠을 트래버스 로터리 드레서를 사용하여 드레싱했을 때의 드레싱 피치와 트래버스 횟수를 변화시켜 단위 시간당 드레싱 일량과 연삭 에너지 효율을 나타낸 그림이다. 단위 시간당 드레싱 일량을 300배까지 변화시킨 바, 절삭성을 나타내는 하나의 값(여기서는 숫돌을 구동하는 모터의 소모 전력 1kW당 몇 mm³/s의 강을 깎을 수 있었는가)이 3배 이상 변화하는 것을 알 수 있었다.

이와 같이 트래버스 로터리 드레서는 드레싱 조건을 선정함으로써 절삭성이 좋은 조건을 발견할 수가 있다.

*   *   *

정밀 연삭 드레싱 작업에서 제일 중요한 일은 드레싱함으로써 재생된 숫돌 입자의 절삭날이 연삭 저항이 적으면서 가공할 수 있는 절삭성이 좋은 상태로 되는 것과 숫돌 입자가 빠져 치핑이 되지 않고 오래 견뎌야 한다는 것이다.

그것은 결정 재료인 숫돌 입자에 날카로운 절삭날을 만들어 낼 때에 되도록 충격이 적게 하여 주어 숫돌 입자가 빠지면서 예리한 각을 만들면 된다는 말이다. 마치 바위 위에 날카로운 각을 만들려면 작은 끌로 표면을 쪼는 듯이 하여야 하며, 끝이 넓적한 큰 해머로 돌을 부수듯이 난폭하게 드레싱하면 깊은 곳까지 침투한 균열 때문에 절삭날이 충분히 일을 하기도 전에 떨어져 나가는 것과 같다.

이 예로 보듯이, 다이아몬드 드레서는 날카로운 것이 좋으며, 절삭 깊이는 숫돌의 모양을 수정하는 데 필요한 최소 한도로 하고, 숫돌 입자와 다이아몬드의 상대 속도는 숫돌 입자의 일부를 깨뜨리기 위해 필요한 최소 한도로 한다. 모처럼 생긴 날카로운 연삭날을 다이아몬드로 문질러서 둔하게 되지 않도록 하는 것이 드레싱 작업을 할 때의 중요한 사항이다.

고정밀도·고능률 연삭을 위한 로터리 드레서

연삭 작업에서는 보다 엄격한 정밀도를 보다 짧은 시간 내에, 보다 양호한 다듬질면을 보다 싸게 가공할 것을 언제나 요구하고 있다. 이와 같은 요구를 만족시키기 위해서는 숫돌과 드레서 그리고 연삭액과 주변 기기 및 연삭기 자체의 개발이 균형있게 수행될 필요기 있다.

한편, 가공물도 더욱 고경도화되고 복잡한 형상이 되며, 고정밀도가 요구된다. 원래 이와 같은 가공물을 연삭 가공하려면, 총형 드레서나 파쇄 롤을 사용하여 숫돌의 성형을 동시에 하는 것이 일반적이었다.

최근 연삭기가 고속화됨에 따라 드레서의 수명이 짧아지고 있는데 그 결과, 드레싱 공구 비용이 늘어나기 때문에 드레싱 시간을 얼마나 단축하느냐 하는 것이 커다란 과제로 대두되었다. 그래서 이와 같은 과제를 해결한 것이 다이아몬드 로터리 드레서이다.

숫돌의 수명을 최대 한도로 유지하고 능률이 좋으면서도 정밀도가 높은 가공을 하기 위해서는 트루잉과 드레싱을 적절한 시기에 적절한 방법으로 할 필요가 있다.

트루잉은 형상이 무너진 숫돌을 정상적인 형상으로 되돌리는 것이며, 드레싱은 로딩이나 글레이징 때문에 절삭성이 나빠진 숫돌 입자를 제거하여 절삭성을 회복시키는 작업이다. 통상적으로 이와 같은 두 가지 작업은 같은 공구로 동시에 이루어진다. 따라서 여기에 사용하는 드레싱이란 숫돌의 형상을 필요한 형상으로 성형시킴과 동시에 새로운 연삭날을 발생시켜 절삭성을 회복시키는 것을 말한다.

각종 드레서의 비교

드레서에는 사용 목적에 따라 수많은 종류가 있다. 그 중 가장 옛날부터 수행되고 있는 숫돌 성형법은 한 개의 다이아몬드 원석을 지지구에 고정한 일석 드레서를 사용한 성형법이다.

이것은 다이아몬드의 끝으로 숫돌면을 절삭시키면서 수평 이송하여 숫돌 입자를 잘라 나가는 방식이며, 다이아몬드는 원석을 그대로 사용한다. 따라서 복잡한 모양의 총형 연삭 작업에서는 사용할 수 없으며, 단순한 스트레이트나 원호 형상의 드레싱에 한정되어 사용한다.

조금 복잡한 모양의 제품을 총형 연삭하려면, 형판을 만들고 이 형상을 스타일러스나 팬터그래프를 통해 숫돌에 전사하는 방법이나, NC를 이용하는 방법 등이 사용된다.

이 때 다이아몬드 원석 그대로의 일석 드레서만으로는 정밀도를 얻을 수 없는 경우에는 다이아몬드의 끝을 필요한 형상으로 연마한 총형 드레서를 사용한다. 그러나 이 방법도 만능이 아니며, 더욱 형상이 복잡할 때에는 파쇄 롤에 의한 드레싱을 한다. 파쇄 롤은 가공물과 같은 모양으로 연삭 가공한 회전체이며, 보통은 담금질강이나 초경 합금으로 만든다.

드레싱 작업은 숫돌의 회전수를 느리게 하고, 숫돌과 파쇄 롤을 딸려 돌아가는 상태로 하면서 숫돌을 파쇄 롤에 강하게 밀어붙여, 숫돌의 조직을 파쇄하면서 드레싱한다.

그러나 파쇄 롤은 내마모성에 한계가 있으며, 수명이 짧아 너무 자주 재연삭을 해야만 한다. 그리고 파쇄 성형시간도 몇 십초에서 몇 십분 걸리기 때문에 고능률 연삭에는 맞지 않는다.

다이아몬드 로터리 드레서

다이아몬드 로터리 드레서는 모양이 파쇄 롤과 아주 닮았다. 마치 파쇄 롤의 표면에 수많은 다이아몬드 입자를 박아 놓은 것 같다.

그러나 그 성능은 복잡하고 미세한 형상을 형성할 수 있을 뿐만 아니라 다이아몬드의 내마모성이 향상되어 종래의 드레서보다 훨씬 우수하다.

표 1은 다이아몬드 로터리 드레서와 다른 드레싱 공구를 비교한 것이다.

좀 더 상세하게 특성을 들면 다음과 같다.

①드레싱 시간을 0초 가까이까지 단축할 수 있으며, 연삭기 가동률을 올릴 수 있다.

②수명이 길어지므로 드레싱 공구의 교체 시간을 단축할 수 있다. 또한 품질 관리가 간단하고 불량률이 감소한다.

③일반적으로 다이아몬드 로터리 드레서로 드레싱한 숫돌은 다른 것보다 절삭성이 떨어지지만 숫돌의 결합도나 조직 그리고 드레싱 조건을 적당히 설정할 수가 있다.

④다이아몬드 로터리 드레서로 드레싱한 숫돌은 숫돌면의 작용 숫돌 입자수가 많아 형상이 잘 무너지지 않는다.

로터리 드레서의 종류

다이아몬드 메이커의 각사로부터 여러 가지 제작 방법이나 품종의 로터리 드레서가 개발되어 있지만 크게 나누면 소결형과 전기 도금형이 있다.

(1) 소결형

이 형은 분말 야금법으로 다이아몬드 입자를 고정시킨 것이며, 표면에만 다이아몬드 입자를 메운

표 1. 각종 드레서의 비교

드 레 서	사 용 조 건		총형 절삭에의 적용	적 　요
	절삭 깊이	이 송		
일석 드레서	mm 0.005 〜 0.03	mm/min 80 〜 200	단순 원호나 직선 등 간단한 프로필에 한해 사용된다.	다이아몬드 끝이 언제나 숫돌면에 닿고 있기 때문에 발열에 의한 산화 손실이 심하며 수명이 짧다. 마모면이 크게 되면 축중심으로 돌려 접촉점의 위치를 바꾼다.
총형 드레서	0.005 〜 0.02	80 〜 140	쐐기형으로 연마된 것은 템플릿, 캠 모방이나 캠 모방의 드레싱에 사용된다.	수명이 일석 드레서와 같다는 것이 결점이다. 따라서 스타일러스(촉침) 모양과의 관계가 어긋나기 쉬우며, 템플릿→숫돌면에의 형상 전사 정밀도를 저하시키는 하나의 요인이 된다.
다석 드레서	0.005 〜 0.03	일석 드레서의 3〜6배	판상으로 성형된 다석 드레서는 간단한 프로필의 템플릿모방 드레싱에 사용할 수 있다.	끝의 형상이 안정되지 못하며, 총형 드레서와 비교해 볼 때 모방 드레싱 정밀도는 훨씬 낮다. 상기 두 가지와 비교해 보면 이송 속도를 크게 설정할 수 있으며, 거친 드레싱을 할 때에는 유리하다.
블록 드레서	0.005 〜 0.02	테이블 이송	보통은 평면 연삭에 사용된다. 총형 드레싱을 할 수 있는 프로필 정밀도는 아래의 두 가지보다 떨어진다.	특별한 장치가 없어도 곧바로 평면 연삭기 테이블 위에 장치하여 사용할 수가 있다. 로터리 드레서보다는 다이아몬드에 걸리는 부하가 크게 되기 쉬우며, 수명은 짧다.
파쇄 롤	절삭 깊이 속도 mm/s 0.001 숫돌과 붙어돈다	———	강이나 초경 합금으로 이루어져 있으며 숫돌에 강하게 빌어 붙이년 총형을 성형할 수가 있다.	복잡하고 미세한 프로필의 총형 드레싱은 할 수 있지만 형상이 빨리 부너시고 형불 다시 할 필요가 자주 있으며, 특히 지름 방향의 단차가 큰 프로필에는 불리하다.
로터리 드레서	절삭 깊이 속도 mm/s 0.03 숫돌과 로터리 드레서가 모두 독자적으로 회전	———	고능률로 정밀 총형 드레싱을 할 수 있다.	복잡하고 미세한 프로필에도 적용할 수 있다. 다이아몬드 입자 끝의 부하가 적으며 충분히 냉각도 할 수 있기 때문에 수명을 오래 유지할 수가 있다.

것과 다이아몬드 숫돌과 같이 표면에서 어떤 층까지 다이아몬드 입자가 메워져 있는 함침형이 있다.

　현장에서 가장 많이 사용되고 있는 형은 표면 한 층에만 있는 드레서이며, 비교적 큰 다이아몬드 입자를 사용한 것이 많다.

　그리고 결합제로서는 내마모성이 요구되고, 일반적인 주성분은 텅스텐이나 텅스텐 카바이드 같은 금속 분말이므로 금속의 수축으로 인한 오차가 발생한다.

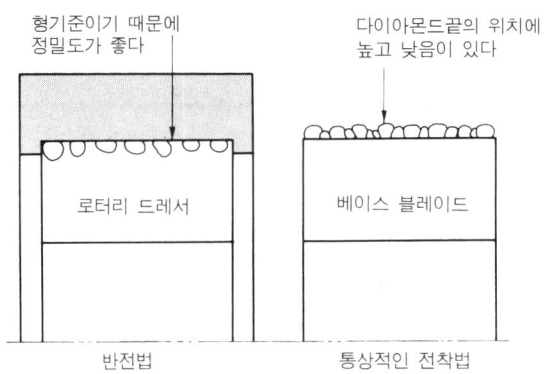

그림 1. 제작법에 따른 정밀도의 차이

그래서 소결한 후에 다이아몬드 숫돌로 형상 치수를 필요한 정밀도까지 수정할 필요가 있다. 이 형은 가장 강성이 높은 드레서이다.

함침형은 극히 조금밖에 쓰여지지 않지만, 트래버스 연삭을 할 때에만 사용되므로 로터리 드레서의 모양은 단순한 평형이 많다.

(2) 전기 도금형

다이아몬드 입자를 전기 도금법으로 고정시킨 것이며, 미리 필요한 프로필에 따라 가공한 베이스 블레이드 외주면에 다이아몬드를 전착하는 방법과 반전(反轉) 도금법의 두 가지가 있다.

전기 도금법의 가장 큰 특징은 소결법과 같이 제조 공정 중에 고온 처리가 필요한 공정이 전혀 없으며 상온에서 작업을 마칠 수 있다는 것이다.

그래서 소결법에서는 반드시 생기는 열변형이 생기지 않는다는 이점이 있다.

반전 도금법은 미리 성형되는 형의 내면에 제품과 반대되는 모양의 프로필을 가공해 두고, 그 내벽에 다이아몬드 입자를 도금법으로 고정시킨 후, 중심부를 채우고 나서 성형하는 형틀을 제거하는 방법이다. 프로필을 전사하기 때문에 반전법이라고 부른다. 대부분의 로터리 드레서는 이 방법으로 만들어진다.

다이아몬드 입자를 베이스 블레이드 표면에 전착하는 형은 원하는 프로필을 베이스 블레이드 외주에 가공하면 되는데 비해, 반전형은 성형되는 형의 내주를 가공하지 않으면 안되기 때문에 기술적으로 높은 정밀도로 가공하여야 하므로, 매우 어려운 가공이라고 할 수 있다. 그래도 이 가공법을 사용하는 이유는 로터리 드레서의 형상 정밀도에 큰 차이가 있기 때문이다.

그림 1을 보면서 이 점에 대해 좀 더 설명하겠다.

베이스 블레이드 표면에 다이아몬드 입자를 전착할 때, 다이아몬드 입자는 베이스 블레이드 표면을 기준으로 하여 설정된다. 그러나 실제로는 드레싱 작용을 하는 다이아몬드 입자의 끝모양이 반드시 베이스 블레이드 표면 형상 정밀도와 일치하라는 법은 없다.

그것은 다이아몬드 입자가 이상적인 구형(球形)으로 되어 있는게 아니라 입자의 지름이 어느 범위 내에서 여러 가지 크기를 갖고 있기 때문이다.

또한 많은 다이아몬드 입자가 박혀 있는 것 같지만, 실제의 드레싱 때 작용하는 다이아몬드 입자의 수는 소량이며, 수명도 짧아 표면 거칠기도 거친 것이 보통이다.

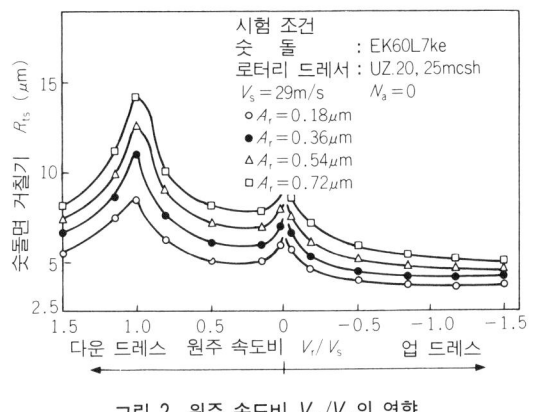

그림 2. 원주 속도비 V_r/V_s의 영향

로터리 드레서의 이용 기술

로터리 드레서의 성능은 다른 드레서와 비교해 볼 때, 정밀도나 수명 그리고 생산성 같은 점에서 훌륭한 면을 많이 가지고 있지만, 드레싱 조건을 적절하게 설정하지 않으면 바라는 성과를 얻을 수가 없다.

일반적으로 로터리 드레서는 절삭성면에서 다소 떨어진다고는 하지만, 로터리 드레서의 절삭성에 대하여 독일의 브라운셰이그 대학의 연구 보고가 있으므로 여기에 그 데이터를 소개한다.

여기서 사용하고 있는 기호는 다음과 같다.

V_r : 로터리 드레서의 원주 속도(m/s)

V_s : 숫돌의 원주 속도(m/s)

A_r : 숫돌 1회전당 로터리 드레서 절삭량(μm/rev)

N_a : 드레싱하지 않는 동안에 회전한 숫돌의 회전수

(1) 로터리 드레서와 숫돌 주변의 원주 속도(V_r /V_s)가 숫돌면 거칠기에 미치는 영향

로터리 드레서를 사용할 때, 드레서의 회전 방향은 두 가지가 있다.

하나는 숫돌의 회전 방향과 같은 방향(다운 드레스)이고, 또 하나는 숫돌의 회전 방향과 반대로 도는 방향(업 드레스)이다.

그림 2는 로터리 드레서의 기술적인 문제를 논할 때 자주 사용되는 그림인데 이 그래프에서 다음과 같은 사항을 알 수 있다.

① 업 드레스보다는 다운 드레스쪽이 숫돌의 표면 거칠기를 변화시키기 쉽다고 할 수 있다.

② 로터리 드레서의 절삭량(A_r)은, 크면 클수록 숫돌면이 거칠어진다.

③ 다운 드레스에서 원주 속도비가 $V_r /V_s = 1$이 되면, 로터리 드레서의 경우에는 적합한 조건이 아니다.

이와 같은 사항으로 미루어 숫돌면의 거칠기가 거칠수록 숫돌의 절삭성은 좋아진다.

(2) 드레스 아웃 중에 숫돌의 회전수(N_a)가 숫돌면 거칠기에 미치는 영향

① 드레스 아웃을 길게 할수록 숫돌면 거칠기는 곱게 된다.

② 다운 드레스에서는 숫돌면 거칠기가 크게 변화하지만, 업 드레스에서는 그다지 변화하지 않는

다.

이와 같은 사항을 고려할 때, 숫돌의 절삭성을 좋게 하기 위해서는 다운 드레스로 하여야 하며, 드레스 아웃 시간은 짧게하는 것이 중요하다.

(3) 로터리 드레서의 절삭량(A_r)이 숫돌면 거칠기에 미치는 영향

① 일반적으로 절삭량(A_r)을 크게 할수록 숫돌면 거칠기는 나빠진다.

② 드레스 아웃(N_a) 시간을 길게 하면 절삭량의 영향이 적어진다.

③ 업 드레스보다 다운 드레스로 하는 편이 숫돌면 거칠기에 대한 변화가 커진다.

(4) 다이아몬드 입도와 숫돌면 거칠기의 관계

다이아몬드 입도가 크면 클수록 숫돌면 거칠기는 거칠게 된다.

이와 같이 (1)에서 (4)까지를 종합해 볼 때, 효과적으로 연삭 작업을 하기 위해서는 되도록 숫돌면 거칠기를 거칠게 하는 조건이 바람직하다고 말할 수 있다. 그리고 로터리 드레서의 입도도 큰 편이 바람직한데 로터리 드레서의 값이 비싸진다는 결점도 있다.

사용 예

그림 3, 4, 5, 6은 로터리 드레서의 사용 예이다.

그림 3의 터빈 날개의 셀렉션 부분의 연삭에서는 가공물의 재질이 난삭재인 내열 합금이기 때문에 크리프 피드 연삭 방식을 채택하는 수도 있으며, 여기에서는 특히 숫돌의 절삭성이 중요시된다.

그래서 숫돌이 1회전할 때의 절삭량(A_r)과 숫돌과의 상대 원주 속도비(V_r / V_s)를 크게 설정한 것이 특징이 된다.

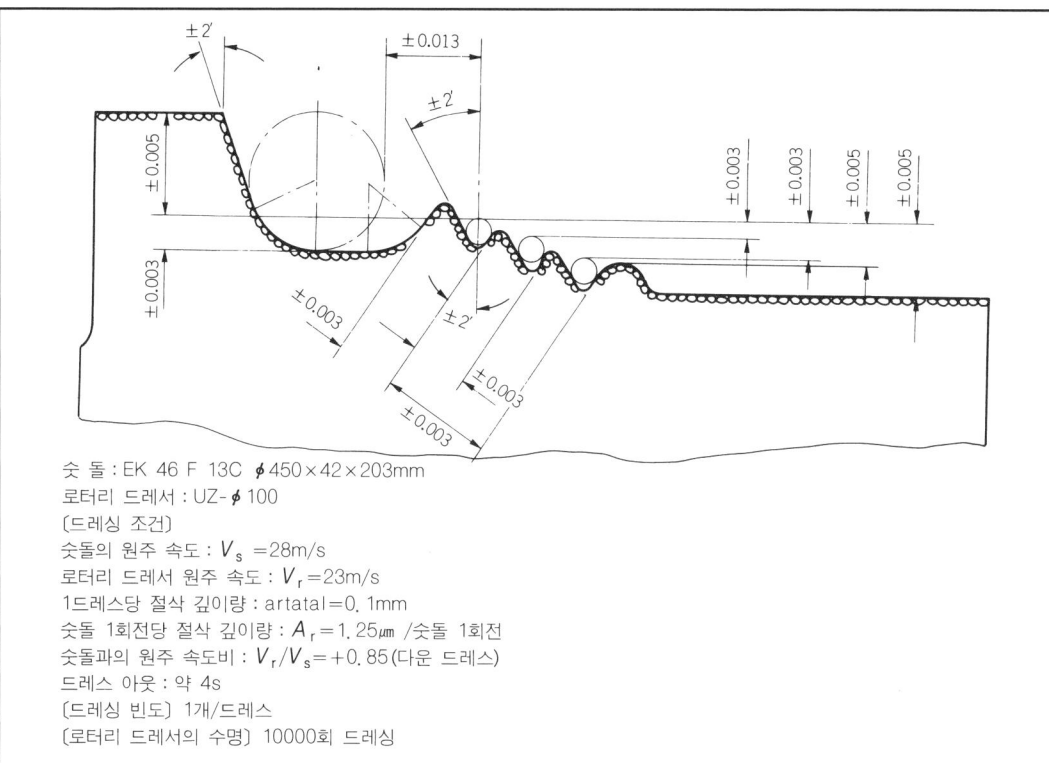

숫 돌 : EK 46 F 13C ϕ450×42×203mm
로터리 드레서 : UZ-ϕ100
〔드레싱 조건〕
숫돌의 원주 속도 : V_s =28m/s
로터리 드레서 원주 속도 : V_r =23m/s
1드레스당 절삭 깊이량 : artatal=0. 1mm
숫돌 1회전당 절삭 깊이량 : A_r =1. 25μm /숫돌 1회전
숫돌과의 원주 속도비 : V_r/V_s =+0. 85(다운 드레스)
드레스 아웃 : 약 4s
〔드레싱 빈도〕 1개/드레스
〔로터리 드레서의 수명〕 10000회 드레싱

그림 3. 터빈 블레이드 장착부 셀렉션용 숫돌의 총형 드레싱

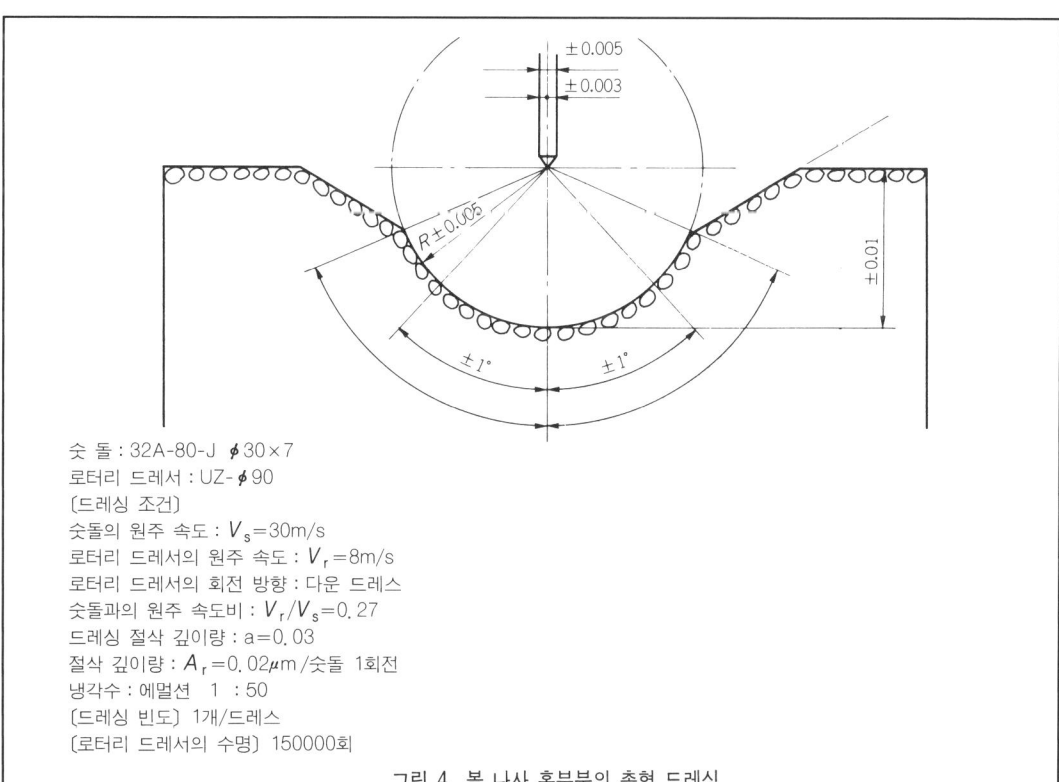

숫 돌 : 32A-80-J ϕ30×7
로터리 드레서 : UZ-ϕ90
〔드레싱 조건〕
숫돌의 원주 속도 : V_s=30m/s
로터리 드레서의 원주 속도 : V_r =8m/s
로터리 드레서의 회전 방향 : 다운 드레스
숫돌과의 원주 속도비 : V_r/V_s =0. 27
드레싱 절삭 깊이량 : a=0. 03
절삭 깊이량 : A_r =0. 02μm /숫돌 1회전
냉각수 : 에멀션 1 : 50
〔드레싱 빈도〕 1개/드레스
〔로터리 드레서의 수명〕 150000회

그림 4. 볼 나사 홈부분의 총형 드레싱

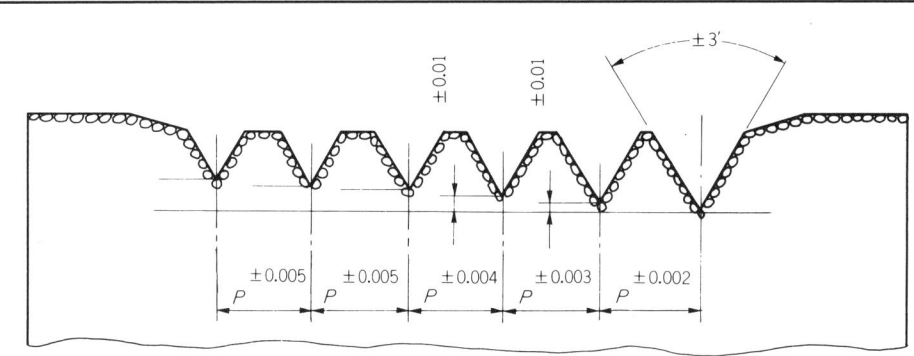

숫 돌 : WA 240N φ355×15
로터리 드레서 : UZ- φ90
〔드레싱 조건〕
숫돌의 원주 속도 : V_s=45m/s
로터리 드레서 원주 속도 : V_r=12m/s
로터리 드레서 회전 방향 : 다운 드레스
원주 속도비 : V_r/V_s≒0.27
절삭 깊이량 : A_r=0.34μm/숫돌 1회전
드레스 아웃 : 약 1.5s
냉각수 : 유성
드레싱 절삭 깊이량 : a=0.02mm
〔드레싱 빈도〕 1개/드레스
〔로터리 드레서의 수명〕 50000회 드레싱

그림 5. 탭 나사부용 숫돌의 총형 드레싱

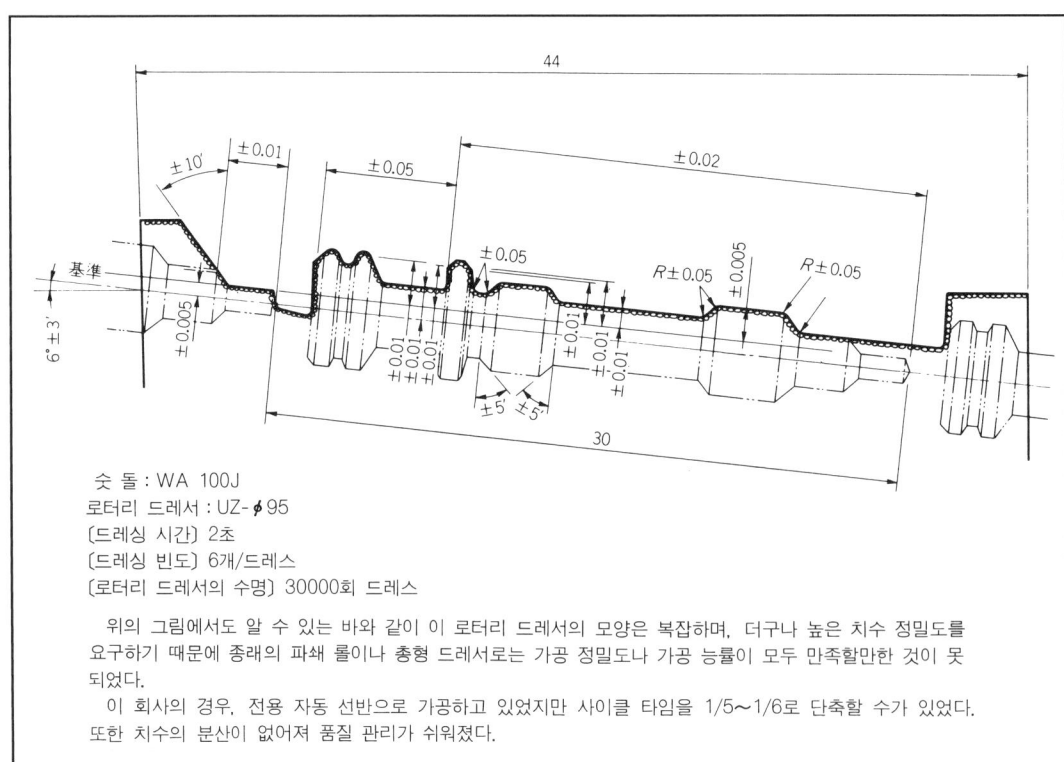

숫 돌 : WA 100J
로터리 드레서 : UZ- φ95
〔드레싱 시간〕 2초
〔드레싱 빈도〕 6개/드레스
〔로터리 드레서의 수명〕 30000회 드레스

　위의 그림에서도 알 수 있는 바와 같이 이 로터리 드레서의 모양은 복잡하며, 더구나 높은 치수 정밀도를 요구하기 때문에 종래의 파쇄 롤이나 총형 드레서로는 가공 정밀도나 가공 능률이 모두 만족할만한 것이 못 되었다.
　이 회사의 경우, 전용 자동 선반으로 가공하고 있었지만 사이클 타임을 1/5~1/6로 단축할 수가 있었다. 또한 치수의 분산이 없어져 품질 관리가 쉬워졌다.

그림 6. 디젤 엔진 연료 분사 밸브의 총형 드레싱

CBN 휠의
트루잉과 드레싱

초숫돌 입자(super abrasive)라고 불리는 다이아몬드 숫돌 입자(D 숫돌 입자)나 질화붕소 숫돌 입자(CBN 숫돌 입자)를 사용한 숫돌을 JIS 4131에서는 특별히 「휠」이라고 부르며, 보통 숫돌과의 혼합을 피하기 위해 구별하고 있다.

연삭 작업에 있어 휠의 트루잉과 드레싱은 특히 중요한 일이다. 보통 숫돌의 경우에는 다소의 흔들림이 있더라도 드레싱을 하여 숫돌을 수정할 수 있었지만, 휠이라면 그렇게 되지 않는다.

휠의 경우에는 단지 모양을 갖춰서 되는게 아니고 연삭에 필요한 연삭날을 만들어 이것을 유지해야 한다. 그래서 이 숫돌 입자가 갖고 있는 특성을 최대 한도로 살리기 위해서는 아무래도 트루잉과 드레싱에 대해 이해할 필요가 있다.

왜 수정이 필요한가

여기에서 말하는 「트루잉」이란 휠의 외주를 올바른 모양으로 고치는 「모양 고치기」를 말하며, 「드레싱」이란 휠 표면에 날카로운 절삭날을 내놓는 「눈 세우는 것」을 말한다.

연삭은 많은 절삭 날에 의한 아주 적은 양의 고속 절삭이라고도 말하며 피삭재에 맞는 숫돌 입자와 결합제가 적당히 파괴되어야 비로소 원활하게 연삭된다고 할 수 있다.

한번 순조롭게 사용한 휠이라도 연삭 가공을 계속하는 동안에 연삭날이 변한다. 만족할만한 연삭에서는 연삭을 하는 동안에 조금씩 파쇄되거나 또는 벽개되어 숫돌 입자의 연삭날이 자생되어, 연마 칩이 숫돌 입자를 적당히 노출시키는 상태를 만든다.

이 상태가 언제까지나 계속된다면 아무 문제가 없지만, 실제로는 숫돌 입자가 글레이징(마멸, 마모)하던가 로딩(연삭 칩의 부착)을 일으켜 정상적인 연삭을 할 수 없게 한다.

로딩 상태에서 연삭을 계속하면 가공물에 연삭 번이 일어나기도 하고 채터링이 심하게 일어나기도 한다. 여기까지 오면 휠도 최악의 사태이며, 때로는 결합제가 연삭할 때 생기는 열 때문에 열화되어 숫돌 입자 유지력이 약해지는 결과가 생긴다.

올바른 트루잉과 드레싱이란 절삭성을 좋게 할 뿐만 아니라 휠의 수명을 연장하여 제품의 가공 정밀도를 향상 시키는 것이어야 한다.

트루잉까지의 준비

보통 숫돌을 쓰다가 다이아몬드나 CBN 휠로 바꿨을 때에, 우선 문제가 되는 것은 "흔들림"이다. 작업자가 오랫동안 잘 쓰고 있던 기계이며 아직까지 연삭상의 문제가 없었다면 휠 고정 축과 플랜지에 대해 신뢰하고 있는 것은 당연하다. 그러나 의외로 이것을 너무 믿고 있는 수도 많다.

그래서 다이아몬드나 CBN 휠을 사용하는 첫걸음은 이것을 측정하는 것부터 시작하여야 한다.

휠 고정 축과 플랜지에 문제가 없다면 휠을 고정시켜 흔들림을 측정한다. 숫돌 입자가 거칠면 요철 때문에 각 위치에서의 평균값밖에 읽을 수 없는데 그래도 흔들림의 경향은 알 수 있을 것이다. 작업에 지장이 없는 값인지 확인할 필요가 있다. 측정자를 댄 채로 휠을 돌리면 접촉 부위가 깎여 나가 평균값조차 판독하기가 어렵게 될 수도 있다. 흔들림의 허용값은 연삭 조건이나 피삭재 조건 또는 표면 거칠기에 따라 변하므로 한꺼번에 결정할 수는 없다. 그러나 거친 연삭에서는 10/1000mm이고 다듬질 연삭에서는 2/1000mm 이하라면 괜찮을 것이다.

다만, 정밀 연삭을 할 때에는 이 값에서도 연삭면에 영향을 미치는 수가 있으므로 트루잉과 드레싱 외에 동적 밸런스를 잡을 필요가 있다.

휠의 흔들림이 확인되었으면, 휠의 트루잉 부분을 소지(素地)와 구분하기 쉬운 색으로 칠한다.

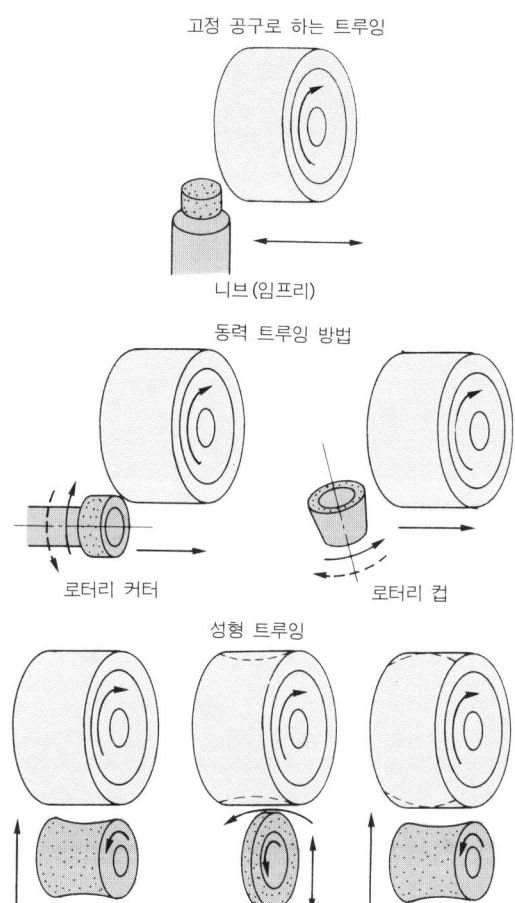

고정 공구로 하는 트루잉

니브(임프리)

동력 트루잉 방법

로터리 커터

로터리 컵

성형 트루잉

다이아몬드 롤   모방   크러시

그림 1. 각종 트루잉 방법

트루잉에서의 문제점

트루잉하는 방법은 여러 가지이지만, 트루잉을 잘 하려면 짧은 시간 내에 올바른 휠 정형을 할 수 있는 효과적인 방법을 선택해

야 한다. 어떤 트루잉 방법이 가장 적합한가
하는 것은 작업 내용에 따라서도 달라진다.

그림 1은 각종 트루잉 방법을 나타낸 것이
다. 니브(임프리와 같은 뜻) 드레서를 사용한
트루잉은 능률면에서 보아 소량 생산인 경우
로 한정되며, 휠의 수정 면적이 클 때에는 적
합하지 않다.

로터리 커터나 로터리 컵에 의한 방법은 대
형 휠이나 정밀 연삭 분야에서 그 효과가 인
정되고 있다. 총형 휠을 트루잉하려면 로터리
커터나 크래시 트루잉이 적합하지만, CBN
연삭기에서는 다이아몬드 성형 드레서 대신에
로터리 커터가 유효하다. 로터리 트루잉과 니
브 트루잉의 차이는 단지 방법만 다른 것이
아니라 트루잉 효과에서 나타난다.

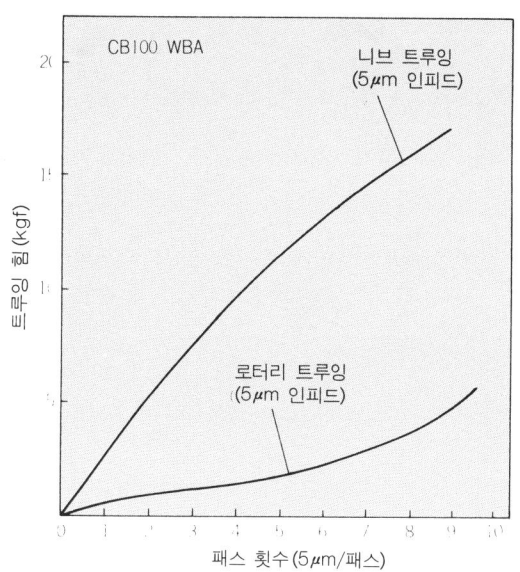

그림 2. 로터리와 니브의 트루잉 힘 비교

그림 2는 이 경우에서의 트루잉 파워를 비교한 것이다. 니브 트루잉에서는 통과 횟수가 증가함
에 따라 트루잉 파워가 증가하여 작업이 곤란하게 된다.

트루잉 파워가 크게 되면 스핀들의 강성이 없는 기계에서는 채터링이 발생하여 올바른 트루잉을
할 수 없게 된다.

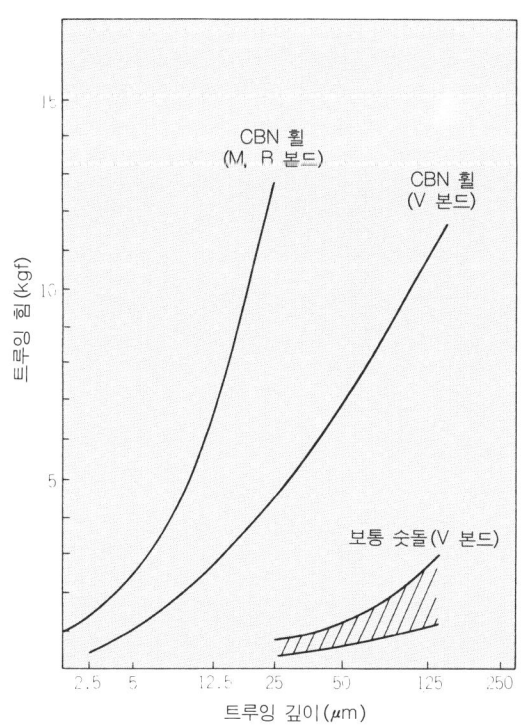

그림 3. 각종 본드의 트루잉 힘 비교

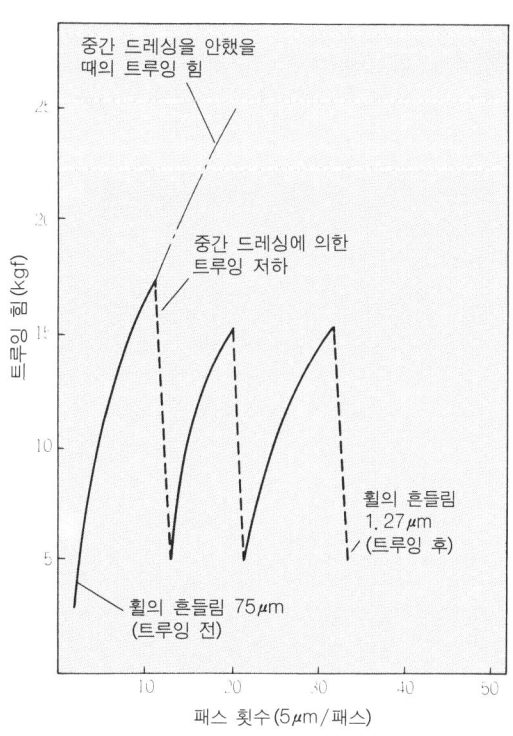

그림 4. 중간 드레싱 효과

사진 1. 평면 연삭기에서의 트루잉 작업

사진 2. 평면 연삭기에서의 드레싱 작업

이와 같을 때에는 휠을 드레싱하여 숫돌 입자를 노출시킨 다음, 트루잉에서는 숫돌 입자만이 닿게 한다.

이것을 중간 드레싱이라고 하며, 트루잉 파워를 약하게 하는 효과가 있다.

트루잉 파워는 휠의 결합제 종류에 따라서도 달라지는 경향이 있다. 그림 3을 보면, 비트리파이드 본드(V) 휠의 트루잉은 쉬워도 레지노이드(B)나 메탈(M) 본드의 휠은 중간 드레싱의 도움이 필요하다는 것을 알 수 있다. 그림 4는 중간 드레싱 효과를 이용하여 휠을 흔들림이 적은 상태로 다듬질한 예이다.

기계별 수정 방법

(1) 평면 연삭기에서의 트루잉

색칠한 휠을 마그넷 트루잉 블록에 댄다(사진 1). 접촉한 것이 확인되면, 곧 연삭액을 부어 트루잉 블록이 마치 가공물인 양 연삭한다.

이 블록은 합성 다이아몬드 숫돌 입자(#60/80)로서 집중도 200의 브론즈 본드(또는 전착식)이므로, 당연히 휠쪽이 깎여 나가 트루잉된다.

이 방법에서 주의해야 할 점은 언제나 휠 폭이 블록에 닿기 때문에 트루잉 파워가 크다는 것인데 휠을 중간 드레싱해 봐도 채터링이 발생한다면 지름이 작은 니브 드레서로 바꿔보는 것도 하나의 방법이다.

니브 드레서의 고정은 안전면으로 보더라도 고정할 때마다 장치를 마그넷 테이블 위에 고정하는 방법이 눈으로도 볼 수 있어서 가장 좋은 방법이다.

강성이 낮은 기계를 사용한 니브 트루잉에서는 휠 폭에서 니브가 떨어질 때에 트루잉 파워가 감소하여 휠 끝면에 코너 슬로프가 일어난다. 이럴 때에는 트루잉 파워를 작게 할 필요가 있으며, 중간 드레싱이나 인피드량을 적게 한다. 작업 능률면에서는 그림 2에 표시한 로터리 커터가 유효하다는 것을 알 수 있다.

(2) 평면 연삭기에서의 드레싱

드레싱을 할 때에는 CBN 휠에 맞는 드레싱 스틱을 준비하는데 이것을 미리 쓰기 좋게 철판에 접착해 두면, 마그넷화할 수 있으므로 편리하다.

드레싱 스틱은 알루미나 숫돌이 일반적이며, CBN 숫돌 입자보다 약간 큰 것을 고른다. 결합도가 낮은 편이 드레싱 효과가 있으므로, 일반적으로 H나 J가 사용된다.

왜냐하면, 표 1에서도 알 수 있는 바와 같이 알루미나와 CBN의 경도 차이가 다이아몬드보다 적기 때문에, 결합도가 높은 비트리파이드로 드레싱하면 CBN 숫돌 입자가 글레이징을 일으키기 때문이다.

CBN 휠의 입도에 따라 절삭 깊이는 일정하지 않지만, 휠이 스틱에 닿으면 거기에서 일단 멈춘 후 0.5~2mm 정도 절삭하여 사진 2에서와 같이 수동으로 플랜지 연삭을 한다.

트루잉한 휠 표면에는 숫돌 입자가 돌출되지 않았으므로 처음에는 연삭하기가 어려운데 한번 휠 면에 숫돌 입자가 나타나게 되면 거의 저항을 느낄 수 없을 정도로 절삭성이 좋아진다.

드레싱하는 횟수는 입도에 따라서도 차이가 있는데 몇 번만 통과시키면 거의 날이 서게 된다. 입도 #200 이상의 거칠기라면 사진 3과 같은 상태가 되므로 손의 감촉으로 튀어나온 정도를 충분히 판별할 수 있다.

메탈 본드 휠이나 입자가 고운 레지노이드 본드 휠에서는 같은 드레싱 방법으로서는 날이 서기 어려우므로 유리(遊離) 숫돌 입자(래핑 콤파운드)를 사용한다.

유리 숫돌 입자를 휠 스틱 사이에 흘려 넣으려면 다소의 틈새가 필요하지만, 기공이 있는 스틱이라면 그럴 필요는 없으며 의외로 간단하게 드레싱할 수가 있다.

드레싱한 휠면에는 숫돌 입자의 뒤편에 본드 테일(숫돌 입자를 지지하는 결합제의 벽)이 생겨, 연삭할 때에는 뒤에서 숫돌 입자를 받쳐주며 유지하고 있다. 작업자가 잘못하여 휠을 반대로 설치

표 1. 경도 비교

명　칭	분　자　식	모스 경도	누프 경도	모스와델 경도
활　석	$Mg_3Si_4O_{10}(OH)_2$	1	—	1
암　염	$NaCl$	2	32	2
방해석	$CaCo_3$	3	135	3
형　석	CaF_2	4	163	4
인회석	$Ca_5F(PO_4)_3$	5	430	5
장　석	$KASi_3O_8$	6	560	6
수　정	SiO_2	7	820	7
토파즈(황옥)	Al_2SiO_4	8	1,340	8
알루미나	Al_2O_3	9	2,100	9
C B N	BN	9+	4,500/4,800	19
다이아몬드	C	10	7,000	42.5
경도 측정법의 분류		긁기식 경도	압입식 경도	마모 경도

사진 3. 드레싱된 CBN 휠 면(×15)

하면 절삭성이 떨어질 뿐만 아니라 숫돌 입자가 빨리 떨어지는 결과로도 된다.

수동 드레싱은 로딩의 연삭 칩을 제거하여 절삭성을 재현하기 위한 효과적인 수단이기는 하지만, 트루잉한 휠에는 위험이 따르므로, 자신있게 권할 수는 없다.

드레싱하여 휠면을 개선하는 것을 「컨디셔닝」이라고 한다. 연삭 작업을 원활하게 계속하기 위해서는 필요한 작업이다.

(3) 원통 연삭기의 경우

어떤 경우라도 같지만, 트루잉과 드레싱을 하려면 연삭 장치의 차이 때문에 별도의 장치가 필요하게 된다.

최근의 기계에는 기계 위에 설치하는(on machine) 트루잉 장치가 많아졌다.

이것은 정밀 연삭이나 능률면에서 매우 중요한 의미가 있으며, 많은 연구 기관에서 채택하고 있다.

지금까지의 연삭기에서는 스페이스 등의 문제 때문에 설치가 어려운 경우도 있었는데 독자적으로 고안하여 직장 나름대로 개선 제안을 하고 있다.

트루잉 커터를 사용하는 트루잉에서는 휠과 다이아몬드 커터와의 속도비가 연삭면의 거칠기에 영향을 미친다. 다운 컷에서는 속도비가 1에 가까워지면 숫돌 입자가 크게 파괴되고 0에 가까워지면 미세한 파괴가 생기기 때문이다.

그래서 일반적인 속도비는 0.2~0.8 사이에서 적당히 고른다.

또한 트루잉 속도비는 다음 식으로 나타낼 수가 있다.

$$\text{트루잉 속도비} = \frac{\text{휠 원주 속도}}{\text{커터 원주 속도}}$$

그림 5는 원통 연삭기용 CBN 휠의 트루잉 및 드레싱을 대상으로 한 장치이다. 트루잉 및 드레싱 공정은 평면 연삭기 때와 같아도 되지만, 장치가 양센터로 지지되어 회전하므로 강성 때문에 절삭량을 조금 조심할 필요가 있다.

일반적으로 CBN 휠의 드레싱은 어렵다고 생각하지만, 드레싱 숫돌 고르기에 달려 있다고 생각한다.

만일 적당한 숫돌을 구하기가 어려울 때에는 이 장치의 드레싱용 숫돌 대신에 처음부터 연철 (S20C 정도)을 장치하여 숫돌의 접점에 유리 숫돌 입자를 생기게 해도 날을 세우는 효과를 높일 수가 있다. 비가공 재료를 직접 연삭함으로써 드레싱과 같은 효과를 얻을 수도 있지만 이 때에는 다소나마 숫돌 입자가 CBN 휠면에서 돌출되어 있지 않으면 절삭성이 좋지 않으므로, 흔들림이 있

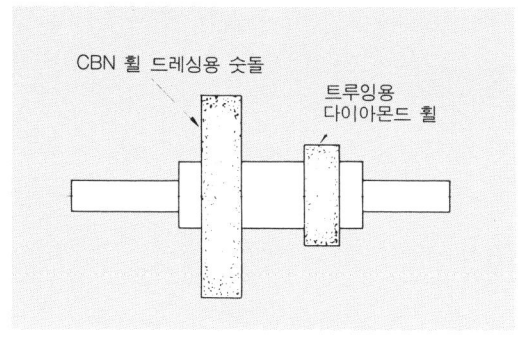

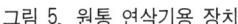

그림 5. 원통 연삭기용 장치

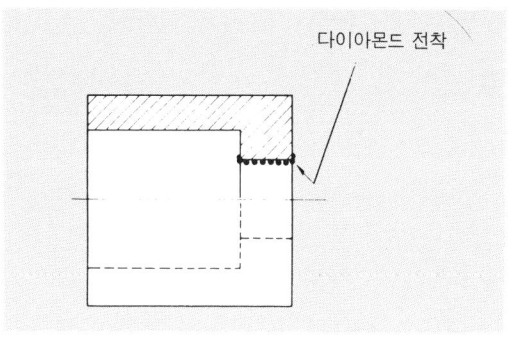

그림 6. 내면 연삭용 트루잉 장치

는 CBN을 트루잉한 직후의 상태라면 무리이다.

(4) 내면 연삭기의 경우

내면 연삭의 특징은 일반적으로 휠의 지름이 작아 소정의 연삭 속도로 하려면 매우 높은 고속 회전이 요구된다는 점이다. 그래서 조금이라도 휠에 흔들림이 있으면 만족할만한 연삭을 할 수 없는 경우가 많다.

장치상의 문제 때문에 종래의 일석 드레서 대신에 니브 드레서로 트루잉하는 경우도 있는데, 휠 축의 강성 때문에 완전하게 흔들림을 제거하여 원통도를 내는 것은 어렵다. 트루잉 파워가 크게 걸리는 이와 같은 방법으로는 오버행하는 축의 끝이 굵어지기 쉬우며, 드레싱을 해도 만족스런 연삭은 할 수가 없다.

그림 6은 내면 연삭용 트루잉 장치의 일례이다. 이 내경은 언제나 가공하는 피삭재의 최대 내경보다도 조금 큰 치수를 고르고, 그곳에 다이아몬드를 전착한다. 전착 다이아몬드의 입도는 거친 것이 수명이 길며, 경제성은 물론 내면 연삭 때에는 휠 축의 강성에 적합한 입도를 선정해야 한다.

트루잉의 전착 깊이는 $2 \sim 3 \mu m$가 적당한 양이며, 트루잉 소리를 들으면서 다음의 절삭 깊이를 넣는다는 것이 중요하다. 트루잉을 할 때에는 매우 고온이 되므로 반드시 연삭액을 공급해야 한다.

유리 숫돌 입자를 사용하는 드레싱일 때에는 약간 축축할 정도로도 충분한데, 숫돌 입자가 튀어 날으는 것을 방지하는 의미에서 구리스 모양으로 이겨서 쓰는 것도 하나의 방법이다. 그리고 감속할 수 있는 기계에서는 감속하면 숫돌 입자가 잘 먹혀들어 더욱 빨리 드레싱할 수 있다. 컷 사진은 기계 위에 장치한 트루잉 장치이다. 그림 2에서도 알 수 있는 바와 같이, 트루잉 파워를 작게 할 필요가 있는 내면 연삭에서는 매우 효과적이다.

CBN 비트리파이드 본드 휠의 트루잉에서는 트루잉이 드레싱을 겸하고 있으므로 온 머신 방식으로 하면 항상 절삭성이 안정되며, 동시에 트루잉 간격을 설정하는 것도 쉬워지므로, 품질의 안정과 능률 향상이라는 점에서 효과적이라고 말할 수 있다.

*　　　*　　　*

CBN 휠의 드레싱은 다이아몬드보다 매우 어렵다. 특히 축의 강성이 약한 연삭 장치에서는 더욱 그렇다. 잘못된 작업으로 경험한 한 번의 실패로 CBN 휠은 못쓰는 것이라고 결론을 내리기 전에, 이제까지 말한 것을 다시 한 번 반복하여 음미하기 바란다. 올바른 트루잉과 드레싱을 하면, 반드시 휠의 능력을 충분히 발휘할 수 있게 된다.

센터 구멍

원통 연삭은 센터 구멍을 기준으로 하여 가공한다. 이 센터 구멍도 JIS를 보면 A형(보통형) 외에 B형(모떼기형)과 C형(성크형) 그리고 구멍의 원뿔면이 원호 모양으로 된 R형이 추가되어 있다 (그림 1).

센터 구멍이 가공에 있어 가장 중심이 되며 4종류나 준비되어 있다는 것을 아는 사람이 의외로 드문 것 같다. 습관이란 무서운 것이어서 연삭 가공을 전문으로 하고 있는 공장에서도 제일 많이 쓰고 있는 것이 A형이고 가끔 B형을 채택할 정도다. R형을 알고 있는 경우는 참으로 드물다. 선반은 물론이고 연삭기에서도 양(兩)센터는 동일 축선상에 있지 않으며, 주축측도 심압대측도 약간 위를 향해 제작되어 있다. JIS에서도 허용하고 있다.

오랫동안 사용하면 두 축이 처지게 되는 경향이 있는데 그것에 대해 보험을 걸고 있는 셈이다. 이 기계의 버릇을 조금이라도 완화시켜 보려는 것이 R형 센터 구멍이다. 새로운 기계를 구입할 때, 메이커측에서는 테이블의 중앙부분을 설치 볼트로 올려서 설치하기가 쉽다. 즉 가공물의 중앙이 볼록하게 가공될 수 있게 하려는 것이다(반대로 테이블을 누르는 바보는 없다). 우리는 다른 데와 다르다, 고정밀도 가공이 자랑이다라고 하는 공장이라면, 1m에 대해 1/100~2/100 정도 부풀어 오르는 허용값을 한결 낮춰서 2~3μm로 억제하고 있다. 이러한 공장일수록 과연 센터 구멍을 소홀히 하지 않는다. A형은 절대로 쓰지 않으며 B형이 표준이다.

센터 구멍은 모양만이 아니라 우선 뚫어 놓은 센터 구멍과 축끝면과의 직각도가 중요하다. 가공물 끝면이 축중심에 대해 직각이 아니면 가공물의 회전에 따라 센터와 센터 구멍이 닿는 장소가 변화하여 가공물이 복잡하게 돈다.

이 직각 끝면을 깎기 위해서는 하프 센터로 가공물을 지지하고 바이트로 중심부에서 외주 방향으로 끌면서 깎는다. 즉, '끝면은 끌어서 깎는다'고 생각하면 된다(그림 2). 끝면을 깎으면 센터 구멍이 작아지므로 다시 한번 센터 드릴로 구멍을 크게 하여야 한다. 정밀한 일이 아닐 때에는 어느 정도 센터 구멍이 큰 편이 가공물이 안정되어 좋지만, 고정밀 연삭을 할 때에는 센터 구멍이 작을수록 센터에 의한 오차가 작아지기 때문에 좋다.

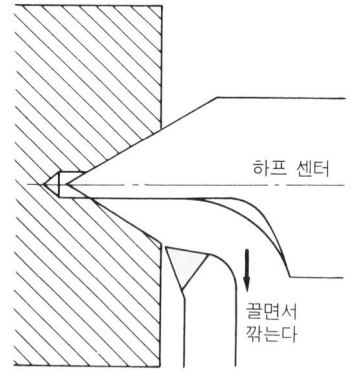

하프 센터

끌면서 깎는다

그림 2. 끝면은 끌면서 깎는다

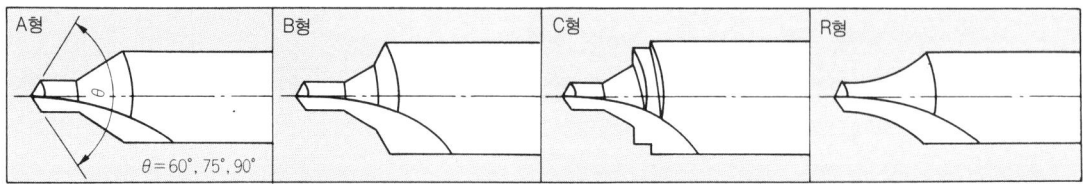

A형   B형   C형   R형

$\theta = 60°, 75°, 90°$

그림 1. JIS의 센터 드릴 형상

한마디 충고를 한다면 지금의 JIS 규격에서는 호칭되는 센터 구멍보다 센터 구멍의 지름이 약간 크다. 이 지름이 크므로 마찰 저항도 크게 되어 채터링도 생기기 쉽다.

진정으로 연삭다운 연삭을 하고 싶을 때에는 양센터를 한번만 연삭해서는 안된다. 적어도 다시 한 번 도중에 구멍을 연삭해야 한다. 우선 담금질을 한 채로 센터 구멍으로 지지하여 거친 연삭을 하고 나서 센터 연삭을 한다. 그리고 좀더 지름을 연삭하고 나서 다시 한 번 센터 연삭을 하지 않으면 참으로 좋은 물건은 나오지 않는다. 센터 구멍이라는 것은 일직선상에 정반대로 향해 있어야 하는데 담금질이 안된 것은 일직선이고 담금질이 된 것은 구부러져 있다. 그러면 센터 구멍이 어디를 향하고 있는지 모를 것이다.

정밀 연삭을 하려면, 센터 구멍뿐만 아니라 돌리개를 거는 방법이 또한 어렵다. 어디에 거느냐, 선반 돌리개와의 접촉은 어떤가 등 문제가 한둘이 아니다. 돌리개의 취급 하나만 봐도 상급이냐 중급이냐 저급이냐 하는 것을 곧 알 수 있다고 생각한다.

최근에는 연삭기가 고급화되어 가고 있으며 1필스에 0.5 μm의 NC 연삭기도 나와 있다. 그러나 센터 구멍에 의한 오차나 돌리개에 의한 트러블을 제어할 수 있는 연삭기는 아직 없으며 또한 영원히 가능하지 않다고 생각한다.

제 4 장
연삭 가공의 실제

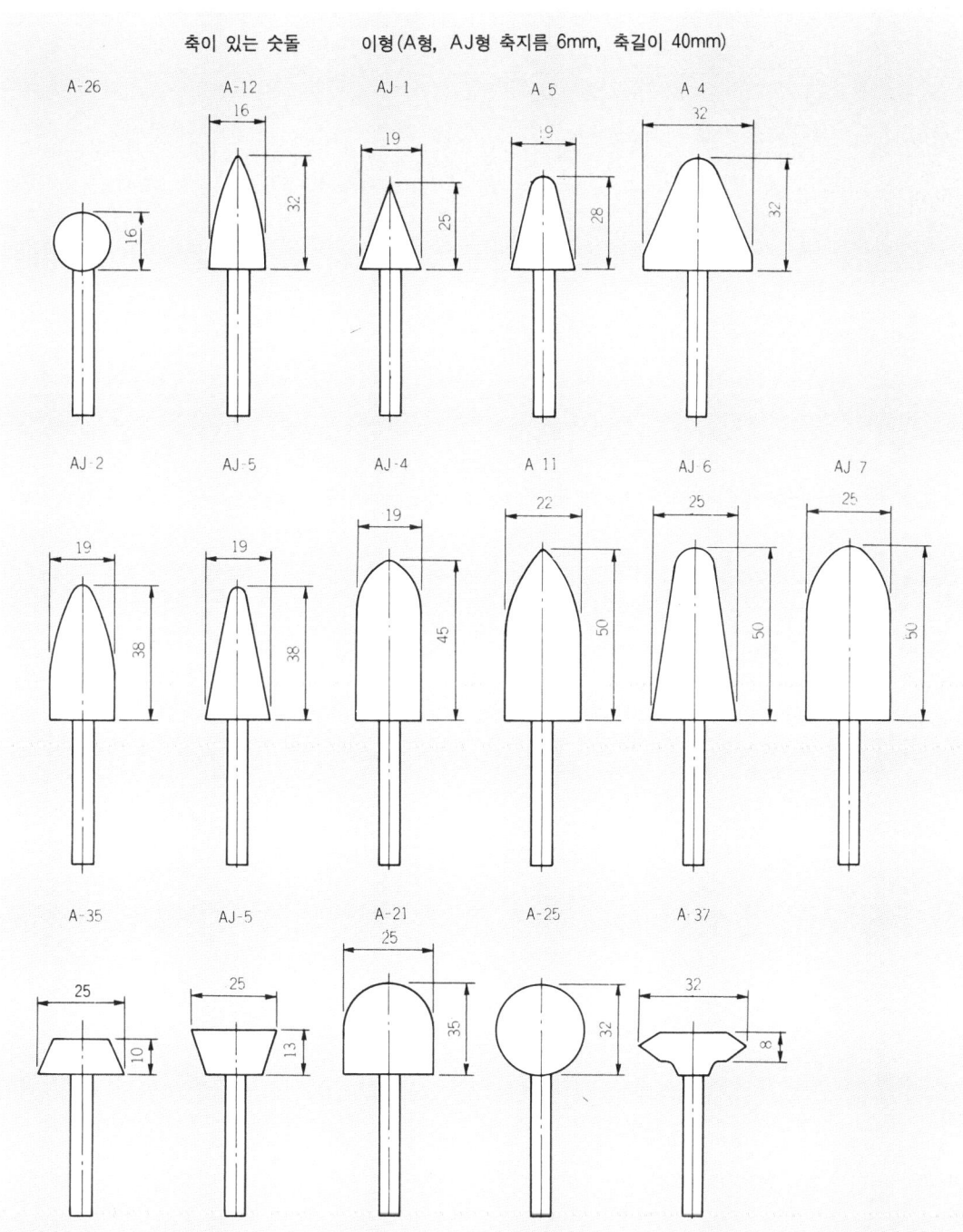

축이 있는 숫돌   이형(A형, AJ형 축지름 6mm, 축길이 40mm)

연삭 숫돌의 형상 ④(JIS R6211에서)

원통 연삭기와 평면 연삭기는 각각 둥근 가공물이나 각진 가공물을 연삭하는 기능을 가진 기계로서 목적에 따라 많은 기능이 구성되어 성능을 발휘하기 위한 조건이 미리 설정되어 있다.

그 조건이란 가공물의 모양, 중량, 가공 조건, 실내 온도, 냉각재 온도, 기초, 윤활, 정비 상황, 조작자, 기타 여러 가지 요소가 이상적이라는 가정하에 설정되어 조립되는 것이다.

그러나 이상과는 다른 상황이 나오는데 그것이 '버릇'이며 그 발생 원인에는 각각 이유가 있다. 새로운 기계와 옛날 기계를 모두 조사하여 그 버릇의 발생 원인과 대응책을 살펴보면, 다음과 같이 나눌 수가 있다.

① 기본적 기능에 관한 것　　　　② 강성에 관한 것
③ 정적 정밀도에 관한 것　　　　④ 미끄럼면에 관한 것
⑤ 숫돌 선정에 관한 것　　　　⑥ 마모와 열화에 관한 것
⑦ 열적 변화에 의한 것　　　　⑧ 정비 상황에 의한 것

이들의 요소는 두 가지 이상이 복합적으로 작용하여 버릇의 원인이 되는데 원통 연삭기와 평면 연삭기에 공통적인 것도 있다.

여기에서는 원통 연삭기와 평면 연삭기 각각의 버릇을 알아본다.

원통 연삭기의 버릇

(1) 원통 연삭기는 가운데가 볼록하게 연삭된다.

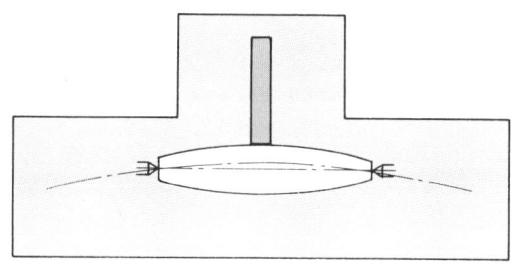 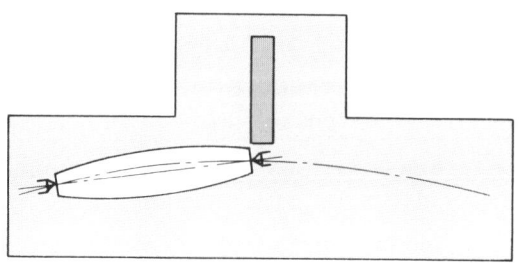

그림 1. 가공물의 운동 궤적

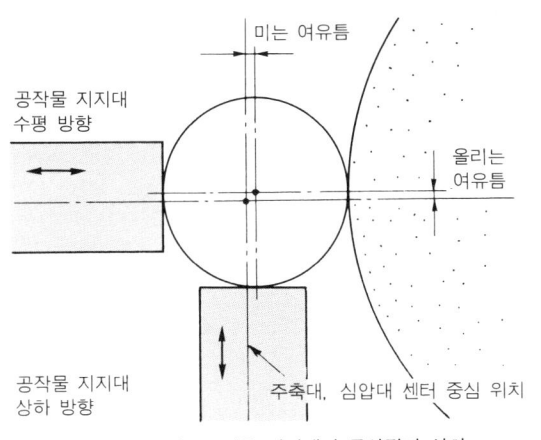

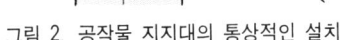

그림 2. 공작물 지지대의 통상적인 설치

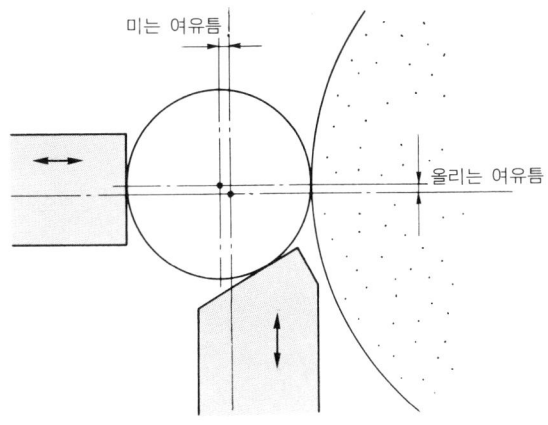

그림 3. 공작물 지지대 상하 방향 슈의 접촉점을 바꾼다

원통 연삭기의 트래버스 연삭에서는 가공물이 가운데가 조금 볼록하게 나오도록 기계가 만들어졌다. 이상적인 것은 원통도 0으로 하는 것이 좋겠지만, 일반적인 기계의 사용 환경을 고려하여 0보다 다소 가운데를 볼록하게 하여 부품으로서의 가치를 좋게 한 것이다.

그림 1은 가공물의 가운데가 볼록하게 되기 위한 주축대와 심압대의 운동 궤적을 표시한 것이다. 이 운동 궤적이 변하면 원통도는 당연히 변한다. 베드 미끄럼면의 비틀림이나 휨이 레벨의 변화 때문이라면 베드 전길이에 걸쳐 레벨 조정을 하면 정밀도는 원상태로 되돌아온다. 레벨링은 설치할 때의 원상태로 되돌아가게 하는 것이 기본이며, 두 개의 미끄럼면 흔들림을 바로 잡는 것도 중요하다.

(2) 긴 물건은 원통도를 자유롭게 할 수 있다.

지름이 가는 것이나 긴 물선을 연삭할 때에는 공작물 지지대를 사용하여야 한다. 이것은 연삭 저항때문에 가공물이 진동하거나 휘어서 발생하는 진원도 불량, 원통도 불량, 채터링 등을 방지하고 제어하기 위한 것이다.

주축대의 운동 궤적이 변화하여 원통도가 나빠져 이를 수정하고 싶거나, 정밀도를 더욱 향상시키고 싶을 때에는 공작물 지지대를 설치함으로써 이를 조정할 수 있다.

그림 2의 통상적인 방법에서는 누른 부분이 가늘게 되지만, 그림 3과 같은 방법에서는 상하 방향의 슈 접촉점이 다르게 되어 가공물의 중심이 되돌아온다. 이것을 사용하면 가운데가 볼록해지

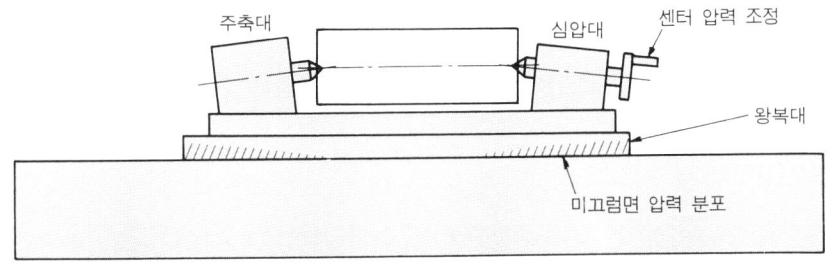

그림 4. 센터 압력이 높을 때에는 왕복대가 휜다

거나 가운데가 가늘어지는 것을 자유롭게 막을 수 있다.

(3) 센터 압력으로 트래버스 노킹

무거운 물건을 트래버스 연삭할 때에는 양쪽의 센터 지지력을 크게 해야 한다. 그러나 센터 압력을 크게 하면 그 반력으로 테이블이나 왕복대에 휘는 힘이 발생하여, 미끄럼면에 대한 압력 분포가 변화한다. 그림 4와 같이 왕복대에 양쪽 압력이 크게 되어 미끄럼면의 윤활유 유막이 균형을 잃어 노킹이 발생한다.

이럴 때에는 가공물을 저널 지지대로 지지하여, 센터 압력이 작아도 진동 등이 생기지 않도록 하면 노킹이나 센터 구멍의 번 또는 센터 구멍의 갤링을 방지하는 데에도 효과적이다.

(4) 숫돌 축 구조에 따른 사용 분류

숫돌 축은 크게 나눠 ① 구름 베어링, ② 금속 베어링의 동압 유막에 의한 것, ③ 정압 베어링의 세 가지가 있다. 각각 특징이 있으며 강조한다면 버릇이 있다고 할 수 있다.

①은 절삭을 정지했을 때 스파크 아웃 시간이 짧아 강성이 가장 높다고 말할 수 있다. 연삭 다듬질면은 회전 정밀도의 흔들림 등에 의한 영향이 크며 채터링이나 기복이 생기기 쉽다.

②는 절삭량의 크기에 대한 내구도가 가장 높으며 스파크 아웃 시간은 ①과 ③의 중간이 된다. 다듬질면은 회전 정밀도와 함께 양호하며, 경면 다듬질을 할 수가 있다.

③은 가벼운 부하에서의 회전 정밀도가 가장 좋으며, 다듬질면도 경면이 된다. 그 대신, 연삭 저항에 의한 축의 변화가 ②보다도 커서 스파크 아웃 시간이 길어진다.

금속 베어링의 경우에는 베어링의 강성과 연삭 다듬질면이 서로 상반되는 관계에 있다. 가공물에게 요구되는 정밀도나 다듬질 정밀도에 따라 구별하여 사용할 필요가 있으며, 진동의 영향이 크게 미치기도 하고 다듬질면이 나쁘게 되었을 때에는 보수하는 것이 기본이다.

(5) 위치에 따라서는 숫돌 표면이 오목하게 드레싱된다

정적 정밀도는 JIS 규격에서 규정되어 있는 것 외에도, 원통 연삭기의 경우, 주축대나 심압대 그리고 숫돌대의 각 축은 테이블의 트래버스를 기준으로 한 평행도나 동심도가 다듬질 정밀도에

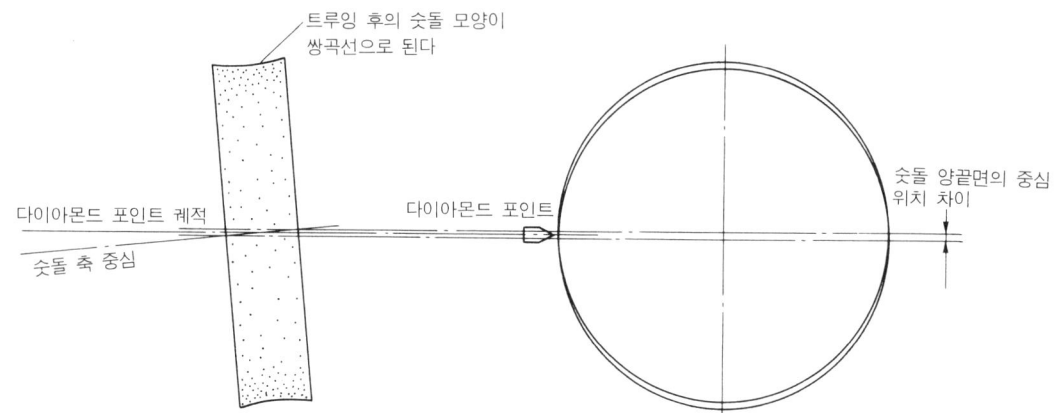

그림 5. 숫돌 축과 테이블 트래버스의 평행도와 트루잉 결과

영향을 미친다. 이것을 테이블측에서 트루잉하는 것으로 설명하겠다.

다이아몬드의 끝이 숫돌과 가공물과의 연삭점에 있다면 플런지 연삭을 할 때 그다지 큰 문제는 없지만, 숫돌 축과 테이블의 트래버스가 엄밀하게 말하면 평행이 아니기 때문에 트루잉 포인트가 상하로 어긋난 양만큼 숫돌 표면이 **그림 5**와 같이 극히 적으나마 쌍곡선을 그리는 오목형이 된다.

즉 트래버스 연삭을 했을 때에 숫돌의 각으로 연삭하는 것이 되어 로딩 등이 일어나 줄무늬가 생기기 쉽다. 이상적인 것은 숫돌 표면이 볼록면이 되면 좋고, 트루잉 중에 다이아몬드에 붓는 냉각수를 가감하여 드레싱열에 의한 다이아몬드의 팽창을 이용하여 숫돌의 양쪽 끝을 많이 깎아내는 방법도 있다. 그리고 숫돌의 각을 스틱 돌로 깎아내는 것도 효과가 있다.

이론상으로는 가공물과 숫돌의 접촉점이 다이아몬드 포인트의 궤적과 일치한다면 문제가 없는 것이지만, 통상적인 경우에는 일치하지 않는게 거의 대부분이다.

(6) 테이퍼 연삭은 맞추기가 힘들다

이제까지 말한 상황에다 숫돌의 회전축과 다이아몬드 포인트의 궤적(테이블 트래버스)이 평행이 아닐 때에는 가공물의 면이 직선이 되지 않는다.

숫돌 축과 가공물의 중심 높이, 그리고 다이아몬드 포인트는 반드시 일치시킬 필요가 있다. 숫돌 축의 높이가 다를 때의 테이퍼 구멍을 **그림 6**에 나타냈다. 연삭점의 높이가 가공물의 지름에 따라 변하므로 직선이 되지 않으며, 당연히 숫돌이 닿는 곳도 나쁘게 되어 줄무늬가 생기게 된다.

이와 같은 영향은 테이퍼 연삭 때에 뚜렷하게 나타난다. 특히, 지름이 작은 테이퍼 연삭에서는 연삭면이 직선이 되지 못하고 가운데가 오목하게 되어 맞추기가 힘들게 된다.

이럴 때에는 다이아몬드의 위치를 연삭점에 맞추고 가공물의 회전축을 테이블 트래버스와 평행이 되게 함으로써 고칠 수가 있다.

(7) 끝면 연삭의 줄무늬도 축의 평행도에 달렸나

교차 줄무늬는 숫돌 축과 가공물의 중심이 평행이 아닐 때에는 깨끗하게 나오지 않지만, 줄무늬

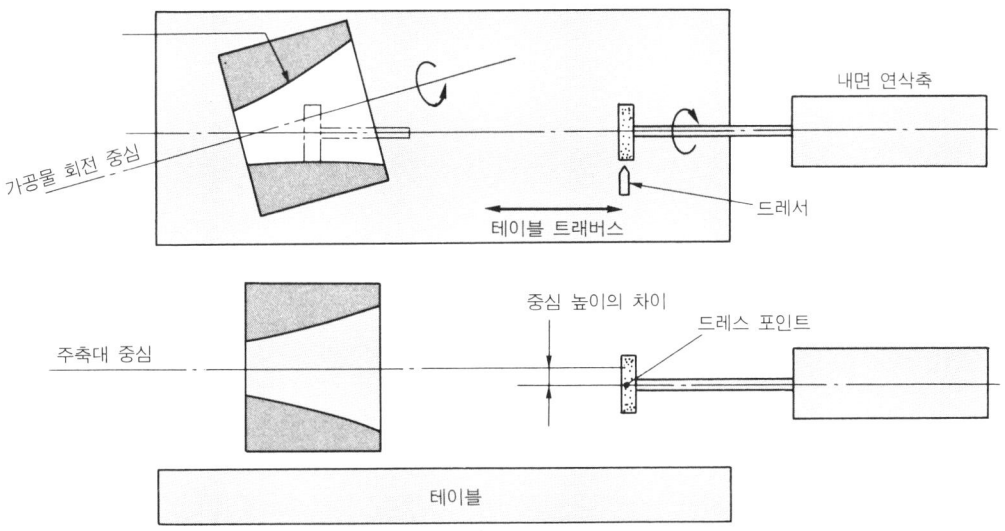

그림 6. 테이퍼 연삭을 할 때에는 주축대와 숫돌 축심의 높이, 다이아몬드 포인트, 연삭점을 반드시 일치시킨다

가 나왔다고 해도 반드시 교차 줄무늬의 연삭면이 평탄하다고 말할 수는 없다. 가운데가 볼록하거나 오목해도 교차 줄무늬로 연삭되므로 주의해야 한다. 이것은 숫돌 측면이 거의 외주에서 연삭되기 때문에 일어나는 현상이다.

기본적으로는 가공물의 중심과 숫돌 축을 완전하게 평행으로 해야 하지만, 일시적인 대응으로 시험삼아 조금 연삭해 보아 그 연삭면을 보고 주축대나 심압대 밑에 박판을 넣고 가감하여 교차 줄무늬를 내는 방법도 있다.

주축대보다 강성이 낮은 심압대를 이용하여 잭으로 가볍게 눌러 상하로 조절하는 것은 가공물이 짧을 때에 이용할 수 있다.

(8) 베드의 비틀림은 가장 나쁘다

베드의 레벨 변화 때문에 생기는 비틀림이나 미끄럼면이 마모되어 정밀도가 변화하여 가공물의 운동 궤적이 불규칙하게 되면(그림 1 참조), 즉시 가공 정밀도가 낮아지게 된다. 그래서 베드 레벨의 유지 보수가 중요하다.

그림 7은 베드가 비틀려 가공 정밀도가 변화한 것을 나타내고 있다. 가공물은 양센터에서 지지되고 있으므로 미끄럼면의 정밀도가 그대로 가공물의 치수에 나타날 수가 없다.

이럴 때에는 원통도가 불규칙하게 되던가, 일부에 줄무늬가 나타나던가 또는 트래버스 방향의 좌우로 갈 때 불꽃이 변화하기도 한다.

(9) 베드 정밀도가 나쁘면 센터가 탄다

센터의 압력이 테이블의 트래버스 장소에 따라 변화하는 것은 베드의 정밀도가 불규칙하기 때문이다. 그림 8은 그 상태를 나타내고 있는데 이럴 때에는 센터가 타거나, 갤링이 생기거나, 장소에 따라서는 진원도의 불량이나 채터링이 발생한다.

이러한 현상은 베드 비틀림과 함께 복합적으로 일어나는 것이 보통이며, 이것은 가장 나쁜 상태이므로 플런지 연삭 전용기로 하던가, 베드의 레벨을 수정하던가, 오버 홀하는 것 중의 하나를 실시해야 한다.

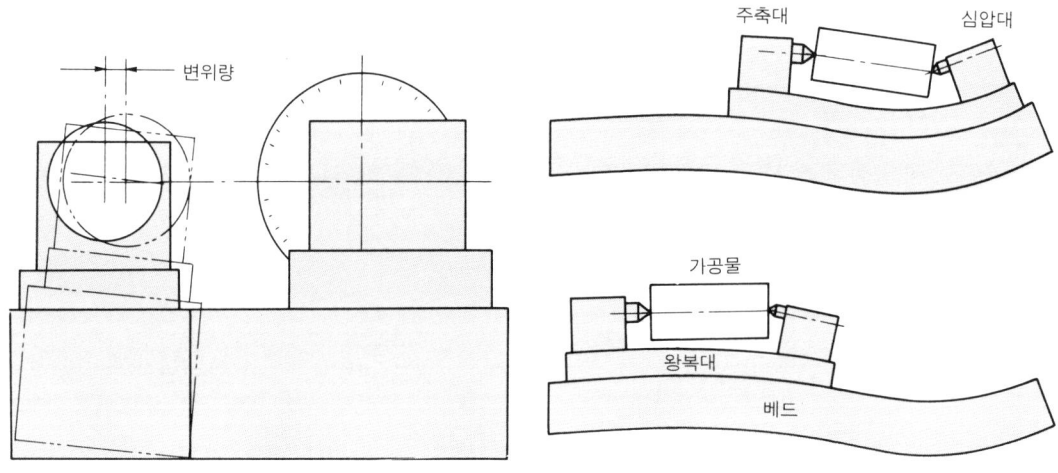

그림 7. 베드의 비틀림은 원통도 불량의 원인   그림 8. 숫돌대는 미끄럼면이 휘어서 미끄러진다

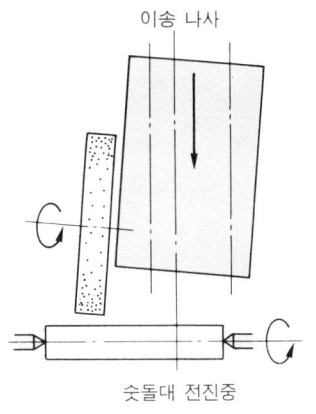
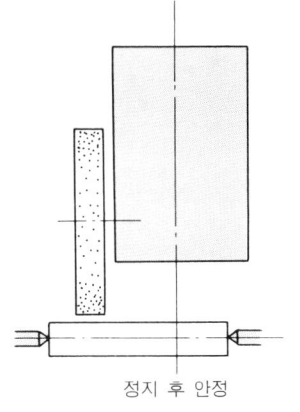
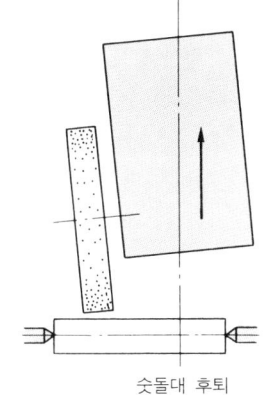

그림 9. 숫돌대의 움직임과 기울기

(10) 숫돌대는 미끄럼면을 굽어서 미끄러진다.

보통의 경우, 숫돌대의 절삭 동작은 V형이나 평형의 미끄럼면과 절삭 이송 장치 기구로 구성되어 있다. 숫돌대의 무게 중심은 V 미끄럼면쪽에 가까우며 밸런스가 잘 잡히게 설계되어 있다.

관성이 큰 무거운 물건(대개 숫돌과 숫돌 플랜지 등)이 붙어 밸런스가 깨졌을 때에는 관성도 커지고 미끄럼 저항도 커지기 때문에 V측은 평형측보다 늦게 동작한다.

따라서 숫돌대가 기울어진 채로 미끄러지게 되며, 숫돌 축과 가공물과의 평행도가 바뀐다. 그래서 스파크 아웃을 한 다음에 숫돌이 물러날 때, 숫돌이 가공물을 조금 파먹은 다음 후퇴하는 경향이 있다.

그림 9는 그 상태를 나타내고 있다. 가공물의 흠집은 삼각형이 되므로 숫돌이 후퇴할 때에는 천천히 물러나게 해야 한다.

(11) 가공물을 숫돌에 맞춰 연삭 조건을 설정

범용 연삭기는 다품종 소량 생산에 사용하는 수가 많으므로, 숫돌의 경도나 입도는 가공물에 맞추는게 아니라 상비된 숫돌에 맞춰 연삭 조건을 결정하는게 현실이다.

따라서 상비된 숫돌은 숫돌 입자가 잘 탈락하지 않는 단단한 것으로 하던가 또는 어떤 강재에도 맞도록 조금 거칠고 조금 연한 WA 숫돌 입자 같은 것을 사용한다.

어느 것이든 드레싱 조건이나 연삭 조건 등을 재료에 맞추는 것이므로 절삭날의 수명이 짧고 로딩이나 연삭 번이 일어나기 쉽게 되며, 드레싱 간격을 조금 짧게 한다.

(12) 일단 정지한 숫돌은 반드시 편향되어 있다

숫돌 외주의 흔들림은 다듬질면에 영향을 미친다. 설사 몇 초간이라 하더라도 한번 정지한 숫돌은 반드시 편향되어 있으므로 드레싱을 한다.

(13) JIS의 적적 정밀도 유지는 불가능에 가깝다

테이블 상면에는 주축대와 심압대가 얹혀 있으며, 각각 $10\sim20\mu m$ 이내의 동심도와 평행도가 JIS에 규정되어 있다. 그러나 테이블의 윗면은 베드의 레벨 변화나 미끄럼면의 마모 그리고 테이블 그 자체의 마모 등 때문에 변화되므로 주축대나 심압대의 JIS 규격 유지는 절대라고 할 정도로 불가능하다.

특히 테이블 아랫면과 왕복대 사이에 있는 스위블면에는 냉각재와 먼지 때문에 녹이 슬기 쉬우며 정적 정밀도는 급격하게 낮아진다.

그러나 이 중심의 차이로 생기는 영향은 100mm 이하의 짧은 가공물이나 정밀 다듬질 때에만 나타나며, 통상적인 길이일 때에는 실용상의 문제는 전혀 없다. 이럴 때에는 (7)에서의 대책으로도 대략의 효과를 볼 수 있다.

(14) 테이블이 선회할 때에는 테이블이 휜다

테이블은 왕복대 위에 얹혀져 스위블 축을 중심으로 하여 회전하며, 테이퍼 가공 등을 위해 테이블을 기울일 수 있게 되었다. 그러나 테이블은 강체가 아니므로 선회할 때에 휘게 되며(그림 10), 각 정적 정밀도가 어긋난다. 아니면 서서히 변화할 때도 있다.

보통 선회하려면 나사를 사용하면 움직이는데, 움직인 후에는 응력을 적게 하기 위해서라도 나사를 완전하게 풀어두는 것이 필요하며, 만일 나사를 풀어두지 않으면 연삭하는 동안에 테이블이 서서히 원상태로 되돌아와서 테이퍼 맞춤하는 것을 번번이 방해한다. 특히 테이블이 기계에서 크게 선회했을 때에는 안정될 때까지 긴 시간이 걸리므로 충분히 주의할 필요가 있다.

(15) 척 작업에서 중심이 맞지 않으면 공작물이 벗겨진다

회전 센터형 주축대를 사용한 척 작업의 방법은 **사진 1**과 **그림 11**과 같다. 주의할 점은
① 처킹한 가공물의 회전 흔들림이 없을 것
② 방진구로 지지할 때 슈의 마모 부분도 고려할 것

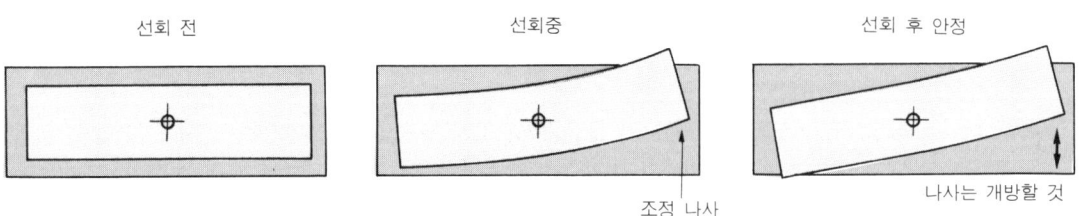

선회 전   선회중   선회 후 안정

조정 나사   나사는 개방할 것

그림 10 테이블은 선회 후에도 휜 채로 있다

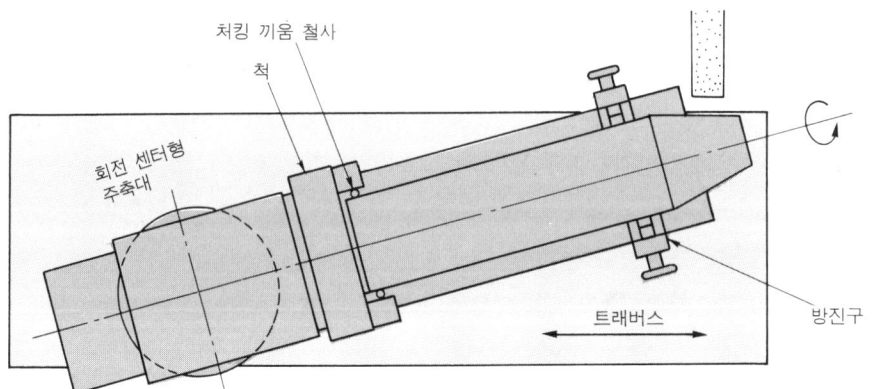

처킹 끼움 철사
척
회전 센터형 주축대
트래버스
방진구

그림 11. 척 작업은 회전 중심의 동심도가 중요

등이다.

주축대와 가공물의 중심은 일직선이 되어야 하는데 실제로는 측정하는 방법도 확인하는 방법도 없기 때문에, 흔들림 측정만으로 끝내고 척 부분에서는 가공물을 흔들면서 회전시키게 된다.

따라서 척 부분에서 벗어나 빠져나오게 되므로 테이퍼 기준 위치를 벗어나는 원인이 되며, 극단적인 경우에는 가공물이 벗겨져 떨어지는 수도 있다.

이에 대한 대책으로는 흔들림 운동에 강한 철사를 대고서 처킹한다. 그림 11과 같은 테이블 선회 작업에는 (14)의 테이블 휨

사진 1. 척 작업의 일례

에 충분히 주의할 필요가 있으나, 최초의 방진구 중심내기에는 심압대 센터로 지지하면 간단히 설치된다. 만일 주축대 베이스가 선회식이라면 선회 클램프를 풀어서 가공물을 회전시키면 축이 방진구쪽을 향하게 되므로, 그 위치에서 선회 클램프를 조이는 방법도 있다.

여하튼 이 중심내기 여하에 따라서 제품의 진원도나 맞춤 그리고 흔들림의 정밀도가 결정된다.

(16) 창문에서 비치는 빛 때문에 기계가 변형된다

기계는 열 때문에 변화하여, 정밀도를 유지하기 어려울 때가 많다. 그림 1에 표시한 형상의 베드 미끄럼면이 베드의 앞쪽에서 열을 받을 경우는 수평 방향에 대해 반대편에서 앞쪽으로 볼록해지는 상태로 변화한다.

열려진 창문에서 늘어오는 직사 광선 뿐만 아니라 복사열이라 하더라도 영향을 받으며, 단지 밝기만 해도 영향을 받는다. 이럴 때 아침, 낮, 저녁의 시간에 따라 원통도가 가운데가 굵어졌다가, 가늘게 되었다가 다시 굵어지는 변화를 일으키므로 창문에 검은 커튼을 치도록 하는 연구가 필요하다. 연삭기 가까이에 출입구가 있어 바람이 닿거나 온냉풍의 바람이 닿거나 하는 것은 자주 있는 예이다.

(17) 절삭 깊이 이송 속도가 빨라진다

최근에는 메카트로닉스의 채택으로 절삭 깊이 관계도 전기적으로 제어하는 기계도 있지만, 일반 범용 기계는 아직 유압 기구를 사용한 기계가 많이 사용되고 있다.

유압은 운전 시간과 함께 온도가 상승하여 스로틀 밸브로 제어하여 절삭 깊이 속도나 트래버스 속도 등이 서서히 변화하면서 속도가 빨라진다. 온도 보상이 붙은 시중 판매의 스로틀 밸브도 별 수 없으며 하루 종일 운전하면 10~20%나 변화한다.

특히 단일 부품 전용의 연삭기에서는 절삭성이 변화하여 표면 거칠기가 떨어지고 채터링이나 연삭 번이 발생하는 경우도 있다.

이 속도 변화는 전기 제어식이나 구형의 NC 연삭기에서도 일어날 수 있는 일이므로, 기계를 설비할 때에는 조사할 필요가 있다.

평면 연삭기의 버릇

평면 연삭기도 원통 연삭기와 공통점이 많은데, 여기서는 평면 연삭기만의 특징적인 버릇을 설명한다.

(1) 평면 연삭기는 가운데가 높게 연삭된다

원통 연삭기에서 가운데가 굵어지는 것과 똑같은 이유로 평면 연삭기에서는 가운데가 높게 연삭되도록 설계되었다. 그림 12는 그 상태를 나타낸 것이며, 원리는 그림 1과 같다. 베드의 가운데가 볼록하면 가공물도 가운데가 볼록해진다.

테이블이 **그림 13**과 같이 변형되면, 테이블이 불안정한 상태에서 트래버스 운동을 하므로 가운데가 높은 가공물이 많아진다. 이 때 가공물이 연삭점에 들어가기 시작하면 강한 불꽃이 일어나다가 서서히 약해지며, 다시 반대 방향에서 들어가기 시작할 때에도 강한 불꽃이 생긴다.

이럴 때에는 테이블의 스트로크를 가공물보다 크게 잡아 연삭한다. 가공물의 진직도를 0으로 하기 위해서는 베드가 똑바로 안정되게 동작하는 것이 조건이다.

베드나 테이블의 상태가 정상적이 아니면 연삭중의 불꽃이 일정하게 나오지 않는다. 기계의 구조에 따라 변화가 다르기는 하지만, 전문가라면 $2 \sim 3 \mu$m 정도 이상이 생겼다는 것을 발견하는 동시에 그 원인도 구별할 수가 있다.

(2) 평탄도를 내기 위해서는 가공물을 휘게 한 다음 연삭한다

평면 연삭기는 전자 척을 사용하는 수가 많으며, 가공물에 뒤틀림이 있으면 척에 따라 연삭되므로 척에서 떼어내면 평행도는 나와도 뒤틀림은 제거되지 않는다.

이럴 때에는 척을 사용하지 말고 가공물을 3점 지지로 클램프로 고정하여 연삭하면 뒤틀림을 제거하는 데 효과적이다. 그러나 기계의 평탄도가 나쁠 때에는 이와 같은 방법으로는 정밀도가 좋아지지 않으므로, 한 번 연삭한 가공물을 측정 검사하여 다시 기계에 고정할 때에 숫돌의 위치를 재어 측정 검사한 수치대로 고정하여 가공하고, 연삭이 끝난 후에 클램프를 풀면 평탄도를 0으로 할 수가 있다.

(3) 테이블 반환 때의 충격이 연삭면에 나온다

평면 연삭기의 트래버스 속도는 $20 \sim 30$m/min이나 되므로 테이블이 반환할 때에는 기계적으로

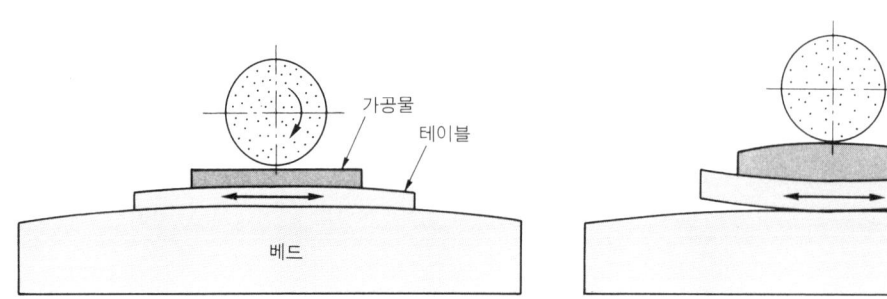

그림 12. 가운데가 높아지는 연삭을 하는 원리   그림 13. 테이블이 시소 운동을 한다

도 유압적으로도 충격이 발생한다. 이 충격을 기계적으로 흡수할 수 없을 때에는 가공물의 양끝에서 서서히 꺼지는 상태의 기복이나 채터 마크가 나타나므로, 가공물보다 큰 스트로크로 오버 런을 크게 잡아 진동 흔적이 남지않는 범위 내에서 가공해야 한다.

(4) 절삭 깊이를 중지시켰는데도 언제까지나 불꽃이 나온다

대부분의 평면 연삭기는 숫돌이 위에 있고 아래 방향으로 절삭하는 구조로 되어 있다. 그런데 숫돌 축의 무게 때문에 절삭 깊이를 중지시킨 후에도 절삭 깊이의 남은 부분이 서서히 낙하하는 경향이 있다.

이것은 스파크 아웃 횟수에 크게 영향을 미치므로 그 양을 미리 측정해 두었다가 테이블을 반환할 때의 충격을 이용하여 남은 양을 방출시키게 하면 유리하다.

(5) 미끄럼면의 윤활유량은 너무 많아도 안된다

평면 연삭기의 정밀도는 미끄럼면의 상태에 따라 결정된다. 윤활유의 양이 너무 많을 때에는 테이블이 떠올라 불안정하게 되며, 숫돌이 가공물을 너무 파먹는 수도 있다.

이 현상은 테이블이 정상적인 상태가 아니며 테이블 속도가 빠를 때에 일어날 수 있는 현상인데, 반대로 속도가 늦으면 이 현상은 일어나지 않는다.

그리고 급유 압력이 너무 높아도 이와 비슷한 현상이 나타난다. 급유량이나 급유 압력을 언제나 검사하여 적정하게 유지할 필요가 있다.

(6) 전자 척은 팽창한다

평면 연삭기에 사용하는 척에는 전자 척이면서 탈자(脫磁)를 겸한 것도 많다. 전자 척은 전기가 통함으로써 생기는 열 때문에 팽창하고 변형하며, 이 변형이 균일하지 않기 때문에 척 윗면의 정밀도가 저하하여 가공불의 평탄도에 영향을 미친다.

가공물이 얇을 때에는 냉각재에 의한 냉각 효과로 전자 척이 곧 식지만, 가공물이 두꺼울 때에는 가공물을 전자 척에서 떼어낸 후에도 전자 척의 윗면 온도가 높다. 그래서 가공물이 전자 척을 전부 덮어버릴 정도로 클 때에는 척과 가공물 사이에 구멍을 뚫는 방법도 있다. 길이가 긴 전자 척의 열변형은 그 자체에 강성이 높기 때문에 설치된 테이블을 변형시키는 수도 있으므로, 일체형으로 된 긴 전자 척을 사용하는 것은 피하고 짧은 것을 여러 개 설치하는 것이 무난하다.

(7) 열적 정밀도 변화에 대응할 수 있으면 이상적이다

평면 연삭기는 베드와 테이블은 열원에 대해 매우 민감하므로 그 대응에 힘써야 한다.

우선 테이블에 있어서는 미끄럼 저항에 의한 발열과 냉각재에 의한 테이블 윗면의 냉각은 테이블 상하에 온도차가 생겨 열변형의 원인이 된다.

그리고 이 현상은 트래버스중일 때와 정지했을 때의 정밀도에 차이가 생기게 되므로 매우 귀찮은 문제이기도 하지만, 두꺼운 가공물일 때에는 클램프를 풀면 가공중의 정밀도를 판단할 수 있다.

냉각재의 온도는 실온과 비슷하게 하고 온도가 낮고 건조한 방은 냉각재의 기화열 때문에 수온이 내려가는 경향이 생겨, 가공물이 젖어 있을 때와 말랐을 때의 차이가 생기므로 주의할 필요가 있다.

최근의 연삭기가 NC화되었다고는 하나, 아직은 일반 생산 현장에서 유압 구동의 기계를 많이 사용하고 있는게 현실이다. 이들은 운전 시간이 길어짐에 따라 기름의 온도도 상승하여 기계가 변화하게 된다.

이와 같은 온도 변화에 대한 대책으로서는 다음과 같은 것이 있다.

① 기계를 정지시키지 않고 언제나 움직이게 한다

② 기름의 온도 상승을 냉각기 등으로 방지한다

③ 연삭 작업을 하기 전에 미리 기계를 데우는 운전을 하여 온도를 올려둔다

이와 같은 방법 외에도 하루의 기계 변화량을 조사해 두었다가 테이블 윗면이나 척 윗면의 변화가 중앙에 오는 시간대에 가공하면 정밀도 변화가 반이 되는 것을 이용하는 방법도 있다.

＊　　　＊　　　＊

원통 연삭기와 평면 연삭기에 대하여, 버릇과 그 원인 그리고 증상과 그 대책을 말하였는데 이와 같은 원인이 서로 겹쳐서 복잡한 현상이 되어 나타나며 정밀도 등에 영향을 미친다.

그리고 원인을 파악할 수 없는 현상 등도 있지만, 언제나 기계의 상태를 파악하고 있으면 그 조사 내용에서 대응책을 강구할 수도 있다.

이와 같은 의미에서 볼 때, 자기가 일상적으로 쓰고 있는 기계의 상태를 언제나 기록하여 상세한 데이터를 알고 있는 것이 고정밀도로 신뢰성이 높은 연삭 가공을 실현할 수 있는 요령이 될 것이다.

연삭기의 성능을 현장에서 체크한다

연삭 가공은 「기계」, 「숫돌」, 「가공물」, 「연삭액」으로 구성되어 있으며, 이들의 특성을 충분히 이해하고 가공 조건을 설정함으로써 효율적인 연삭 작업을 할 수가 있다. 즉, 기계의 특성을 충분히 알고 나서 가공물의 성분이나 경도에 맞는 숫돌을 고르며 냉각 방법 등을 잘 조합시켜야 한다.

여기에서는 평면 연삭기를 예로 들어 기계의 특성을 현장에서 간단히 체크하는 방법을 소개한다. 기계의 종류는 수평축 사각 테이블 평면 연삭기이며, 작업 면적이 500×200mm이고 숫돌의 치수가 205×19×31.75mm이다.

체크 항목

(1) 정밀도

① 숫돌축

· 레이디얼 정밀도(참고)

초정밀 : 1μm 이내, 정밀 : 3μm 이내, 보통 : 3μm 이상

· 스러스트 정밀도

초정밀 : 1μm 이내, 정밀 : 2μm 이내, 보통 : 2μm 이상

② 절삭 깊이 이송 정밀도

· 절삭량/한눈금

초정밀 : 1μm 이내, 정밀 : 2μm 이내, 보통 : 2μm 이상. 단, 반복 정밀도 및 누적 오차가
±10% 이내일 것.

③ 테이블 및 새들(또는 칼럼)‥‥‥ 테이블 윗면을 그 기계로 연삭한 후 측정한다.

· 테이블(좌우)

초정밀 : 1μm 이내, 정밀 : 3μm 이내, 보통 : 3μm 이상

· 새들(전후)

초정밀 : 1μm 이내, 정밀 : 3μm 이내, 보통 : 3μm 이상

그 외에 JIS 검사 항목에 합격되어 있을 것.

(2) 열변위

열변위는 통상적으로 정적 정밀도 검사(JIS)에 규정되어 있지 않으므로 일반적으로는 실시하지 않는 수가 많지만, 정밀도가 높은 연삭 가공을 할 때에는 중요한 요소가 된다.

기계의 열변위에는 다음과 같은 것이 있다.

① 숫돌 축의 변위(측정 방법은 그림 1)

② 테이블 윗면과 숫돌 축의 열변위

③ 각 미끄럼 부위의 열변위

(3) 강성

기계의 강성은 메이커가 설계할 때 결정되어 버리기 때문에 설비한 후에 변경하기는 어려우므로, 설비 계획 단계에서 충분히 검토하는게 중요하다.

강성을 측정하려면 용수철 저울로 위에 달아매어 그 중량을 측정한다. 측정 방법은 **그림 2**와 같으며 숫돌 지름 ϕ205mm의 기계를 사용했을 때는 대략 다음과 같다.

	중량	인디케이터의 판독
· 강할 때	26kg 이상	5μm 이하
· 보통	16~25kg	5μm 이하
· 약할 때	10~15kg	5μm 이하

① 숫돌 축의 강성(그림 2)

② 숫돌 헤드

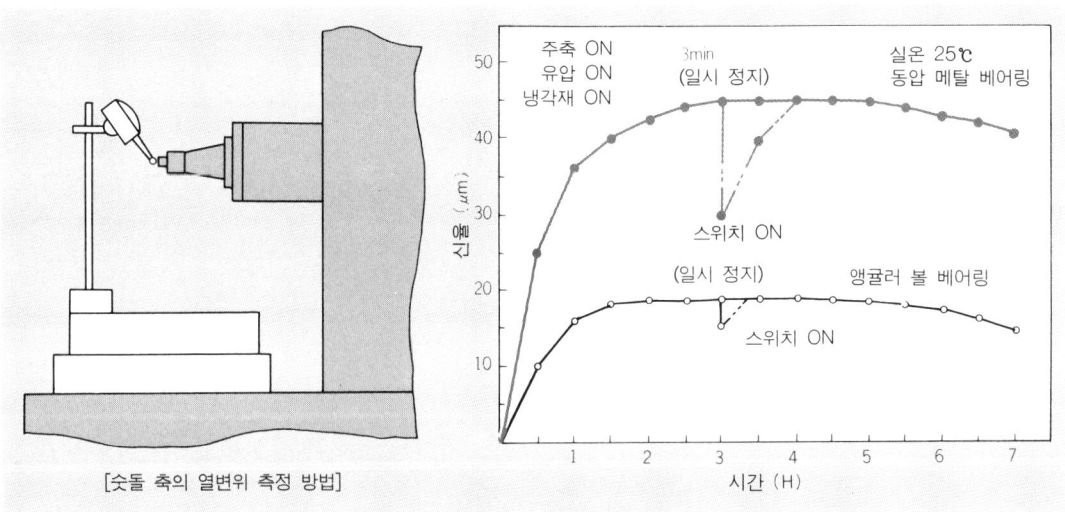

그림 1. 숫돌 축의 열변위

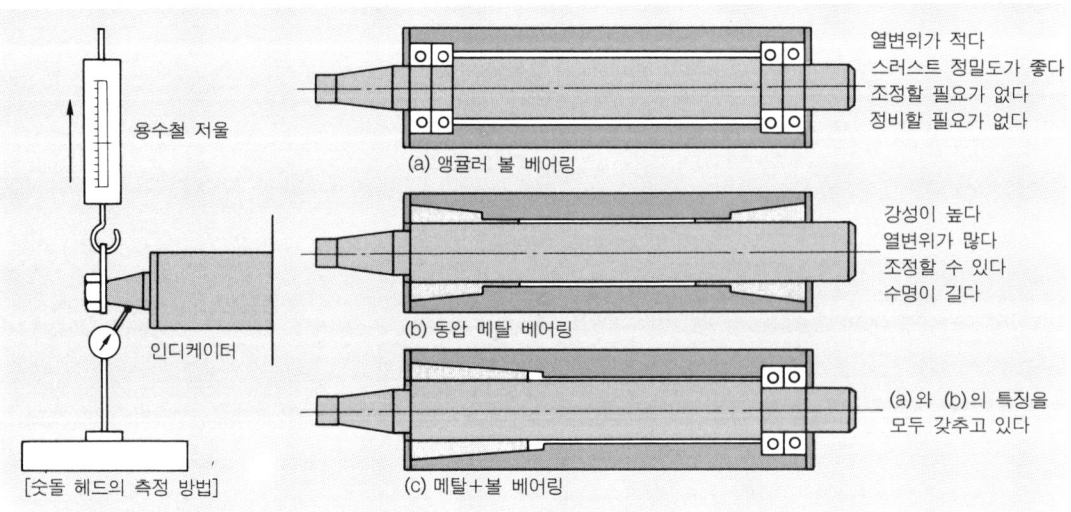

그림 2. 숫돌 축의 강성

③ 칼럼
④ 테이블 및 새들 프레임

(4) 조정 방법

① 베어링을 조정하려면, 미끄럼 방식의 경우에는 메탈과 축과의 틈새 조정을 하고, 구름 방식의 경우에는 베어링 너트로 예압 조정을 한다.

② 숫돌 헤드는 슬라이더(상하 미끄럼 부위)의 틈새 조정을 한다. 이것은 메이커에 따라 다소 틀리는 경우도 있지만, 일반적으로 지브(어저스팅 심)를 조정하거나 후면판(뒤쪽에서 미끄럼부를 밀고 있는 판)을 조여서 해결할 수 있다.

(5) 조작성

기계는 조작성은 물론이고 인간 공학적으로 설계되어 작업 능률에 직결된 기계이어야 한다.

① 스위치류 ····· 각종 스위치의 위치나 크기 등이 조작하기 쉬울 것.

② 핸들류 ····· 절삭 깊이 이송이나 테이블 이송을 하는 핸들의 위치나 크기와 가벼움 등이 작업하는데 무리가 없으며 쓰기 쉬울 것.

일반적으로 각 핸들을 처음 움직이는데 필요한 토크는 800kg 이하이며 각 핸들간의 간격은 60cm 이내가 되는 것이 쾌적한 조작을 하는 조건이 된다.

(6) 기계 전체의 균형

기계 전체가 불균형이 되면 열변위나 진동 때문에 정밀도가 불량하게 되며, 해를 거듭할수록 변화하여 정밀도 불량이 일어나기 쉽게 된다. 될 수 있으면 좌우 대칭이고 상하의 균형이 맞으며, 튼튼한 프레임 위에 조립된 기계로서 보기에도 균형이 잡힌 불안감이 없는 기계는 정밀도를 유지하기도 쉽고 조작성도 좋다는 것은 예나 지금이나 변함이 없다.

이상, 현장에서 간단하게 검증할 수 있는 항목을 들었다. 이들의 데이터를 기초로 기계의 특성을 알고 적절한 숫돌을 고르며, 여기에 걸맞는 가공 조건을 설정할 수만 있다면, 이제까지의 단일 조건만으로 가공한 것보다 훨씬 좋은 가공을 능률적으로 할 수가 있다.

그러면 실제로 이 기계를 사용하여 연삭 가공한 예를 소개한다.

가공 예

(1) 성형 연삭 (홈파기)

그림 3이 그 가공물이며, 사진은 실제로 가공한 예인데 이 가공에서 특히 주의할 점은 피치의 정밀도이다. 따라서 스핀들과 테이블 사이의 열변위에 따른 뒤틀림이 안정되는 것을 기다려 안정된 사이에 작업하는 것이다. 가공 순서는 다음과 같다.

① 숫돌의 선정 및 설치
② 기계 스위치 on(숫돌 축, 유압, 연삭액 모터)
③ 테이블(좌우) 및 새들(전후)을 중간 속도로 구동시켜 약 1.5시간 동안 공회전시킨다
④ 숫돌의 트루잉 ····· 양측면 드레서로 트루잉(두께 0.9~0.003mm). 트루잉한 후, 솔로 숫돌의 양측면에 붙어 있는 잔류 숫돌 입자를 청소하고 마이크로미터로 측정
⑤ 더미(dummy) 연삭 ····· SKS 재료를 연삭하여 홈의 폭 치수 확인(0.9~0.002mm)

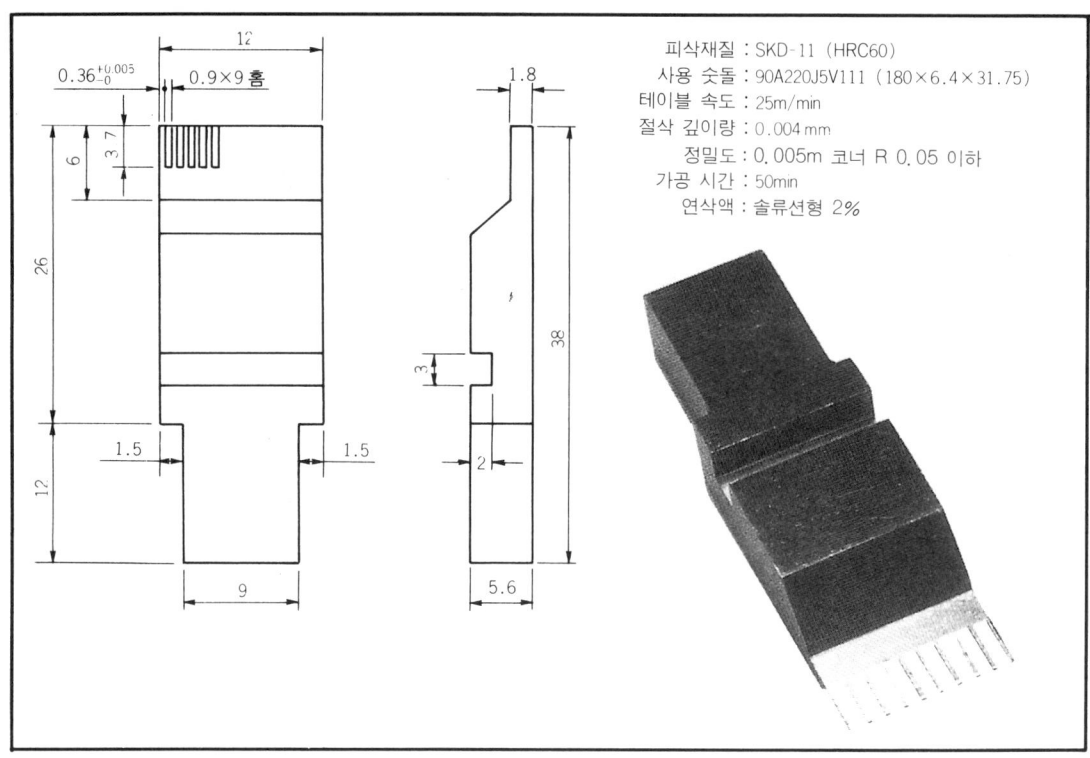

피삭재질 : SKD-11 (HRC60)
사용 숫돌 : 90A220J5V111 (180×6.4×31.75)
테이블 속도 : 25m/min
절삭 깊이량 : 0.004mm
정밀도 : 0.005m 코너 R 0.05 이하
가공 시간 : 50min
연삭액 : 솔류선형 2%

그림 3. 성형 연삭(홈파기) 가공 예

⑥ 숫돌 외주면 드레싱
⑦ 가공물 연삭 ····· 가공물 안쪽 측면에 숫돌 전체면을 맞추고 디지털 스케일로 피치 이송을 하여 소정의 깊이까지 연삭하는 동작을 반복한다
⑧ 가공물 측정 ····· 공구 현미경이나 투영기로 측정

(2) 평면 연삭(경면 다듬질)

이 가공은 평면 연삭뿐으로 특히 긴 시간 동안의 공회전은 필요없지만, 기계의 미끄럼 부위와 온도 조절을 위해 약 15분 동안 공회전시킨다.

경면 다듬질의 경우, 기계의 정밀도가 첫째 조건임은 물론이지만, 숫돌이나 드레싱 그리고 연삭액에는 특별한 주의가 필요하다. 예에서는 연삭액을 마그네트 여과기와 종이 필터로 여과하였다.

숫돌은 비교적 입도가 거친 #60의 조직 6으로 약간 조밀한 것과 비교적 간단하게 경면 다듬질할 수 있는 다이아몬드 휠(#1000)을 사용하였다. 그림 4는 경면 다듬질중의 가공물 및 #60과 #1000의 경우의 연삭 조건과 표면 거칠기를 측정한 데이터이다.

앞으로의 설비 계획을 위해

연삭 가공을 크게 나누면
· 대량 생산 → 고능률 → 생력화 → 무인화
· 다품종 소량 생산 → 초정밀 → 고능률 → 생력화
의 순서로 되는 경향이 있다. 또한 이 양쪽을 모두 지향하는 것도 있지만, 목적을 뚜렷이 하여 그

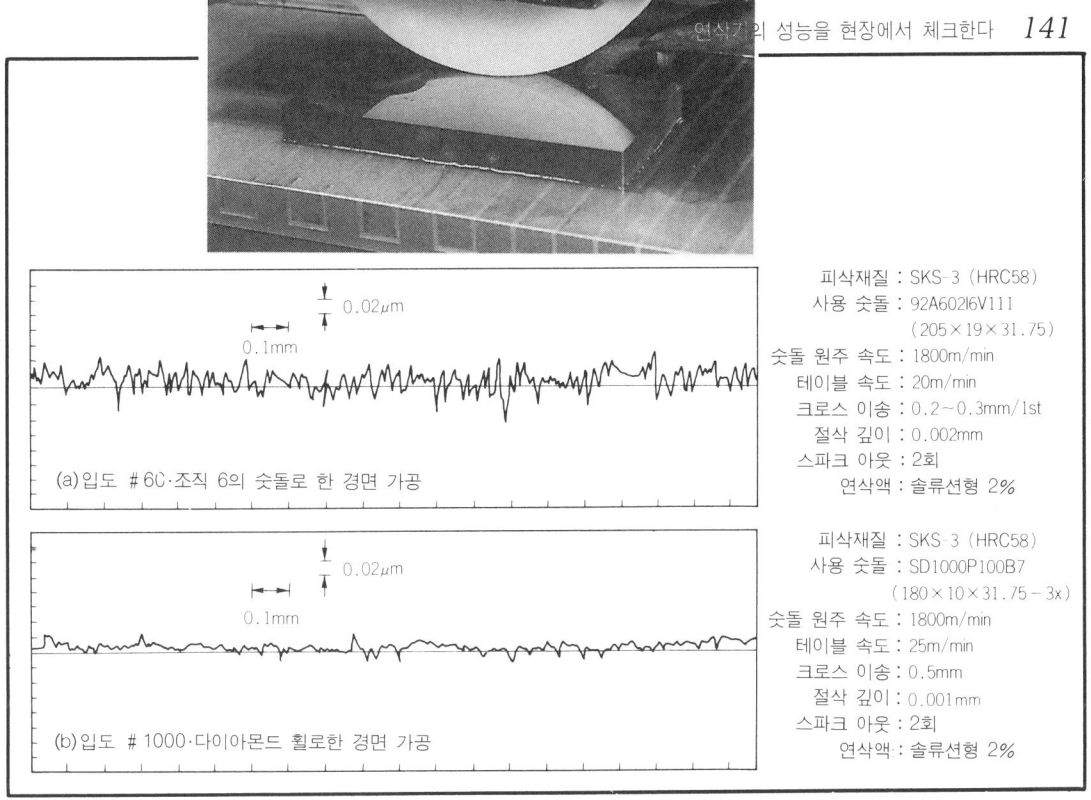

	피삭재질 : SKS-3 (HRC58)
	사용 숫돌 : 92A60216V111
	(205×19×31.75)
	숫돌 원주 속도 : 1800m/min
	테이블 속도 : 20m/min
	크로스 이송 : 0.2∼0.3mm/1st
	절삭 깊이 : 0.002mm
	스파크 아웃 : 2회
	연삭액 : 솔류션형 2%

(a)입도 #60·조직 6의 숫돌로 한 경면 가공

	피삭재질 : SKS-3 (HRC58)
	사용 숫돌 : SD1000P100B7
	(180×10×31.75 − 3x)
	숫돌 원주 속도 : 1800m/min
	테이블 속도 : 25m/min
	크로스 이송 : 0.5mm
	절삭 깊이 : 0.001mm
	스파크 아웃 : 2회
	연삭액 : 솔류션형 2%

(b)입도 #1000·다이아몬드 휠로한 경면 가공

그림 4. 경면 다듬질과 그 측정 데이터

목적에 가장 잘 맞는 기계를 설비하고, 그 성능을 최대 한도로 발휘하게 하는 것이 투자 효율이나 가공 능률면에서 다른 업종을 리드할 수 있는 최선의 길이 된다.

예를 들어 「고정밀도」를 지향한다면, 정밀도에 대해 충분히 조사해야 한다. 그 주요 항목으로서는

·기계적인 정밀도 검사를 하되, 스핀들에 중점을 두어 검사한다

·열변화에 따른 정밀도 변화의 특성을 파악해 둔다

·연삭 시험을 한다

등이 있다

결국은 제품의 정밀도가 가장 중요하므로, 기계의 정밀도 측정값뿐만 아니라 최종적인 연삭 시험을 하여 다듬질면의 거칠기나 평면도 그리고 측면 가공의 진직도나 치수 정밀도 등을 종합 판정하여 확인해야 한다.

그리고 평면 연삭의 고능률을 주로 바란다면, 다음과 같은 항목을 확인해야 한다.

① 기계의 강성이 높을 것 ······ 고능률의 가공을 하기 위해서는 강성이 높은 스핀들로 된 기계를 선정하고 숫돌 헤드나 기둥 그리고 테이블 등도 튼튼한 기계일 것

② 표준 숫돌의 치수가 클 것 ····· 숫돌 치수가 크면, 그만큼 용적도 큰 것이므로 숫돌 외주의 마모량이 적게 되며 연삭 능률이 올라간다.

③ 숫돌 축이나 유압 펌프 등의 구동력이 클 것 ····· 구동력이 크면 그만큼 연삭력도 크게 되어 결합도가 높은(연삭비가 높다) 단단한 숫돌을 사용할 수 있으며, 가공 능률을 한결 올릴 수가 있다.

④ 그 외 ⋯⋯ 숫돌 축 인버터 장치를 장착하면 트루잉할 때에 저속 회전(500~1000rpm)을 할 수가 있어, 한 번의 절삭량은 0.05~0.1mm 정도로 많게 하여도 다이아몬드의 마모나 분진 발생이 적어 능률적이다. 또한 연삭 가공을 할 때에도 숫돌의 원주 속도를 바꿔 넓은 범위의 결합도에 걸친 숫돌을 사용할 수가 있다.

최근에는 연삭액 공급 장치도 여러 가지로 연구되고 있는데 고압 펌프에 의한 효과도 확인되고 있으며, 중(重)연삭이나 고능률 가공에 이용되고 있다.

중요한 것은 어떻게 하면 발열을 억제하고 숫돌의 가공면을 깨끗이 하며 숫돌의 수명을 연장할 것인가, 그리고 가공 변질층을 최소 한도로 줄여 양질의 연삭을 할 것인가 하는 점이다. 그러기 위해서는 연삭액 노즐의 모양이나 위치 등도 충분히 연구할 여지가 있다.

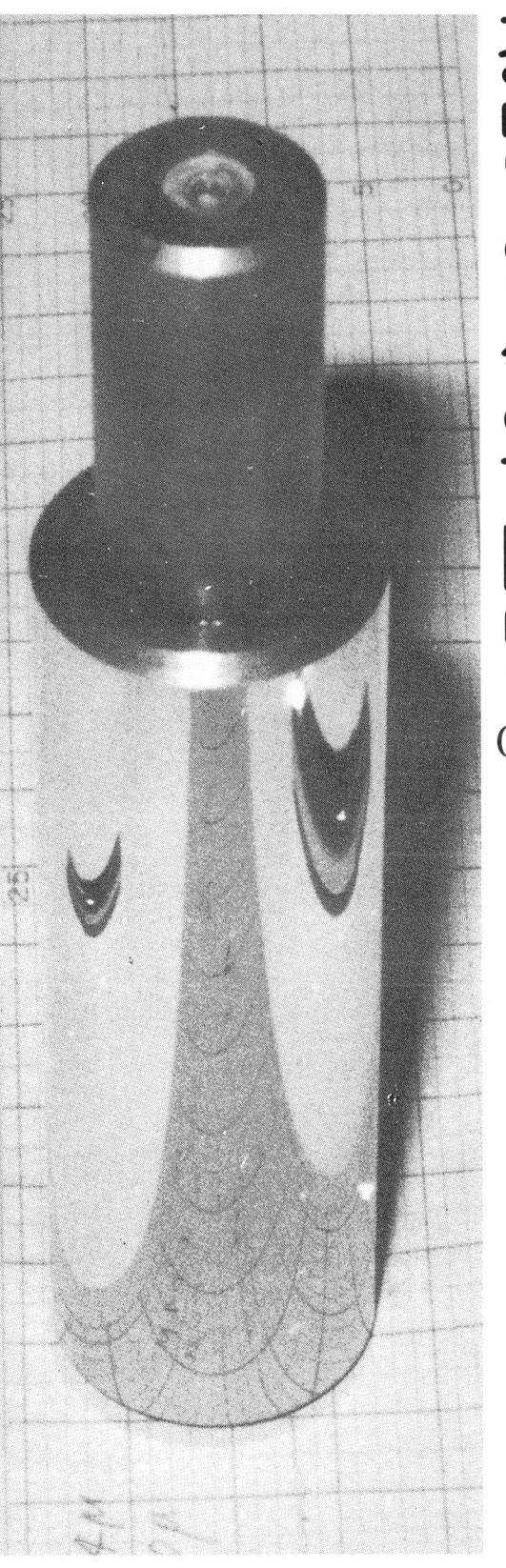

정밀 연삭의 비밀

0.05 S의 초경면 연삭을 실현하기 위해서는

정밀 연삭 가공은 가공물의 형상 정밀도와 함께 표면 거칠기를 향상시키는 것이 중요하다. 이것은 매우 당연한 일로서 표면 거칠기는 진원도나 평면도 그리고 치수 한계 내의 호환성 또는 내마모성 같은 면에서도 불가결한 문제이며 이 표면 거칠기를 좋게 하는 것이 정밀 연삭의 열쇠이다.

우선 첫번째로, 표면 거칠기 R_{max} 0.02S 와 진원도 0.0001mm를 위해 오랫동안 현장에서 개선을 거듭한 스위스의 원통 연삭기 메이커인 스츄다사에서 연구한 결과로 확립된 정밀 연삭 가공법을 소개한다.

여기에서 주의할 점은 선삭 가공에도 거친 다듬질과 중간 다듬질이 있듯이, 연삭 가공에도 가공 정밀도에 따라 단계적으로 다듬질하지 않으면 목표로 하는 정밀도를 얻을 수 없다는 점이다.

이 스츄다 가공법이 이미 낡은 공법이라고 비판한 기사를 읽은 적이 있다.

그러나 이 비판은 탁상 공론이며, 땀과 기름속에서 얻어진 비판이 아니라는 것을 말할 수 있다.

"홍법대사(서도에 뛰어난 사람)는 붓을 가리지 않는다"는 속담이 있는데 이것은 붓을 가리지 않는 것이 아니라, 주어진 환경 속에서 가장 적합한 방법을 발견하여 최고의 방법을 취한 것을 뜻하는 것으로 기능의 진수라고 말할 수 있다.

정밀 연삭에서도 가공 목표 정밀도에 대하여 각 환경이나 기계 조건 중에서 가장 적합한 제원을 발견하는 것이 중요하며, 이것이 확립되면 정밀 연삭이 달성되었다고 해도 과언이 아니다.

정밀 연삭의 단계에 대해

정밀 연삭은 경면 연삭과 연결되어, 원통 연삭이나 평면 연삭에서 실용화되고 랩 다듬질에 의한 블록 게이지의 표면 정밀도와 같은 정도의 표면 정밀도를 얻을 수 있는 가공이다.

정밀 기계 부품이나 전자 기계 부품 또는 다이아몬드 휠을 사용한 반도체 연삭 등의 분야에서 성과를 올리고 있다.

이 가공법은 종래의 연삭 가공과 같이 한 장의 숫돌로 거친 연삭부터 다듬질까지 하는 방법이 아니라 표면 거칠기의 단계마다 숫돌을 교환하여 연삭하는 방법이다(표 1).

종래의 연삭 다듬질을 일반 연삭(finishing)이라고 부르며, 다음을 정밀 연삭(fine grinding), 그리고 그 다음을 경면 연삭(super fine grinding), 최종 단계를 초경면 연삭(lap grinding)이라고 이름 붙이고 단계적으로 그 목표로 하는 정밀도에 맞춰 연삭하는 방법이다.

표면 거칠기의 한계

연삭 가공은 미세한 숫돌 입자의 절삭날에 의해서 가공물의 표면을 극히 소량씩 깎아내는 것이며, 절삭 날이 미세할수록 연삭 칩도 작아지고 표면 거칠기도 향상된다. 그러나 무한의 단계까지 가능한 것은 아니며 일정한 한계가 있다. 필자는 0.08S까지가 연삭의 한계라고 생각한다.

이것은 종래의 들지도 않는 숫돌로 문질러 가공한 면과는 달리 매우 작은 것이기는 하지만, 아직 이상적이라고 말할 수는 없으며 더욱 더 정진할 필요가 있다고 생각한다. 이를 위해서는 숫돌의 선택이나 기계 정밀도의 향상 그리고 연삭액과 진동 대책 또는 드레싱 등에 더 많은 노력이 필요하다. 아직까지는 0.02S가 한계이다.

표 1. 정밀 연삭에서의 단계적 연삭 제원

항 목	연 삭 단 계			
	일반 연삭	정밀 연삭	경면 연삭	초경면 연삭
거칠기	1.0~1.5S	0.08~0.2S	0.05~0.08S	0.02~0.05S
연삭 숫돌	WA. #60. m. K. V	WA. #320. m. K. V GC. #320. m. H. V	비트로 듀럼 500III-3	알키사이트 레지노이드 AF 3NE
연삭 속도	1800m/min	1800m/min	900m/min	900m/min
연삭 가공 여유	0.05~0.1mm	0.02~0.03mm	0.001~0.002mm	0.001~0.002mm
절삭 깊이 압력	—	—	0.002~0.01mm	0.01~0.005mm
한 번의 최대 절삭 깊이량	0.03~0.05mm	0.03~0.005mm	—	—
스파크 아웃 횟수	1~2회	3~4회	10~15회	10~15회
다이아몬드 공구 형상	단석 다이아몬드	단석 다이아몬드	집합 다이아몬드 #150	집합 다이아몬드 #200
가공물 원주 속도	12~15m/min	12~15m/min	6~7m/min	6~7m/min
드레싱 속도	50~60m/min	35m/min	30m/min	25m/min
드레싱 횟수	0.02mm ×2회 0.01 ×1회 0.005 ×1회 0 ×1회	왼쪽과 동일	왼쪽과 동일	왼쪽과 동일
연삭액	수용성 스츄다사 추천	왼쪽과 동일	왼쪽과 동일	왼쪽과 동일
연삭액 필터	마그넷 세퍼레이터	마그넷 세퍼레이터 페이퍼 필터 FILTROX-WS-827		

(주)이 제원은 스츄다사 보고에 따라 만들어진 것이며, 가공물은 담금질강 HRC 55, ∮30에서 얻은 것이다

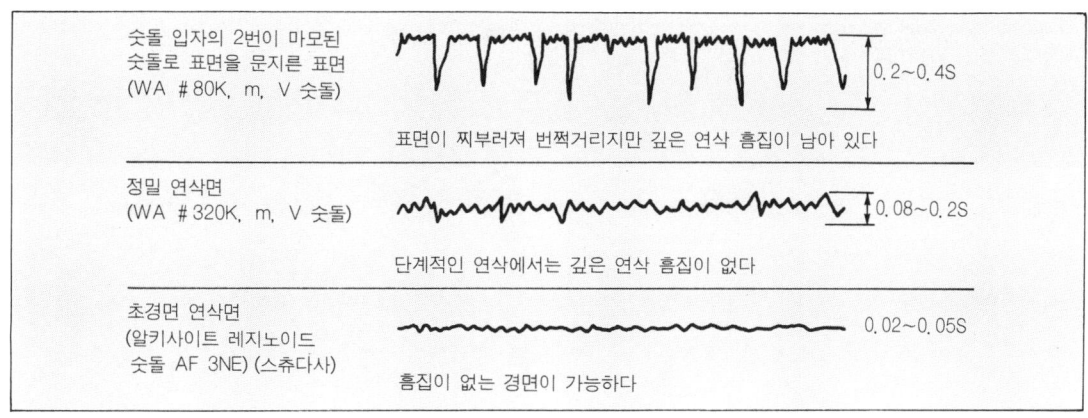

숫돌 입자의 2번이 마모된 숫돌로 표면을 문지른 표면 (WA #80K, m, V 숫돌)	0.2~0.4S
표면이 찌부러져 번쩍거리지만 깊은 연삭 흠집이 남아 있다	
정밀 연삭면 (WA #320K, m, V 숫돌)	0.08~0.2S
단계적인 연삭에서는 깊은 연삭 흠집이 없다	
초경면 연삭면 (알키사이트 레지노이드 숫돌 AF 3NE) (스츄다사)	0.02~0.05S
흠집이 없는 경면이 가능하다	

그림 1. 표면 거칠기

경면 연삭의 메커니즘

경면 연삭은 높은 목표값을 향해 극한적으로 거칠기를 향상시키는 것으로서, 여기에서의 초경면 연삭은 그 공정으로서 전(前)가공이 0.1S 이하의 정밀 연삭면에 대하여 시행하는 것이다.

숫돌은 반(半)탄성 숫돌이며, 레지노이드 본드 #600~1200의 입도이고 원주 속도는 보통 연삭의 1/2인 900m/min로서 느린 편이기에 깎는다기 보다는 극히 미소한 가공물 표면의 소성 유동을 촉진시켜 더욱 평활한 면을 만드는 것이다. 이것은 말하자면 배니싱의 기구이며, 정밀 연삭에서는 이 공정을 랩 연삭이라고 말한다. 즉, 0.08S 이하의 표면 거칠기를 얻기 위해서는 가공 방법을 바꾸어 랩법을 사용하게 된다.

종래의 경면 연삭면은 숫돌 입자의 2번면이 평탄하게 마모된 숫돌면으로 가공물을 문지른 것이며, 언뜻 보기에 광택이 있는 연삭면(그림 1) 같지만, 연삭 저항에 견디지 못하여 진원도가 불량하게 되는 원인이 된다.

또한 거친 연삭 가공면을 그대로 윤을 내는 것이므로 당연히 깊은 연삭 흠집이 군데군데 남게 되어, 단계적으로 완전하게 다듬질해 가는 이 연삭 방법과는 근본적으로 다르다.

정밀 연삭을 하려면 몇 가지 조건이 있으며, 그 중에서도 연삭기의 베어링 회전 정밀도, 각 단계마다의 연삭 숫돌의 선정, 드레싱 방법, 진동 대책, 연삭액 여과, 적절한 가공 제원의 확립 등이 중요하다. 이러한 조건이 어느 정도 만족된다면, 비교적 쉽게 목적을 달성할 수가 있다.

연삭기의 정밀도와 강성

연삭기는 숫돌 회전 정밀도, 미끄럼 정밀도, 절삭 깊이 정밀도, 동적 강성 등이 더욱 정밀한 것이어야 한다(사진 1, 2), 숫돌 축 회전 정밀도는 0.0005mm 정도가 필요

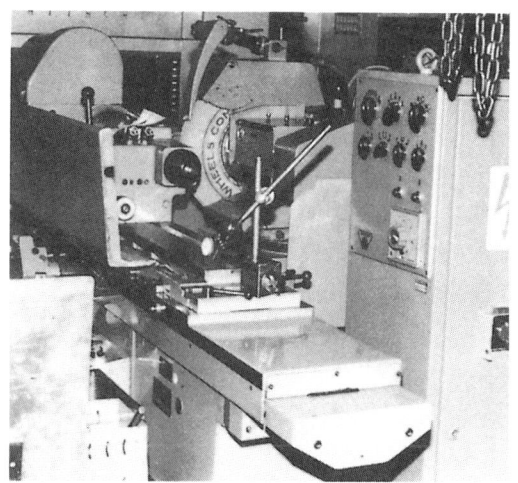

사진 1. 스츄다사의 원통 연삭기

사진 2. 공기 정압 베어링의 초정밀 평면 연삭기

사진 3. 구름식 숫돌 정적 밸런스 잡기 대

하며, 최저의 경우에도 0.01mm 이하가 필요하여 아직까지는 구름 베어링을 쓸 수가 없다.

그래서 동압이나 정압 베어링 방식이나 또는 동압을 조합시킨 「하이브리드형 베어링」을 사용한다.

당연한 일이기는 하지만, 미끄럼 정밀도는 곧고 평탄한 동적 정밀도가 필요하며, 적어도 좌우의 운동이 같은 길을 가야 한다. 때로는 갈 때와 올 때가 다른 기계도 있다.

절삭 깊이 정밀도는 절삭량에 대해 정확하게 동작하는 능력이 필요하지만, 실제로는 0.002mm 정도의 오차는 기능면에서 보충할 수 있다. 그러나 극단적인 스틱 슬립이 있는 것은 안된다.

평면 연삭기의 경우에는 원통 연삭기보다 이 절삭 깊이 정밀도가 더욱 엄격한 연삭기가 바람직하다.

그리고 전자 척의 전류를 ON, OFF시켰을 때의 척면 변형은 300×600mm의 치수일 때, 보통 0.003~0.005mm 정도이다. 이 변형은 될 수 있는 한 적은 것이 좋다.

연삭기의 강성은 회전하는 진동에 견디는 강성과 구동열에 의한 열 변형에 대한 강성이 있는데 진동 대책은 따로 말하기로 하고 열변형은 그 기종에 따라 다르다.

원통 연삭기의 경우, 기동시키고 나서 안정될 때까지 2~3시간이 필요하며, 그 동안에는 숫돌대와 주축대가 모두 조금씩 움직이고 있다. 이 회전열이나 구동열 그리고 유압열 등이 일정한 값이 될 때까지는 정밀 연삭을 할 수가 없다.

진동 대책에 대하여

연삭기의 진동은 가공 정밀도에 커다란 영향을 미치는데 그 예로 ϕ30mm의 시험편을 원통 연삭으로 가공하여 진동에 따른 영향을 검토하였다.

그 결과, 연삭 숫돌의 정밸런스를 충분히 잡고(사진 3), 이 숫돌로 연삭했을 때의 진원도는 0.0012mm였으며, 같은 조건에서 동적 밸런스를 잡아 가공했을 때는 0.0003mm였다.

숫돌의 정적 밸런스는 그 진동의 진폭량으로 보아 0.001mm까지 잡을 수가 있는데 이 근처가 인간의 감각으로 알 수 있는 최소값이다. 정밀 연삭에서는 동적 밸런스를 잡을 필요가 있으며, 되도록 0.0002mm 정도는 제거하고자 한다.

사진 4. 숫돌의 무거운 부분을 깎아낸다

사진 5. 바닥을 독립시켜 그 기초 위에 올려 놓은 연삭기

사진 6. 플랜지를 크게 한 숫돌

일반적으로는「바란트론」같은 것을 사용하여 제거하는데 이 장치는 회전하는 숫돌 축의 진동을 검출하여 회전에 동기(同期) 한 다이아몬드 공구로 숫돌의 무거운 부분을 깎아내는(사진 4) 것이다. 때에 따라서는 구동부에 발생하는 회전 진동도 동시에 제거할 수가 있다.

외부에서의 진공에 대해서는 사진 2, 5와 같이 바닥을 잘라 독립시킨 기초 위에 연삭기를 설치할 필요가 있다.

연삭 숫돌은 시간과 함께 수분을 함유하여 때에 따라서는 언밸런스가 되는 수도 있는데 연삭 정밀도가 충분치 않을 때에는 진동을 다시 검토할 필요가 있다.

사진 6과 같이 미리 숫돌의 플랜지를 크게 하여 숫돌의 무게를 무겁게 해두는 것도 진동 대책중의 하나이다.

연삭 숫돌

숫돌은 절삭 날을 구성하는 숫돌 입자와 이것을 결합하는 결합제(본드) 그리고 절삭 칩을 물러나게 하기 위한 기공의 세 가지로 성립되며, 이것을 "숫돌의 3요소"라고 한다.

숫돌에 대한 상세한 설명은 제2장에서 설명했으므로 여기서는 생략하고, 그다지 알려지지 않은 사항에 대하여 알아본다.

일반적으로 많이 사용되고 있는 비트리파이드 숫돌은 그 체적의 약 1/2이 연삭날을 구성하는 숫돌 입자이며, 나머지 반이 결합제와 공기(기공)이다. 이들의 배합 차이로 숫돌의 경도가 달라진다. 숫돌은 JIS에서 입도, 경도, 결합제, 결합도, 조직의 다섯 가지 요소로 규정되어 있는데, 그 표시대로 규정된 것은 거의 드물다. 따라서 숫돌의 선정은 쉽지 않다.

숫돌을 만드는 과정에서 숫돌 입자와 결합제를 혼합하는 공정이 있는데 이 때 혼합하는 것이 불충분하면 한 장의 숫돌 안에 단단한 부분과 연한 부분이 같이 있게 되어서 이와 같은 숫돌은 정적 밸런스를 잡을 때에 나타난다.

이것은 숫돌을 구성하는 결합제나 기공 그리고 한쪽으로 몰리기 때문에 무거운 부분과 가벼운 부분이 생기는 것이다.

이와 같은 숫돌은 당연히 언밸런스의 움직임을 보여 정밀 연삭에는 적합치 않다.

원래, 연삭 숫돌은 자생 작용이 있어 연삭 저항이 많아짐과 동시에 새로운 절삭날이 생겨나 언제까지나 절삭되게 하는 것이 당연하다.

그러나 각 메이커의 국산 숫돌이 모두 그렇게 되어 있지 않은게 현실이며 어떤 기계 잡지에는 자생 작용이 없다는 이론조차 나왔다.

확실히 드레싱을 한 직후에는 연삭되지만, 곧 연삭이 되지 않는데 이런 점에서 볼 때 "자생 작용이 없다"는 것은 옳다고 볼 수 있다. 어떤 대학의 전문가가 그것은 숫돌을 고를 때 문제가 있었던 것이다라고 말했지만, 그것만으로 문제가 해결되는 것이 아니다.

미국이나 서독의 어떤 메이커 제품을 정밀 연삭이나 나사 연삭에 활용하고 있는데 훌륭하게 자생 작용을 하고 있다. 즉, 이것은 숫돌의 구조상 문제가 아니고 절삭날을 구성하고 있는 숫돌 입자의 문제라고 생각한다. 다시 말하면 연삭 저항에 대한 숫돌 입자 파쇄 즉, 벽개성에 대한 화학적 또는 기계적 특성의 잘못이라고 생각된다.

여하튼, 메이커에서는 이 사실을 그대로 받아들여 숫돌 입자 제조 분야에서 숫돌 구성 과정에 이르기까지 더욱 더 연구 노력하여야 한다.

연삭액에 대하여

연삭액은 정밀 연삭을 할 때 없어서는 안되는 중요한 요소이며, 그 작용은 연삭날의 마모를 방지하고 동시에 연삭날의 자생 작용을 촉진하며, 가공중의 정밀도가 열 때문에 떨어지는 것을 냉각함으로써 정밀도를 유지하는 커다란 작용을 한다.

일반적으로 나사나 기어 등의 연삭에는 불수용성 연삭액을 사용하며 일반 연삭에는 수용성 연삭액을 사용한다.

그 이유는 여러 가지 있지만, 한마디로 말하면 절삭을 한 후에는 가공 표면을 수정할 수 없다는 조건이 있기 때문에, 접촉면이 큰 작업인데다 표면 거칠기가 필요할 때에는 불수용성을 사용하고 원통 연삭이나 평면 연삭을 할 때에는 수용성 연삭액으로도 충분하다.

특별한 경우, 즉 알루미늄 합금이나 초경 합금 등에는 경유나 등유 등을 사용하는 수도 있다.

일반 연삭에서도 표면 거칠기에 중점을 두는 초정밀 연삭에서는 비교적 윤활성이 좋은 연삭액을 사용하지만, 수용성 연삭액에는 애멀션형, 솔류블형 그리고 솔류션형 등 화학 성분이 다른 연삭액이 있어 각 연삭 목적에 따라 사용한다.

연삭액의 여과 방식도 여러 가지가 있으며, 침전식, 마그넷식, 여과식, 원심 분리식, 부유식 등이 있고 이들을 조합시킨 것도 있다. 그 중에서도 여과식에서는 0.5 μm나되는 입자를 제거할 수도 있다.

어느 것이든 정밀 연삭일 때에는 표면 거칠기를 향상시키기 위해 연삭액을 충분히 여과시킬 필요가 있다.

드레싱

드레싱이란 숫돌 표면의 절삭날, 즉 숫돌 입자에 새로운 날을 재생시키는 작업이며, 숫돌의 입도나 경도 또는 가공 재질이나 다듬질면 거칠기 그리고 다이아몬드 공구의 끝모양 등 여러 가지 요인 때문에 달라지고 일정한 제원에 따라 결정되는 것은 아니다. 더구나 드레싱은 가공 능률이나 정밀도에 큰 비중을 차지하므로 매우 중요한 일이다.

여하튼 다이아몬드 공구의 각으로 숫돌 입자를 잘라(정확하게 말하면 작게 벽개하여), 보다 많은 절삭날을 생기게 하는 작업이다.

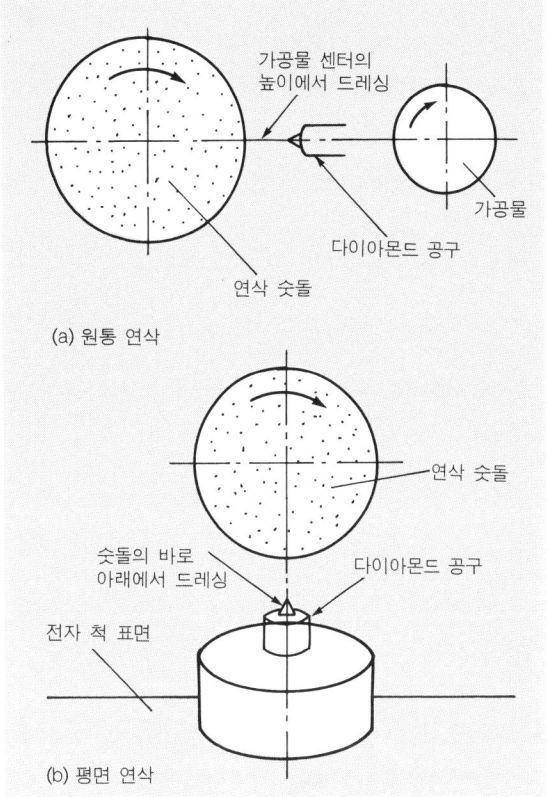

그림 2. 다이아몬드 공구의 설치 위치

따라서 서서히 절삭 깊이를 먹이고 이송 속도를 느리게 하여, 이것을 몇 번씩 되풀이하면서 드레싱한다. 조금 평탄한 다이아몬드 공구쪽이 효과가 있다는 논문도 있지만, 이것도 그 조건 내의 일이며, 기본적으로는 날카로운 각을 사용하는 것이 숫돌 입자의 탈락을 방지하고 보다 많은 날을 내놓게 할 수가 있다.

한 번의 드레싱으로 0.05~0.1mm 이상이나 절삭을 했을 때에는 드레싱이라기 보다는 트루잉, 즉 숫돌의 표면 성형인 것이며, 따라서 숫돌 입자의 탈락 현상만 일으키는 숫돌 표면이 되어 버린다.

다이아몬드 공구의 모양에는 단석형과 집중형이 있으며, 집중형은 다이아몬드의 작은 입자를 금속으로 소결한 것으로서 정밀 연삭 때에 사용한다.

일반론으로서는 표면 거칠기 0.2S 이상의 경우에는 단석 다이아몬드를 사용하고, 0.1S 이하의 경면 연삭 때에는 집합 다이아몬드를 사용하며, 그 입도는 #150~250이 적합하다.

다이아몬드 공구와 숫돌과의 접촉 위치는 원통 연삭일 때 센터 높이로 하고, 평면 연삭일 때에는 숫돌의 바로 밑이 가장 적합하다(그림 2).

어느 경우에나 드레싱을 할 때에는 연삭액을 충분히 쏟아부어 벽개를 촉진시킴과 동시에 로딩을 방지하여야 한다. 드레싱이 끝나면, 대나무솔로 그 뒷면을 닦는 것도 중요한데 그렇게 함으로써 로딩을 씻어낼 수 있다.

연삭 속도와 가공물 속도

연삭 속도란 숫돌이 회전하여 깎는 속도, 즉 원주 속도를 말하며, 1500~1800m/min가 보통이다. 이것은 현재의 숫돌 연삭 능력 중 가장 적합한 값이다. 내면 연삭에서는 기계의 사정 때문에 1000m/min로 하고, 절단용 레지노이드 숫돌에서는 2,000~3,000m/min의 값이 바람직하다.

가공물의 원주 속도는 일반적으로 평면 연삭의 1/100인 15~17m/min이 표준이며, 평면 연삭 때의 테이블 속도는 10~15m/min가 된다.

센터 구멍 정밀도

가공물의 센터 구멍은 원통의 진원도나 동심도 등의 기초가 된다. 특히 구멍의 각도와 매끄러움 그리고 진원도는 가공물의 정밀도에 직접 커다란 영향을 미치고 담금질 변형이 된 원통 축은 센터 구멍의 잘못이 있으면 센터 구멍 연삭기로 연삭(사진 7, 그림 3)할 필요가 있다. 빼놓을 수 없는

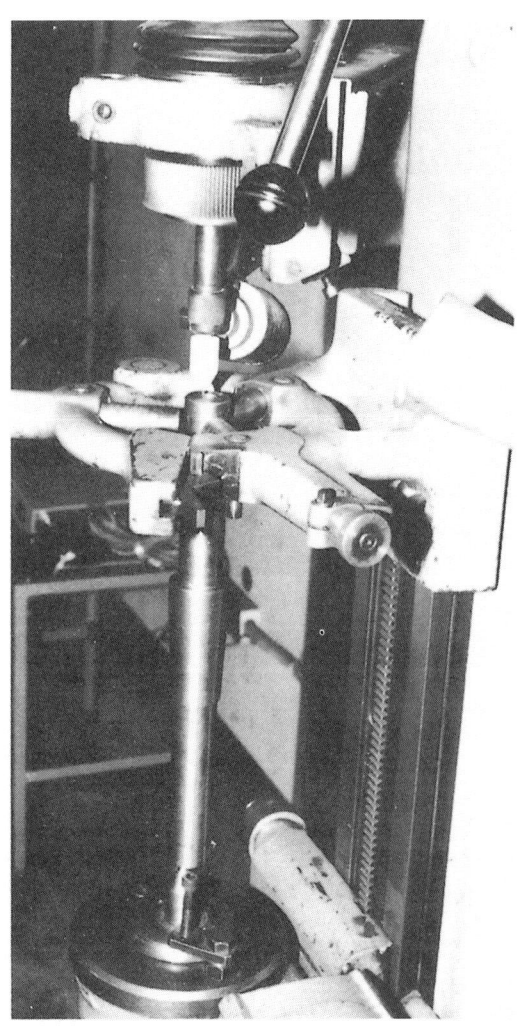

사진 7. 센터 구멍 연삭기에 의한 연삭

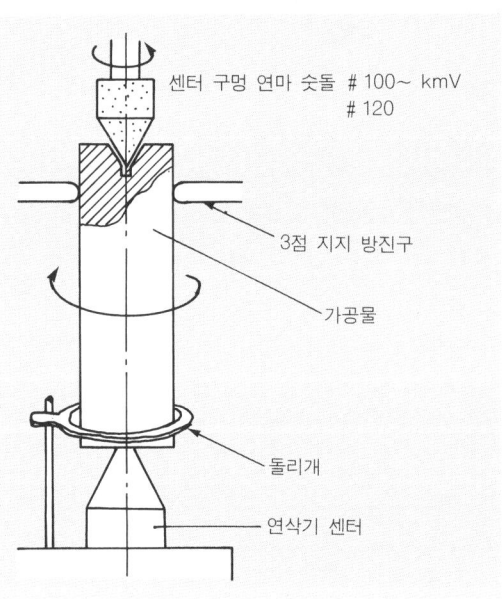

그림 3. 센터 구멍 연삭

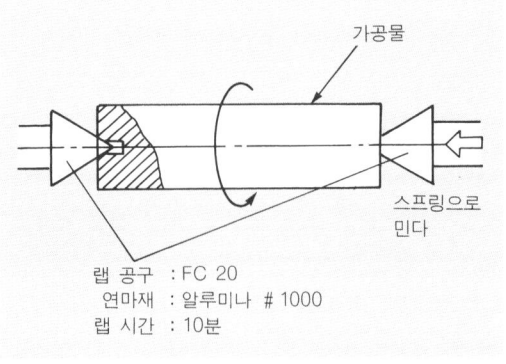

그림 4. 센터의 래핑

작업 중의 하나이다.

어떤 기계의 리드 스크루를 가공했을 때의 일인데 담금질 굽힘이 있어 연삭 가공 여유 0.4mm로 일단 원통 연삭에서는 치수 내에 외경을 가공할 수 있었다.

그러나 제2 공정인 나사 연삭 가공이 끝나고 측정한 결과, 중심 흔들림이 0.025mm나 되어 불량품이 되어 버렸다.

그 원인은 가공물의 담금질 굽힘에 의한 센터 구멍의 불량이었는데 센터 구멍이 연삭되어 있지 않았던 것이다. 이 때 특히 영향을 미친 원인 중의 하나는 제1 공정인 원통 연삭기와 제2 공정인 나사 연삭기 때의 헤드 센터와 심압대 센터의 각도가 틀어져 가공물의 회전 센터 접점의 위치가 달라졌기 때문이었다.

정밀 연삭과 조건 관리

일본에서 가장 정밀도가 높은 기계로서 정평이 나있는 기계 중에 히다치 제작소의 중앙 연구소에서 밤낮으로 가동되고 있는 「루링 엔진」이 있다.

이 기계는 1mm 사이에 600~3000개의 초정밀 형상의 선을 긋는 기계(각선기)이며, 회절(回折) 격자(그레이팅이라고 부르는 분광판)를 만드는 기계이다.

루링 엔진은 공기 스프링으로 지지된 독립 기초 위에 설치되어 있으며, 기계의 주요 부분은 기름 속에 채워져 있고 온도는 ±0.01℃로 관리되어 정밀한 운동을 하고 있다.

이 기계의 심장부에 한 개의 리드 스크루가 조립되어 가장 중요한 피치의 분할을 하고 있다. 이 리드 스크루는 린드너사(독일)의 나사 연삭기로 가공하고 있다.

피치의 정밀도 목표를 0.001로 정하고 24시간 내내 작업하기로 하고 가공실의 온도는 ±1℃, 연삭액 온도 ±0.5℃, 연삭기 리드 스크루 부분에 대한 공기 유통 등 가공 환경에 만전을 기하면서 다듬질한 것이다.

나사나 기어는 그 가공 공정중에는 작업자의 기교가 늘어갈 여지가 없다는 것은 낭연한 일이며, 어떻게 가공기의 성능을 내게 하느냐에 달려 있다. 참으로 기본적인 일이기는 하나 어디까지 작업 조건을 관리하느냐에 달려 있다고 할 수 있다.

물론, 그 과정을 거치는 동안 열변형이나 숫돌의 마모 그리고 기계 베어링부의 윤활유 변화 등 여러 가지 조건이 안정되어 목표로 하는 정밀도를 확보하기까지에는 몇 시간에 걸친 예비 운전 등도 있었다.

연삭중에는 호흡도 멈추는 마음으로, 기계 소리나 연삭액이 배출되는 소리 또는 공기 조화기의 소리 속에서 연삭음 소리를 가려내어 들으면서, 사소한 변화도 놓치지 않는 주의를 기울이며 완성한 것으로서 마지막 다듬질의 절삭 깊이로부터 끝날 때까지의 40분간은 전신경을 집중시킨 길고 긴 싸움이었다.

이렇게 연삭을 끝낸 나사는 최종 공정인 초정밀 래핑으로 한층 더 정밀도 향상을 꾀하였다. 그 리드 스크루를 조립한 루링 엔진이 아직까지도 가동되고 있는 것이다.

원통 연삭에는 눈과 귀 그리고 촉감을

소형 압연 롤의 원통 연삭가공. ϕ65mm, 면길이 300mm, 전길이 650mm, 이며, 재료는 하이스(SKH)재에 경질 크롬을 도금한 것

　원통 연삭에서의 요구 항목에는 치수의 공차와 기하학적 공차, 표면 거칠기에 대한 공차가 있다.

　치수에 대해서는 다른 연삭 작업보다 측정하기가 간단하기 때문에 보통은 열변위만큼 계산에 넣어 두는 정도로도 충분하다. 기하학적 공차 중의 진원도는 가공물의 치수나 정밀도 때문에 가공 시간이 길어질 때에는 이론과는 반대로 센터 구멍을 크게 해 면압을 내리거나 래핑함으로써 센터 구멍이 상하는 것을 방지하는 것도 하나의 방법이라고 말할 수 있다. 다만 센터 구멍 자체의 진원도가 나쁜 것은 논외이므로 충분한 주의가 필요하다.

　흔들림에 대해서는 숫돌의 절삭성과 가공할 때의 공들임으로 거의 결정되지만, 동축도(同軸度)를 낼 때에는 특히 가공물이 열처리되어 있을 때나 난삭재일 때에는 면전체를 한 번 거친 연삭을 하여 표면의 응력층을 제거한 후 다듬질 연삭을 하는 것도 중요하다. 원통도에 대해서는 기계의 정밀도 외에 센터 구멍 부근이나 저널의 지지 부분에 가공중의 발열로 인한 신축이 생기므로 이것도 주의할 필요가 있다.

　표면 거칠기에서는 압연 롤 등과 같이 압연하는 재료에 따라 롤의 표면 거칠기에 대한 전사 모양이 달라지므로, 이 점도 고려하여 표면 거칠기를 바꿀 필요가 있다(사진). 또한 롤에 재료의 피로나 연삭 번 등이 있으면 다듬질 후의 표면이 눈으로 보아 아무 이상이 없는데도 압연을 하면 나타나는 수가 있다. 최근에는 ϕ500mm, 전장 3m 정도의 롤에서도 원통도 2μm, 진원도와 흔들림 모두 1μm로 요구하는 수가 있으며, 이 때에는 측정하는 흠집도 문제가 된다. 특히 원통도를 측정할 때에는 롤 캘리퍼를 사용하면 연삭하는 방향과 직각으로 흠집이 생기기 때문에 캘리퍼의 차륜을 수지로 하던가 비접촉식 측정 방법으로 하여, 적어도 0.1μm를 보증하는 정밀도를 유지하는 방법을 발견하는 것도 앞으로의 과제이다.

　여하튼 연삭 가공에서는 숫돌의 절삭성이 가장 중요하며, 여기에 눈과 귀 그리고 손(촉감)을 전부 사용하면 더욱 더 효과적으로 작업을 할 수가 있다. 예를 들어 눈을 사용할 때에는 숙련이 되면 가공중이라도 표면에 비치는 모양만 보아도 표면 거칠기를 짐작할 수가 있다. 그리고 빛에 비춰서 틈 사이로 보던가 빛의 방향을 바꾸던가 하여 연삭 표면의 극히 미세한 채터나 이송 자국 등도 발견할 수가 있다. 연삭하는 소리도 중요한 체크 포인트인데, 숫돌의 절삭성이 좋을 때에는 비교적 맑고 가벼운 금속음이 나지만, 절삭성이 나빠지면 무겁고 둔한 소리가 난다. 가공중인 가공물에 가볍게 닿으면 기계 계통의 진동과는 다른 진동을 검출할 수가 있으며, 채터링 등을 발견하는데 효과가 있다(다만 안전을 위해서는 권하고 싶지 않은 방법이기는 하지만).

　이와 같이 눈과 귀 등을 활용함으로써 깎기 시작하고 나서 1 패스 이하라도 숫돌의 적합 여부를 판정할 수 있게 되며, 가장 적합한 숫돌을 빨리 교환하여 시간의 손실분만큼 공들여 다듬질할 수 있다. 즉 원통 연삭은 절삭성이 좋은 숫돌을 사용한 재현성이 있는 가공과 정확한 측정 기술과의 조화가 정밀도를 향상시키는 열쇠라고 해도 과언이 아니다.

고정밀도 평면 연삭의 포인트

평면 연삭기에서의 가공 정밀도에는 치수 정밀도와 형상 정밀도(진직도, 평면도, 평행도, 직각도), 표면 거칠기 등이 있다.

이와 같은 정밀도를 높이기 위해서는 가공 절차와 연삭 조건 그리고 숫돌의 선택 방법 등이 결정적인 요소가 된다. 한편, 가공 능률을 올리기 위해서는 원하는 가공 정밀도를 만족시키기 위한 가공 절차를 생각해야만 한다.

평면 연삭 가공에서의 가공 정밀도를 향상시키는 포인트와 능률을 올리기 위한 연구에 대하여 구체적인 예를 알아보자.

평면 연삭을 하기 전에 주의할 점

(1) 뒤틀림과 비틀림 제거

평면 연삭 가공을 하려면 가공물의 뒤틀림이나 비틀림을 제거할 필요가 있는데, 가공물의 뒤틀림이나 비틀림을 미리 정반 위에서 확인하여 끼움쇠 등을 넣어서 변형을 제거한다.

(2) 가공물 설치면의 평면 내기

전자 척을 연삭 가공으로 평면을 내고 이 때 전기를 통한 상태에서 연삭한다. 열변위 상태를 실제의 작업 상태와 똑같은 조건하에서 하는 것이 평면을 낼 때의 포인트이다.

치수 정밀도와 형상 정밀도내기

평면 연삭에서 치수 정밀도를 내기 위해서는 우선 현재의 치수가 어떻게 되어 있는지를 알고 나서, 뒤틀림이나 비틀림을 제거한 것을 다음에 말하는 가공 조건에 따라 연삭한다.

연삭을 할 때에는 바라는 연삭 치수의 0.02~0.03mm 앞의 시점에서 스파크 아웃을 충분히 한다. 그리고 가공물을 측정할 때에는 인체의 열에 의한 팽창 때문에 연삭량이 증가하여 변형의 원인이 되므로 충분히 냉각한 후에 가공하기 시작한다. 이 때의 연삭 조건으로서는 연삭 저항에 의한 숫돌의 발열을 적게 하기 위하여 숫돌의 절삭 깊이를 작게 한다. 또한 숫돌의 원주 속도를 크게 하고 이송은 느리게 한다.

표면 정밀도를 향상시키는 포인트

평면 연삭을 할 때, 우선 숫돌의 드레싱이 문제가 되며, 드레싱의 빠르기에 따라 표면의 정밀도가 좌우된다.

드레싱을 빠르게 하면 표면이 거칠게 되어 정밀도도 나오지 않는다. 그러나 숫돌의 절삭성은 좋아지므로 거친 연삭이나 뒤틀림 제거 등에는 적합하다. 반대로 드레싱 속도를 느리게 하면 표면의 정밀도는 좋아지지만 숫돌에 로딩이 일어나 연삭 번이 발생하기 쉽다.

따라서 드레싱하는 방법은 회전수에 맞는 좋은 조건을 발견하는게 중요하다. 그리고 표면 정밀도에 대해서는 재질에 따른 차이도 고려할 필요가 있다.

가공 형상에 따른 주의점

(1) 얇은 가공물의 연삭 가공

얇은 가공물을 연삭할 때에는 우선 공정으로서 가공물의 뒤틀림을 확인하고 그림 1과 같이 볼록면쪽부터 가공한다. 이 때 숫돌은 연한 것을 사용하여 연삭 저항에 따른 발열을 적게 하는 것이 포인트이다. 다음에는 한쪽의 가공이 끝났으면 그림 2에 표시한 바와 같이 반대편 표면을 가공한다. 이렇게 교대로 몇 번씩 반복하면서 가공물의 내부 변형이 남지 않도록 연삭해 간다.

(2) 숫돌의 측면으로 가공

숫돌의 측면을 사용하여 연삭할 때에는 그림 3과 같이 가공물의 가공면에서 위까지 숫돌의 측면에 릴리프(relief)를 만들 필요가 있다. 이렇게 함으로써 연삭 접촉면도 작아져 능률도 올라가고 표면의 정밀도도 향상된다.

그리고 시간이 지남에 따라 주축이 늘어나 기준점이 되는 치수가 변화하므로 연삭기의 성질을 충분히 아는 것이 중요하다. 이들은 홈파기 가공에 대해서도 같은 말을 할 수가 있다.

(3) 홈파기 가공의 요령

홈파기 가공에 대해서는 숫돌의 모양이 빨리 변화하므로 입도가 고운 것, 예를 들면 #100~120을 사용한다. 이 때 숫돌의 외주와 측면을 드레싱하게 되겠지만, 바닥면은 측면보다도 천천히 연삭하는 편이 좋은 결과를 얻을 수 있다. 이 경우, 습식 연삭을 할 때에는 연삭액을 붓는 노즐의 모양을 연구하면 더욱 능률적인 가공을 할 수가 있다.

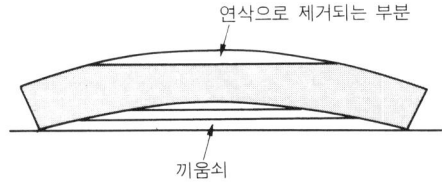

그림 1. 뒤틀린 얇은 가공물의 연삭면 ①

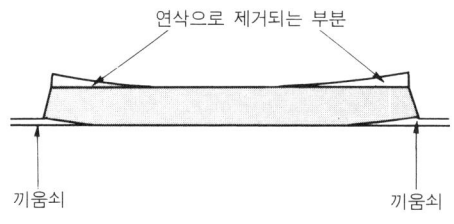

그림 2. 뒤틀린 얇은 가공물의 연삭면 ②

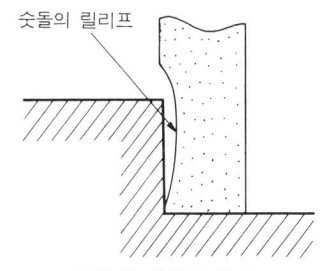

그림 3. 숫돌의 릴리프

연삭 조건을 결정하는 포인트

평면 연삭의 조건을 정하기 위해서는 다음과 같은 포인트가 있다(일반적인 평면 연삭기에 대해 적용).

(1) 절삭량

절삭량은 다른 공작 기계에서도 같지만 평면 연삭기에서도 그 양을 결정하는 방법에 따라 숫돌의 수명이나 능률, 또는 정밀도나 다듬질면 등에 영향을 미치는 중요한 요소이다.

절삭량을 많이 하면 연삭 저항이 많게 되어 열이 발생하여, 연삭면이 거칠게 되며 숫돌은 결손이나 로딩을 일으켜 숫돌의 소모가 빨라진다. 재질별 절삭량의 일례를 표 1에 나타냈다.

(2) 이송

이송량은 거친 연삭일 때에 100~500m/min이고 다듬질 연삭일 때에는 50m/min이 적당한데 이송을 많이 하면 연삭 저항이 증가하여 다듬질면이 거칠게 된다.

이송량이 적으면 숫돌의 덜링이 일어나기 쉬우며, 반대로 많으면 덜링에다가 세딩까지 일어나 숫돌의 소모가 많게 된다.

(3) 숫돌의 원주 속도

원주 속도는 연삭 가공에서 중요한 항목이며, 선반의 절삭 속도(피삭재의 원주 속도)나 밀링 머신에서의 절삭 속도(절삭 공구의 원주 속도)와 같은 것이다.

원주 속도는 피삭재의 재질이나 숫돌과 피삭재의 접촉 상태 그리고 숫돌의 경도나 결합제의 종류 등에 따라 바꿔져야 한다.

예를 들면 평면 연삭기에서는 1200~1800m/min가 적정한 범위인데 일반적으로 숫돌의 원주 속도가 작으면 연삭 저항은 크게 되며, 숫돌의 소모량이 많게 된다.

또한 연삭량은 감소하지만 빌열은 낮아진다. 반대로 원주 속도가 빠르면 연삭 저항과 숫돌 소모량은 적어지며, 연삭량은 많아져 발열도 높아지기 쉽다.

이와 같은 정밀도를 얻기 위해서는 연삭 조건을 알아야 한다.

숫돌의 선택

숫돌의 선택에 대해서는 제2장에서 상세히 말했으므로 그것을 참조하기 바라며, 여기에서는 평면 연삭을 할 때의 숫돌 선택의 예를 소개하겠다.

(1) 숫돌 입자

숫돌 입자는 절삭날의 역할을 하는 것이며, 주로 산화알루미늄 계통과 탄화규소 계통이 사용되고 있다. 연삭 숫돌 입자의 종류와 용도에 대해서는 제2장 숫돌의 선정을 참조하기 바란다.

표 1. 재질별 추천 절삭 깊이량

다듬질 정도	연 강	담금질강 (HRC 41 이상)	공구강	스테인리스강 내 열 강	주 철
다듬질	0.005~0.01mm	0.005~0.01mm	0.005~0.015mm	–	0.005~0.01mm
거친 절삭	0.015~0.03mm	0.015~0.03mm	0.02~0.04mm	0.02~0.03mm	0.015~0.04mm

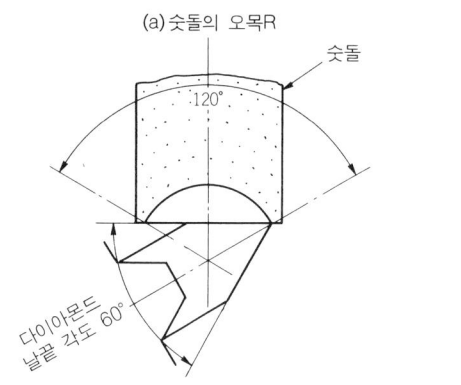
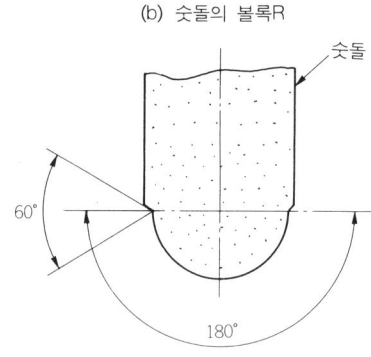

그림 4. R형 성형 연삭용 숫돌의 드레싱

(2) 입도

숫돌 입자 하나의 크기를 나타내는 것이 입도이며, 숫돌 입자가 크면 그만큼 절삭날도 크게 되어 절삭 깊이를 크게 할 수가 있다. 입도는 #36부터 #100까지를 사용하며, 성형용으로 #120을 사용하는 수도 있다.

#36부터 #60까지가 일반적으로 평면 연삭용으로 사용되고 있으며, #60 이상을 다듬질 연삭용으로서 사용하면 좋은 결과가 나올 것이다.

(3) 조직

숫돌의 전체용적 중 얼마의 비율로 숫돌 입자가 들어 있느냐 하는 것이 숫돌 입자율이며, 이것을 조직이라고 한다. 일반적인 평면 연삭에는 조직 번호 4~6을 사용한다.

(4) 결합도

숫돌 자체의 강도를 결합도라고 말하며, 결합도가 약하면 결손이 일어나고 강하면 로딩이 일어난다. 일반적으로 단단한 숫돌이나 연한 숫돌이라고 말하는 것은 결합제를 의미하는 것인데 평면 연삭용으로서는 H~K가 적당하다.

평면 연삭기에 의한 성형 연삭

성형 연삭 가공은 형상 가공을 하는 것이며, 이 때 그림 4와 같이 R형 숫돌의 오목형으로 가공물의 볼록형을 연삭하는 경우와 볼록형 숫돌로 가공물의 오목형을 연삭하는 경우 또는 각도 형상이나 홈형상 등의 숫돌로 소정의 형상으로 연삭할 수 있는 연삭 방법이다.

성형 연삭을 하기 위해서는 숫돌을 가공물의 모양에 맞춰 드레싱하겠지만, 이 때 가공 조건을 충분히 알고 나서 드레싱함으로써 형상 정밀도를 올릴 수 있다.

평면 연삭 가공에서도 고정밀도화와 고능률화를 추진하기 위해서는 연삭기의 정밀도와 숫돌의 선택 사이의 상호 관계가 크며, 가공에 대한 공정 연구와 절차에 따라 능률을 올릴 수가 있다.

이제는 NC 평면 연삭기도 보급되어 데이터를 표준화함으로써 경험이 적어도 고정밀도의 가공을 할 수 있게 되었다. 다만 CNC(컴퓨터 NC)화로 기계적인 정밀도가 확실하게 재현되었더라도 숫돌의 선택 등에 대해서는 평상시에 데이터를 축적해 두는 것이 중요하다.

평면 연삭과 형상 정밀도

평면 연삭에서는 가공물이 대형 또는 경박하게 되면, 다른 연삭 가공보다 훨씬 더 어렵게 된다.

평면도나 직각도와 같은 정밀도만을 보아도 모든 기계 계통의 축방향 정밀도가 서로 엉켜 영향을 미치기 때문에 어느 부분이 원인인지 확인할 필요가 있으며 측정 방법에도 문제가 생긴다.

↑ 스테인리스판(SUS 316)의 평면 연삭가공. 치수는 길이 2000mm, 폭 950mm, 판두께 50mm이며, 평면도는 25μm가 요구된다. 3점 지지+보조 2점, 합해서 5개소에 고정구를 받쳐 놓았다. 아래는 3점 지지 부분을 나타내고 있다.

■ 평면도

평면 연삭은 한 면씩 밖에 가공할 수가 없기 때문에 두번째 면을 가공하는 도중에 처음 면이 틀어지는 수가 많으므로 다른 연삭 작업보다 더 숫돌의 절삭성에 주의를 기울이면서 측정하는 데도 같은 주의가 필요하다. 정반 위에 달라붙게 놓았을 때에는 온도차에 따라 가공물이 뒤틀린다. 석정반은 열변위는 적지만, 온도의 영향으로 정반 자체의 평면도에 변화가 일어난다. 또 가공물에 관해서는 강성이 낮을 경우는 가상 평면의 3점 지지하는 위치가 조금만 바뀌어도 평면도가 달라지며, 상하면의 한쪽이 폐단면이 아니면 상하를 뒤집어 같은 면을 측정하여도 정밀도가 달라지는 경우가 많다. 그래서 실제의 사용 상태나 수주선의 검사 방법에 맞춰 가공하고 검사하는 것도 중요하다. 그 중에는 상하면이 나른 재실로 조립된 구조일 때도 있으며, 팽창 계수 때문에 연삭액의 온도를 실제의 사용 상태에 가깝게 하는 수도 있다.

예를 들면, 석정반을 연삭할 때에는 돌에도 결이 있다고 하며, 그 결의 방향에 따라 가공중에 배들어간 수분이 증발하고 나면 가운데가 높아지거나 낮아지는 수도 있어 가공 직후의 측정만으로는 불안하게 된다.

■ 평행도

가공물을 전자 척에 흡착시켰을 때 먼지가 끼던가, 버나 때린 홈집 등이 영향을 주며, 통상적인 전자식 방식의 척이라면 발열 문제나 내부 구조 때문에 생기는 스위치의 on, off시의 변형 영향을 받기도 한다. 그래서 가공물을 설치할 때에는 충분한 청소를 하는 동시에 영구 자석식 전자 척을 사용할 필요가 있다.

■ 직각도

현재 사용되고 있는 대부분의 측정기가 정반의 영향을 받기 쉬운 형이므로, 가공중에 기계 위에서 간단하게 그리고, 정확하게 측정할 수 있는 방법을 찾도록 직각도를 올바르게 측정하는 것이 필요하다.

그런데 만일 가공물이 점점 더 커질 때에는 참다운 평면도란 대체 무엇인지 평면도란 무엇인가? 라는 원점으로 되돌아가 생각해 볼 문제이다.

접합 숫돌로 하는 연삭의 실제

「접합 숫돌」이란 숫돌 입자나 입도가 다른 두 종류 이상의 다른 숫돌을 한 장으로 합쳐서 제작한 것으로서 가공 조건이 다른 연삭을 한꺼번에 할 수 있는 고능률 숫돌이다. 최근, 자동차나 기계 부품을 연삭 가공할 때 많이 사용되고 있다. 예를 들면 앵귤러 원통 연삭기에서 가공물의 단면과 외주면을 동시에 가공하는 경우, 외주면의 다듬질면 거칠기에 맞춘 입도의 숫돌로 단면을 동시에 연삭하면 반드시 로딩이 일어나 연삭 번이 일어나기 쉽게 된다. 즉 단면과 외주면의 연삭을 같은 종류의 숫돌로 연삭하기란 매우 어려운 일이다. 이럴 때에는 단면 연삭에는 단면 연삭에 맞는 숫돌을 선정하고, 외주면 연삭에는 외주면 연삭에 맞는 숫돌을 선정하여 이 두 종류의 숫돌을 한장으로 합쳐 만들면 한꺼번에 가공 조건이 다른 두 가지의 연삭을 할 수 있게 되어 매우 능률적이다.

그림 1의 예와 같이 단면과 외주면의 동시 가공 외에도 경도가 다른 부분의 동시 연삭이나 가공물의 외경이 크게 다를 때의 동시 가공 또는 가공 장소에 따라 다듬질면의 거칠기가 다른 것을 한 공정으로 동시 연삭할 때에 효과적이다. 그림 1에서 그림 4까지는 접합 숫돌의 사용 예이다.

접합 숫돌의 제작법

접합 숫돌은 보통의 숫돌을 만드는 것과 같은 방법으로 접합하려는 숫돌의 원료 ①과 ②를 준비한다.

다음에는 필요한 양에 맞춰 원료 ①을 성형 금형 내에 넣어 표면을 평평하게 한 다음, 그 위에

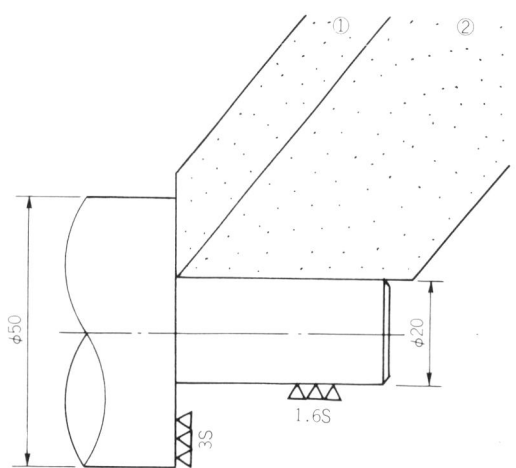

접합 숫돌 시방(숫돌 치수 760×75×304. 8)
[티로리트]　　　　　 [일본산 해당 제품]
① 89A602J7AV217　　 WA60J7V
② 89A802K5AV217　　 WA80K6V
숫돌 입자가 같더라도 단면 부위의 입도가 거칠고 결합도와 조직이 모두 연삭 번을 일으키지 않도록 되어 있다

그림 1. 가공 예 ① 단면과 외주면의 동시 연삭

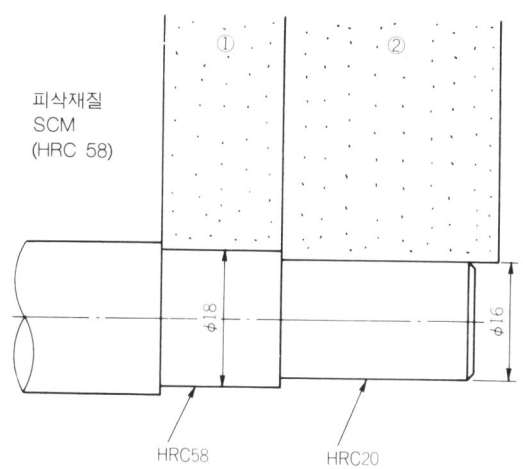

숫돌 시방(숫돌 치수 405×50×203. 2)
[티로리트]　　　　 [일본산 해당 제품]
① 90A802J6V111　　 32A80J7V
② 89A802K5AV217　　 WA80K6V
가공물의 경도차가 크기 때문에 거기에 맞는 숫돌 입자를 사용하여 연삭 성능의 균형을 맞추고 있다

그림 2. 가공 예 ② 경도가 다른 장소의 동시 연삭

원료 ②를 조용히 넣고 표면을 평평히 하되 앞서 넣은 원료 ①의 표면을 무너뜨리지 말아야 하며, 프레스로 눌러 성형한다.

이 때 주의할 점은 원료 ①과 ②가 섞이지 않고 균일하게 가압시키는 일이다. 성형된 숫돌은 일정한 두께로 경계선이 뚜렷하게 보이는 것이 좋으며, 이것을 소성로에 넣어서 한 장의 숫돌로 굽는 것이다.

가장 일반적인 접합 숫돌은 접합하려고 하는 두 종류 이상의 숫돌 입자 및 결합제가 같은 종류의 것이고 입도만이 다른 숫돌을 만드는 일이며 이것이 가장 안전한 방법이기도 하다. 그것은 접합하려는 숫돌 입자와 결합제의 종류가 같을 때에는 소성 온도나 팽창 계수가 같으므로 매우 융합성이 좋기 때문이다. 반대로 이들이 너무 다르면 안전강도를 유지할 수가 없고 위험할 때도 있으며, 성능도 안정되지 않을 때가 있으므로 주의할 필요가 있다.

구체적으로 말하면, A계통 숫돌 입자(산화알루미나 숫돌 입자)와 C계통(탄화규소 숫돌 입자)의 접합 숫돌이나 소성 온도 및 성질이 몹시 다른 결합제와의 접합 숫돌은 안전성면 때문에 제작할 수 없을 때도 있다(메이커에 따라 다소의 차이는 있다).

접합 숫돌의 장점

종래에는 2~3공정이 필요했던 공정을 한 공정으로 끝낼 수 있는 복합 공구가 많이 개발되었다. 예를 들면 한 개의 공구로 센터 구멍과 드릴링 그리고 리머가공과 스폿 페이싱, 모떼기를 할 수 있는 공구도 있다. 이와 같이 공구를 교환하지 않고 여러 가지 가공을 할 수 있다면 매우 능률적이고도 정밀도가 높은 가공을 할 수 있게 된다.

한편, 연삭 가공에서는 아직 자동으로 숫돌을 교환하는 장치가 붙은 기계는 적으며 숫돌을 교환하는 것도 절삭 공구만큼 간단하지는 않으므로 공정을 나누어 가공하던가 또는 한 종류의 숫돌로

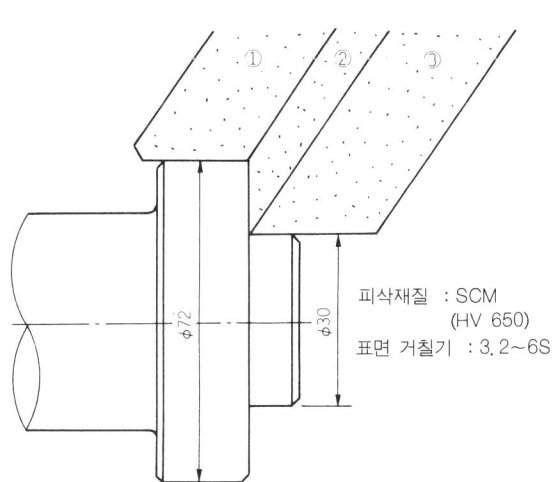

피삭재질 : SCM
(HV 650)
표면 거칠기 : 3.2~6S

숫돌 시방(숫돌 치수 760×75×304.8)
(티로리트)　　　　　(일본산 해당 제품)
① 69A802K6AV217　　19A80K7V
② 69A541I8AV217　　 19A54I10V
③ 69A902K6AV217　　19A90K7V
단면부의 연삭 번을 방지하기 위해 입도가 거칠고 조직도 열려 있는 것으로 하였다

그림 3. 가공 예 ③ 외경차와 단면 연삭을 위한 3매 접합

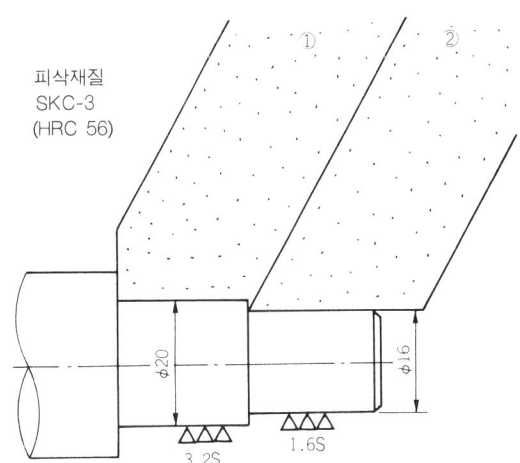

피삭재질
SKC-3
(HRC 56)

숫돌 시방(숫돌 치수 510×75×203.2)
(티로리트)　　　　　(일본산 해당 제품)
① 80A80J6AV217　　 PA80J7V
② 80A902K5AV217　　PA90K6V
①은 다듬질면 거칠기도 거칠고 외경도 크므로 #80,
②는 1.6S가 확보되도록 #902(#90ㅣ#100)를 사용하고 조직도 치밀하게 하고 있다

그림 4. 가공 예 ④ 다듬질면 거칠기가 다른 동시 연삭

여러 번 드레싱하면서 비능률적인 가공을 하고 있는 게 현실이다. 특히 양산 가공에서는 고정밀도와 고능률이 요구되는 요즈음, 자동차나 기계 부품 가공의 일부에 접합 숫돌이 사용되기 시작했으며 앞으로의 발전이 크게 기대된다.

접합 숫돌의 장점을 들면 다음과 같다.

① 한 종류의 숫돌로서는 가공하기 어려울 때, 2공정으로 하던 것을 1공정으로 할 수 있기 때문에 시간을 단축할 수 있다.

② 숫돌의 드레싱 간격을 연장하여 드레싱 횟수나 시간을 짧게 할 수 있기 때문에 드레싱 다이아몬드의 마모도 적고 숫돌의 수명을 연장할 수가 있다.

③ 가공 공정이 줄어들므로 형상이나 치수 그리고 표면 거칠기 등이 향상된다.

④ 가공 비용을 대폭적으로 감소시킬 수 있는 반면, 숫돌의 이니셜 코스트는 그다지 올라가지 않으며 일반 숫돌의 20~30% 정도가 높을 뿐이다.

이와 같이 접합 숫돌은 가공물이 복잡해짐에 따라 형상이나 치수의 정밀도, 재질이나 경도 등에 대한 요구에 대응하는 장점이 많으며, 특히 양산 가공에서는 앞으로 더욱 더 보급될 것이다.

이에 대하여 각 숫돌 메이커측의 기술도 향상되어 고능률 연삭 가공에 크게 이바지할 것이다.

*   *   *

여기에서 소개한 접합 숫돌은 「티로리트 숫돌」(오스트리아제)을 기준으로 하였다. 일본제보다 결합제가 다소 틀리며, 일본제보다는 티로리트쪽이 조직이 치밀한데 본드율이 낮기 때문이다. 접합 숫돌을 잘 이해하여 앞으로의 연삭 가공에 참고로 하길 바란다.

내면 연삭 가공의 포인트

내면 연삭 가공이란 회전하는 원통형 가공물의 구멍 내면에 회전하면서 왕복 운동하는 숫돌을 대서 절삭 깊이를 주며 이송하여 소정의 치수와 정밀도를 얻는 가공법이다.

내면 연삭 가공은 어느 쪽이냐 하면 숫돌 축(퀼)이 작으며, 이것은 원통 연삭 가공보다 불리한 점이다. 여기에서는 바라는 치수나 정밀도를 얻기 위한 가공상의 포인트에 대해 알아본다.

내면 연삭 가공의 특징

내면 연삭 가공의 특징은 그림 1을 보면 잘 알 수 있다. 그림 1(a)에서 가공하는 구멍의 지름 D보다 숫돌의 지름 d가 작아야 하며 퀼의 지름 $d1$은 숫돌의 지름보다도 더욱 작아야 한다. 이것이 원통 연삭 가공과 크게 다른 점이다. 원통 연삭 가공에서는 가공물에 대해 숫돌도 크고 튼튼한 숫돌 축을 사용할 수가 있으며 더구나 주축에 그대로 숫돌을 장치할 수가 있다. 한편 내면 연삭 가공에서는 숫돌 축끝에 또 하나의 퀼을 장치하게 되니 강성이 낮아지게 되어, 매우 불리한 조건 중의 하나이다.

숫돌 지름이 작다는 것은 내면 연삭 가공중의 숫돌 마모가 원통 연삭 가공 때보다 심하다는 말이며, 가공 능률과 가공 정밀도를 내기 위해서는 특히 숫돌의 선정이 어렵다. 그래서 드레싱 문제가 일어난다. 그리고 연삭 가공을 능률적으로 하기 위해서는 숫돌을 축방향으로 운동시키는 트래버스 속도를(방향이 바뀔 때 충격이 적도록) 어느 정도까지 증가시키느냐 하는 것이 중요한 문제이다.

고정밀도 내면 연삭 가공을 위한 조건

(1)숫돌 및 숫돌 축

숫돌 지름이 작으므로 당연히 고속 회전이 필요하게 된다. 일반적으로 숫돌 헤드의 앞뒤 부분에 두 개씩 초정밀급 앵귤러 콘택트 볼 베어링을 사용하고 있다.

모터에서 벨트로 회전력을 전달할 때, 그 때의 벨트 장력을 퀼측에 어떻게 하면 전달되지 않게 하느냐, 그리고 숫돌측의 연삭력에 대한 강성을 어떻게 크게 하느냐 하는 것이 포인트이다. 그래서 숫돌 헤드의 안전성과 고회전 정밀도 그리고 고강성이 필요하게 된다. 또한 작은 지름의 구멍을 가공하기 위해 고속 회전이 요구될 때에는 분무식 급유법을 사용한 숫돌 헤드나 고주파 숫돌 헤드를 사용한다.

일반적인 숫돌 원주 속도는 1800m/min이지만, 2000 ~3000m/min나 되는 것도 있다. 사용하는 기계에 맞는 숫돌 헤드를 사용하는 것이 중요하다. 일정한 절삭 깊이의 속도로 내면 연삭 가공을 했을 때의 절삭량과 연삭 저항과의 관계는 그림 2와 같다. 정상적인 연삭 영역이 되면 연삭 속도에 대응하는 일정한 값을 나타내게 된다. 숫돌의 절삭성이 좋다는 것은 연삭 성능이 좋다는 의미이며, 같은 가공 속도에 비례한다(그림 3).

(2)가공물 및 가공 주축

가공 주축은 그 회전 정밀도와 고강성이 포인트이다. 그 베어링은 앵귤러 콘택트 볼 베어링을 사

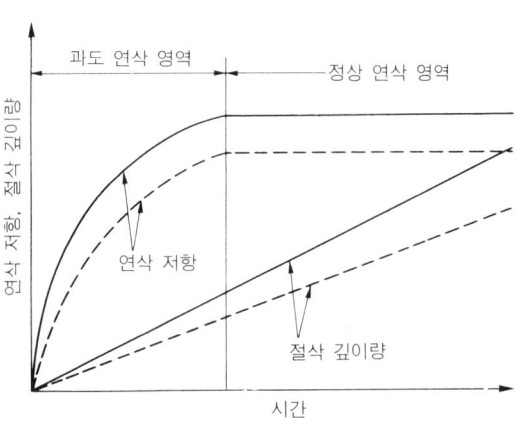

그림 2. 내면 연삭 가공에서의 절삭량과 연삭 저항과의 관계

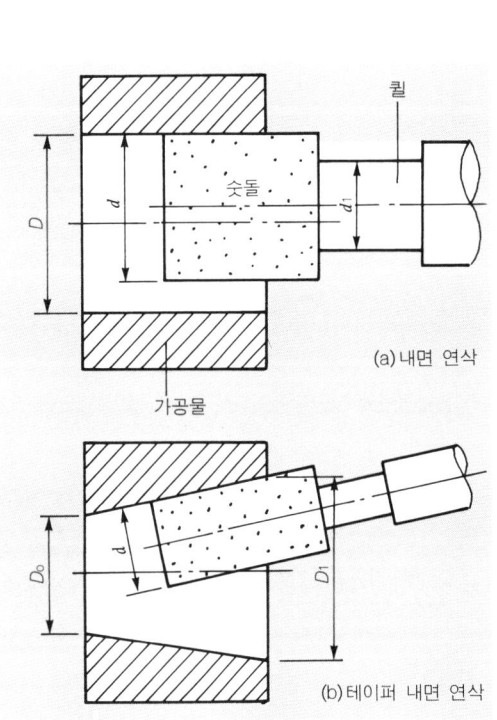

그림 1. 내면 연삭 가공 기본

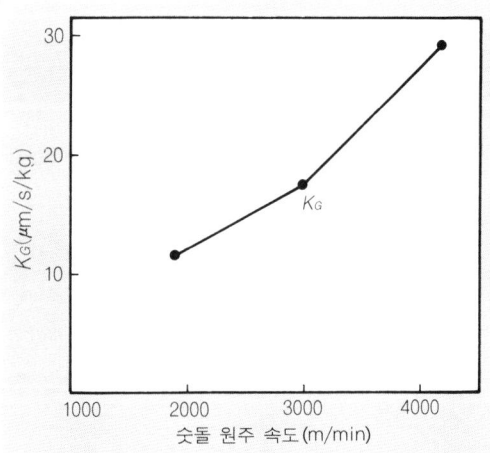

그림 3. 숫돌 원주 속도의 영향(K_G값)

용한 것(비교적 소직경 가공물용)과 테이퍼 롤러 베어링을 사용한 것(중형에서 대형 가공물)이 있으며, 최근에는 NN 베어링을 사용할 때도 있다. 특히 초정밀도급이 요구될 때에는 미끄럼 베어링이나 유체 베어링을 사용한다.

일반적으로 가공물을 유지하기 위해서 스크롤 척이나 다이어프램 척을 $2 \sim 4\mu$m밖에 안되는 안정된 정밀도를 낼 수가 있다. 가공물 주축의 앞 끝에서 척과 가공물까지의 거리를 될 수 있으면 짧게 하는 것이 포인트이다.

(3) 드레싱

정확하게 말하면 트루잉을 하고 나서 드레싱을 하는 것인데, 보통의 비트리파이드 숫돌의 경우에는 이 두 가지를 한꺼번에 동작하므로 이 두가지를 합쳐서 드레싱이라고 부른다. 이것도 내면 연삭 가공에서는 매우 중요한 일이다.

드레싱을 하는 시기는 여러 가지로 생각할 수 있지만, 특히 정밀 연삭 직전에 드레싱을 할 때에는 드레싱의 잘하고 못하고가 직접 표면 거칠기나 형상 정밀도에 영향을 미친다. 드레싱에는 단석 다이아몬드 드레서를 사용하는 경우가 많았으나 CBN 휠이 보급됨에 따라 로터리 드레서도 사용하게 되었다.

다이아몬드 드레서는 다이아몬드의 위치에 따라 가공물의 치수를 정하는 사용 방법(다이아몬드 사이징)인 경우, 다이아몬드의 위치를 간단하게 미량 조정할 수 있어야 한다. 로터리 드레서의 경우도 같은데, 드레서의 수명은 다이아몬드 사이징의 경우가 길며, 일반적으로 총형 드레서로서 사용되는 경우가 많다. 어느 경우라도 드레서의 다이아몬드 끝의 마모를 되도록 적게 하고 수명을 연장시키기 위해 드레싱하는 동안 가공물과 드레서 사이에 연삭액을 뿌리는 것은 좋은 방법이다. 내면 연삭기에는 아직도 유압식이 많이 사용되고 있는데 기계를 운전하기 시작하면 압축된 기름의 온도가 올라가 어느 온도에서 포화 상태가 된다. 기계 본체의 온도와 기름의 온도 사이에 차이가 생기면 기계가 변형된다.

그 절대값은 μm 단위로 매우 적지만, 이 변형이 가공물 중심(가공 주축 중심)과 드레서 끝과의 치수를 변화시키면 가공물의 연삭 치수가 변하게 된다. 따라서 유온의 변화가 가공 정밀도에 영향을 주지 않도록 하는 기계 설계가 여러 가지 고안되어 있다. 열변형의 균형을 잡는 방법이나 열의 발생을 적게 하기 위해 모든 운동 기구를 메커니컬 방식으로 한 내면 연삭기도 있는데, 어느 것이나 일장 일단이 있다.

(4) 절삭 깊이 장치와 가이드면

절삭 깊이 장치와 가이드면은 모두 내면 연삭 가공에서의 가공 정밀도에 크게 영향을 미치는 요소이다. 거의 모든 기계가 자동 연속 절삭 깊이 이송 장치를 채택하고 있으며, 보정 장치와 조합되어 있다.

1μm 이내의 정밀도로 정확하게 절삭 깊이 운동을 해야 하며, 반복 정밀도도 좋아야 된다. 미세하고도 정확한 절삭 깊이를 하기 위해서는 가이드면의 마찰력이 작을수록 좋다. 롤러나 볼(강구)을 사용한다던가 터카이트를 붙인다던가 또는 정압 방식을 사용하는 등 여러 가지 방법이 있다. 가이드면은 적당한 진동 흡수력을 갖는 것에도 배려하여야 하며, 특히 정압 미끄럼면의 경우에는 가이드 방향(운동 방향)의 강성을 유지하는 것도 중요하다.

(5) 진동 방지

기계 각 부위의 진동이 가공 정밀도에 미치는 수가 있다. 기계에 따라 각각 진동 특성이 있으며, 그 특성을 잘 조사하여 진동 방지 대책을 세울 필요가 있다. 특히 숫돌과 가공물이 반대의 위상으로 진동하고 있을 때에는 가공물의 내면에 강제 진동수와 가공물의 회전수와의 비율에 일치하는 각수(角數)가 나타나는 수가 있다. 이 현상은 진원도 곡선에서도 뚜렷하게 나오는데 이에 대해서는 회전수를 바꾸던가 진동원의 강제 진동을 낮게 하는 등의 대책을 세워 해결할 수가 있다. 그리고 테이블 변화 운동 때의 충격을 작게 하는 것도 중요하다.

(6) 연삭액 정화 장치와 연삭액

연삭 가공에서는 깨끗한 연삭액을 가공 부분에 충분히 공급할 필요가 있다. 가공중에 발생하는 열을 빨리 발산시킴과 동시에 발생하는 연삭 칩을 제거해야 한다. 이렇게 하지 않으면 연삭 성능을 높이기가 어려워진다. 더러워진 연삭액을 사용하면 연삭 표면의 품질을 나쁘게 할 뿐만 아니라 숫돌 자체가 빨리 마모된다. 그런 의미에서 볼 때, 연삭액 정화 장치도 매우 중요하며 자기(磁氣) 분리기나 원심력식 필터 또는 페이퍼 필터 등이 사용되고 있다.

연삭 가공할 때의 트러블 해결 방법

다음 항에서 테이퍼 내면 연삭 가공을 중점으로 실례를 들어 소개하는데 이에 앞서 현장에서의 트러블 해결 방법을 알아보기로 하자. 스트레이트 구멍이나 그 외의 어떤 내면 연삭 가공에도 유효한 것이므로 꼭 활용해 보는 것이 좋다.

(1) **치수의 분산이 클 때의 대책** :
① 절삭 깊이 장치 안내면의 틈새가 크다 ····· 지브의 틈새 조정을 하여 적당한 틈새로 한다. 예를 들면 5~8μm 정도.
② 연삭 가공 여유에 편차가 있다 ····· 전공정 가공 정밀도를 향상시켜, 연삭 가공 여유를 균일하게 한다 .
③ 가공물의 경도가 들쑥날쑥하다 ····· 균일한 경도가 되게 한다.
④ 숫돌의 마모가 많다 ····· 숫돌의 선정을 재검토하며, 숫돌의 보정량을 크게 해보는 외에도 절삭 깊이 속도를 약간 느리게 해본다.
⑤ 연삭후의 남는 양이 많다(테이퍼가 나쁘게 된다) ····· 절삭 깊이 속도를 느리게 하여 다듬질 시간을 길게 해본다. 또한 숫돌 헤드나 퀼의 선정을 다시 검토한다.
⑥ 드레서의 끝이 마모되어 있다 ····· 다이아몬드를 선회시키거나 교환한다.
⑦ 숫돌 헤드 회전용 벨트가 느슨해져 있다 ····· 벨트에 적당한 장력을 준다.
⑧ 숫돌의 사용 여유가 너무 크다 ····· 숫돌의 사용 여유를 적당히 한다. 숫돌은 지름이 작아질 수록 절삭성이 좋아진다.
⑨ 열의 영향을 받아 가공물의 구멍 센터와 드레서의 다이아몬드 끝과의 거리가 변화한다 ·····연삭액을 냉각하던지 압축 기름의 유온 조절기를 장치한다.
(2) **진원도가 나쁠 때의 대책** : 원인은 열 가지로 그 대책을 표 1에 표시하였다.
(3) **원통도가 나쁠 때의 대책** : 원인은 네 가지로 그 대책을 표 2에 표시하였다.

표 1. 진원도 불량의 원인과 대책

원 인	대 책
① 가공물의 전공정에서 진원도가 나쁘다(절삭 가공 여유가 균일치 못하며 진원도 불량이 나온다)	· 전공정의 진원도를 개선한다
② 가공물을 척에 설치했을 때의 내경에 흔들림이 크다	· 가공물의 처킹 방법을 개량하여 중심내기를 잘 한다
③ 가공물에 기름 구멍이나 키 홈이 있어 숫돌에 걸리는 연삭 저항이 변동한다	· 연삭 속도를 느리게 하여 연삭 저항을 경감시킨다 · 기름 구멍 등이 있을 때에는 연삭 트래버스 폭을 작게 하여 연삭 코너 슬로프부의 폭을 작게 한다
④ 척의 조가 마모되어 클램프했을 때의 조 내경이 가공물의 외경보다 크게 되어 가공물이 불안정한 상태로 되어 있다	· 척의 조를 다시 연삭하여 클램프 여유를 적절히 한다
⑤ 척의 조 닿는 부위가 균일치 못하기 때문에 클램프 변형이 생긴다	· 조가 닿는 부위를 수정한다
⑥ 가공물의 클램프 변형이 생겼다	· 처킹 방법 및 클램프의 힘을 검토한다
⑦ 두께가 얇거나, 두께가 균일치 못하거나 내면에 구멍이나 홈이 있는 가공물이 연삭액으로 충분한 냉각이 되지 않아 열변형이 생긴다	· 연삭액의 공급량을 늘리던가 연삭액을 뿌리는 방법을 검토한다 · 연삭 깊이 이송 속도를 느리게 한다
⑧ 가공물 및 척의 회전 균형이 나쁘다	· 밸런스 잡기를 충분히 한다 · 가공물의 회전 속도를 느리게 한다
⑨ 스파크 아웃 시간이 짧기 때문에 절삭되지 못하는 부분이 많아 다듬질면에 리드가 생긴다	· 스파크 아웃 시간을 길게 하여 절삭하지 못하는 양을 적게 한다
⑩ 다각형 모양의 채터 마크가 생긴다	· 숫돌의 회전 균형을 잘한다 · 퀼의 흔들림을 작게 한다 · 휠 헤드용 엔드리스 벨트를 연한 것으로 교환한다 · 가공물 및 척의 회전 밸런스를 잘한다 · 가공물 및 척의 회전수가 기계 각부의 고유 진동수와 서로 겹쳐 공진 현상이 일어났을 때에는 숫돌 및 가공물의 회전수를 바꾸어 공진 영역에서 벗어나게 한다. · 주축 및 휠 헤드의 베어링을 바꿔 회전 정밀도를 향상시킨다 · 적정한 숫돌 및 연삭액을 고른다 · 기계의 설치 기초를 개량하여 외부의 진단을 차단한다

표 2. 원통도 불량의 원인과 대책

원 인		대 책
① 원통도 불량		· 주축대의 스위블을 수정한다 · 좌측의 숫돌 빠짐 여유를 조금 크게 한다
② 숫돌의 빠짐 여유(트래버스 폭)가 양측에서 크다		· 빠짐 여유를 작게 한다
③ 숫돌의 빠짐 여유가 양측에서 작다		· 빠짐 여유를 작게 한다
④ -일반적으로 원통도가 그림과 같을 때 a. 전공정 불량 때문에 절삭 가공 여유의 분산과 동심도 불량 b. 가공물 열처리시의 부분적 경도 변화 때문이다 c. 처킹 상태가 불안정하다 d. 테이블 반환시의 충격에 의한 진동 e. 숫돌의 선정이 적절치 못하다 f. 숫돌과 가공물의 원주 속도가 적절치 못하다 g. 숫돌 구멍과 숫돌 설치 볼트와의 틈이 너무 많다 h. 연삭액을 뿌리는 방법이 나쁘다 i. 주축과 휠 헤드 및 테이블 운동과의 중심 맞추기가 나쁘다 j. 테이블 미끄럼면이 한쪽만 마모함으로써 테이블의 트래버스 운동이 곡선 운동을 하고 있다 k. 가로 이송대의 지브(어저스팅 심) 틈이 크게 되어 있다		a. 전공정에서의 정밀도를 향상시킨다 b. 열처리 가공의 개선 c. 척 상태를 검토한다 d. 충격을 작게 한다·테이블 속도를 늦게 한다 e. 적합한 숫돌을 고른다 f. 적절한 숫돌의 원주 속도와 가공물의 원주 속도로 조절 g. 꼭맞는 숫돌 설치 볼트로 교환 h. 가공물 전역에 균등하게 대량의 연삭액을 뿌리도록 한다 i. 기계의 정적 정밀도 검사를 하여 세 가지의 중심 맞추기가 규격값을 만족하도록 각 부분을 수정한다 j. 테이블 미끄럼면을 정밀하게 수정한다 k. 지브(어저스팅 심)를 조정한다

표 3. 동심도 불량의 원인과 대책

원 인	대 책
① 척의 선정 불량	· 동심도를 내기 쉬운 적절한 척을 선정한다
② 척의 조, 기준 핀에 먼지 부착, 부식, 마모에 의한 중심내기 정밀도의 악화	· 기준 부위를 닦아낸다 · 마모 부품의 교환
③ 전공정에서의 동심도와 형상에 의한 나쁜 영향	· 앞공정 정밀도의 향상
④ 두께가 얇은 가공물의 클램프 변형에 의한 진원도 불량의 영향	· 진원도 불량 대책을 우선 실시한다

표 4. 직각도 불량과 끝단면 흔들림 불량의 원인과 대책

원 인	대 책
① 척의 구조가 적절치 못하다	· 패킹 플레이트의 모든 면이 닿고 있을 때에는 적절한 틈을 만들어 준다 · 패킹 플레이트의 크기를 적절한 것으로 한다
② 패킹 플레이트에 칩 등의 먼지가 붙어 있다	· 세정 능력 향상 · 패킹 플레이트의 흠집을 수정한다
③ 가공물 기준 끝 단면에 버가 있던가 먼지가 붙어 있다	· 가공물 끝단면의 버를 제거한다 · 가공물을 닦는다

표 5. 표면 거칠기 불량의 원인과 대책

원 인	대 책
① 숫돌의 드레싱 정밀도가 나쁘다	· 다이아몬드 드레서의 드레스 각도를 바꾼다 · 다이아몬드 드레서를 교환한다
② 드레싱 속도가 너무 빠르다	· 드레싱 때의 테이블 속도를 느리게 한다. · 허용 원주 속도 범위 내에서 숫돌의 회전수를 빨리한다
③ 가공물의 재질에 대하여 숫돌이 적당치 않다	· 적절한 숫돌 입자의 종류와 입도 그리고 결합도 등을 선정한다
④ 숫돌에 의한 가공물의 절삭하다 남은 양이 너무 많다	· 스파크 아웃 연삭 시간을 길게 한다 · 휠 지름을 되도록 굵게 한다 · 절삭 깊이 이송 속도를 느리게 한다
⑤ 가공물의 원주 속도가 늦기 때문에 표면이 거칠게 된다	· 가공물의 원주 속도를 빠르게 한다
⑥ 숫돌과 가공물의 회전 비율이 정수(整數)로 되어 채터링이 발생하고 표면 거칠기가 나쁘게 된다	· 주축의 회전수를 처지게 하여 채터링을 제거한다
⑦ 스파크 아웃의 시간이 짧다	· 적절한 스파크 아웃 시간을 설정한다
⑧ 연삭액의 선정이 적절치 않기도 하고 너무 더러워서 칩 등이 나쁜 영향을 미치고 있다	· 적절한 연삭액을 설정한다 · 연삭액을 교환한다 · 연삭액의 정화 장치를 검토한다
⑨ 설치 기초가 나쁘기 때문에 레벨이 틀어져 기계 진동이 나온다	· 기계의 레벨 조정을 다시하던가 지반 강화의 대책을 세운다
⑩ 테이블 속도를 너무 올려서 트래버스 때의 충격이 크다	· 충격을 작게 한다 · 트래버스 속도를 낮춘다 · 트래버스 폭을 작게 해본다
⑪ 휠 헤드 모터의 설치 등이 늘어져 있어 이상한 진동이 발생하고 있다 ⑫ 휠 헤드, 휠 헤드 모터의 균형이 무너져 진동이 생긴다	· 각 부위의 고정 나사를 단단히 조인다 · 밸런스 잡기 등의 진동 대책을 세운다

표 6. 연삭 번과 연삭 균열의 원인과 대책

원 인	대 책
① 숫돌 때문이다	· 적정한 숫돌을 고른다. 숫돌은 비교적 연하고 적은 것을 고른다. 입도는 될 수 있는 대로 거칠게 한다. 결합도는 될 수 있는대로 연하게 한다. 조직은 될 수 있는 대로 거칠게 한다 · 숫돌의 절삭 깊이를 작게 한다
② 연삭 조건 때문이다	· 적정한 드레싱을 하여 숫돌 표면에 날카로운 연삭날을 유지한다 · 숫돌의 원주 속도를 낮춘다 · 절삭 깊이 이송 속도를 느리게 한다 · 연삭액을 많이 효과적으로 연삭 부위에 공급한다
③ 가공물 때문이다	· 가공물의 열처리 조건을 검토한다

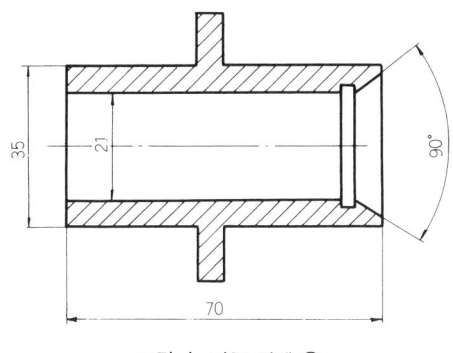

그림 4. 가공 실례 ①

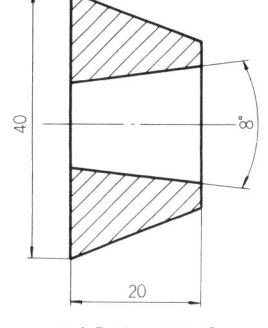

그림 5 가공 실례 ②

(4)동심도가 나쁠 때의 대책 : 네 가지 원인과 그 해결책을 표 3에 표시하였다.

(5)직각도 불량과 끝단면 흔들림이 나쁠 때의 대책 : 세 가지 원인과 대책을 표 4에 표시하였다.

(6)표면 거칠기가 나쁠 때의 대책 : 원인은 12가지이며 이들의 대책을 표 5에 표시하였다.

(7)연삭 번 및 연삭 균열이 발생할 때의 대책 : 원인은 세 가지로 그 대책을 표 6에 표시하였다.

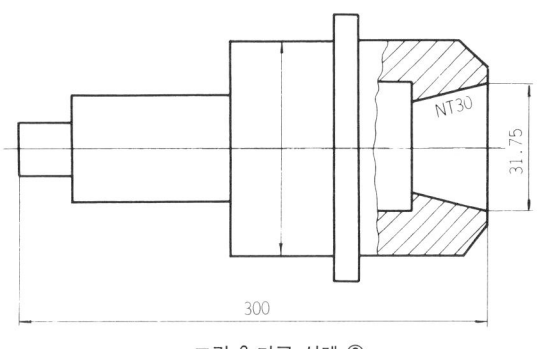

그림 6 가공 실례 ③

테이퍼 구멍 연삭을 중심으로 한 가공 실례

① 가공물의 재질은 SCMI(경도 HV 800, 질화 처리) 아버이다. 요구되는 정밀도는 테이퍼 부분이 $3\mu m$이고 표면 거칠기가 $2\mu mR_{max}$이며, 동심도가 $2\mu m$이다(그림 4).

실제로 가공해 보니 가공면에 채터 마크가 생기는 수가 있다. 이것을 조사해 보니 36개로서 숫돌 헤드의 회전수와 동기하고 있었다. 이 대책으로 드레서의 속도를 느리게 하고 드레싱량도 드레서 1왕복당 $15\mu m$로 하였다. 그리고 연삭이 끝난 후의 스파크 아웃 시간을 길게 하였다(5~6s). 이렇게 함으로써 채터 마크가 없어졌으며, 그 결과 테이퍼 $2.7\mu m$이고 표면 거칠기 $0.9\sim 1\mu mR_{max}$ 그리고 동심도 $0.7\mu m$(테이퍼 구멍 내부에 대하여)의 정밀도를 얻을 수 있다. 또한 가공물과 숫돌의 원주 속도를 각각 47m/min 및 1580m/min(28000rpm)으로 하였으며 연삭 가공 여유는 0.12mm이고 척은 셔틀 척을 사용하였다.

참고로 말씀드리면 테이퍼 부분에서 몇 μm의 장고형이 되는 수가 있는데, 이 때에는 숫돌의 빠질 여유를 5mm에서 10mm로 크게 하면 $1\sim 2\mu m$ 정도 좋아진다. 또 한 가지 방법은 숫돌 폭을 넓게 (20mm에서 26mm로) 하는 것이다. 이렇게 하면 장고형의 모양도 수정된다. 연삭액은 바덴 바니졸 22H($\times$10)이다.

② 재질은 SKD 11(경도 HRC 60)이며, 가공물은 전자 척 슈 서포트이다(그림 5). 얻어진 진원도는 $1\sim 1.2\mu mR_{max}$이고 표면 거칠기는 $0.9\mu m$이며, 진직도는 $1\sim 1.5\mu m$이다.

숫돌 원주 속도와 가공물 원주 속도는 각각 1780m/min(42000rpm)과 44m/min이다. 절삭 가공 여유는 0.25mm이고, 연삭액은 바덴NK1(×130)이다.

③ 재질은 SCM 21(경도 HRC 60, 그림 6)이다. 숫돌과 가공물의 원주 속도는 각각 1760 m/min과 14.5m/min이며, 절삭 가공 여유는 0.4mm이다. 이렇게 해서 얻어진 정밀도는 다음과 같다. 테이퍼부의 닿는 부위는 70%이고 요구되는 표면 거칠기 $2\mu mR_{max}$에 대해 $0.5\mu mR_{max}$이며, 동심도는 $5\mu m$의 요구에 대해 $1.9\mu m$이고 진원도는 요구되는 정밀도 $3\mu m$에 대해 $0.5\mu m$이며 치수 차이는 $10\mu m$이다.

CBN 휠에 의한 내면연삭 가공과 요령

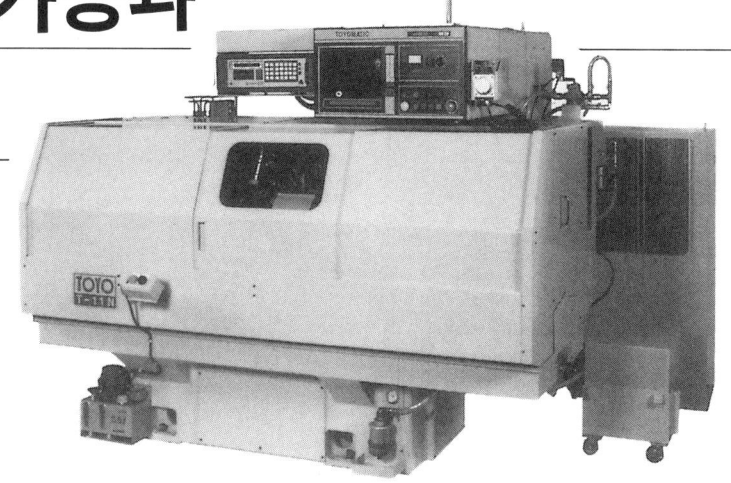

CBN 휠이 내면 연삭기에 사용되기 시작한 지도 15년 이상이 지났다. 그 역사를 뒤돌아 보면, 처음에는 보통 숫돌로는 가공하기 어려운 SKD나 SKH 같은 강계통의 난삭재에 사용되었다. 그 때는 레지노이드 본드가 주체였으며, 트루잉(흔들림 수정) 후의 드레싱이 필요하기 때문에 자동화 시키기가 어려워 수동 기계에서 사용하였다.

1975년경부터 비트리파이드 본드의 CBN 휠이 사용되기 시작하여 기공이 있는 숫돌이기 때문에 드레싱을 할 필요가 없어져 양산 분야에도 사용되기 시작하였다.

그 후, 연삭비(研削比)를 높이기 위해 차츰 집중도가 높은 CBN 휠을 사용하기 시작하여 드레싱을 위한 로터리 드레서의 고강성화와 고속화를 이룸과 동시에, 각종 제어 방식이 개발되어 왔던 것이다.

현재는 대부분의 가공물에 대해 CBN 휠의 검증은 끝낸 상태이며, 사용자의 요구(예를 들면 가공 정밀도나 사이클 타임 또는 숫돌 러닝 코스트와 무인화의 필요성 등)에 따라 CBN 휠을 사용하는 장점의 유무를 판단할 수 있게 되었다. 여기서는 내면 연삭에서의 CBN 휠과 보통 숫돌과의 차이점 그리고 CBN 휠을 사용할 때의 요령에 대해 알아보기로 한다.

CBN 휠의 장점

일반적으로 내면 연삭 가공에서는 가공할 구멍의 지름보다도 작은 숫돌을 사용해야만 한다는 조건 때문에 다음과 같은 특징이 있다.

① 숫돌 축의 강성이 높다.

② 숫돌의 손실 마모가 심하여 숫돌을 교환하는 빈도가 많다.

③ 숫돌 지름의 변화나 드레싱용 다이아몬드의 마모 등 때문에 가공 정밀도가 불안정하기 쉽다.

즉, 다른 연삭 가공 때보다 숫돌의 지름이 작기 때문에 숫돌의 손실 마모가 심하여, 한 개의 숫돌로 가공할 수 있는 가공물의 수도 매우 적기 때문에 작업자는 자주 숫돌을 교환해야만 한다. 그래서

표 1. 숫돌 교환 시간의 비교(가전 부품에서의 비교 예)

숫돌 항 목	보통 숫돌	CBN 숫돌
사이클 타임 (로딩 포함)	30초	30초
숫돌 한 개의 가공수	80개	5000개
숫돌 한 개의 가공 시간	40분	2500분
숫돌 교환 시간(흔들림 수정 포함)	3분	10분
숫돌 교환 시간의 비율	7%	0.4%

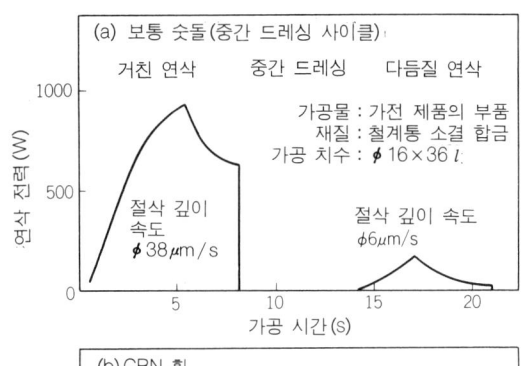

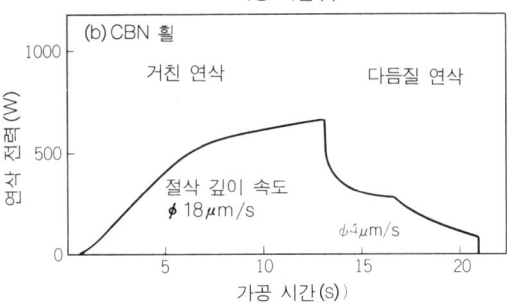

그림 1. 보통 숫돌과 CBN 휠의 연삭 사이클 비교

자동화 라인에서는 이에 대응하기 위해 숫돌을 교환하는 동안 앞과 뒤 라인의 기계를 정지시키지 않도록 가공물의 완충이 필요하게 된다.

표 1은 보통의 숫돌과 CBN 휠 때의 숫돌 교환 시간의 비율을 나타내는 하나의 예이다. 보통의 숫돌에서는 교환 시간의 비율이 약 7%인데 비해 CBN 휠에서는 0.4%이므로, CBN을 사용함으로써 숫돌을 교환하기 위한 기계 정지 시간을 적게 하며, 가동률을 향상시킬 수가 있다. 내면 연삭 가공에서는 숫돌의 지름이 변화하여 가공 정밀도가 변하기 쉬운 때도 있다.

일반적으로 보통 숫돌의 사용 범위는 최대 지름의 약 20%이며, 그만큼 숫돌의 지름이 변화하면 숫돌의 원주 속도 및 접촉하는 호의 길이가 바뀌기 때문에 가공 정밀도도 변화하게 된다.

일반적으로는 숫돌의 지름이 작아짐에 따라 숫돌의 절삭성이 좋게 되며 원통도는 깊은 구석쪽이 크게 되고 표면 거칠기는 나쁘게 된다.

여기에 비해 CBN 휠에서는 한 번의 드레싱으로 가공하는 수가 많고 그 사이의 숫돌 지름 변화도 적기 때문에 안정된 가공을 할 수가 있다.

또한 가공물 표면에는 압축 잔류 응력이 남게 되어 내마모성이 우수하다는 것도 밝혀졌다. 이와 같이 가공 정밀도가 안정되고 가공 표면의 품질도 향상된다는 점에서도 앞으로 CBN화가 진행된다고 생각된다.

CBN 휠의 연삭 특성

(1) 연삭 저항

연삭 저항은 절삭 깊이 속도에 따라 변화하지만, 같은 절삭 깊이 속도라면 CBN 휠쪽이 보통 숫돌보다 연삭 저항이 많을 때도 흔히 있다. 그림 1은 가전 제품의 부품을 가공했을 때의 연삭 사이클을 비교한 것이다. 거친 연삭에서의 절삭 깊이 속도를 CBN 휠에서는 약 1/2로 설정했음에도 불구하고 연삭 전력은 거의 같다. 즉, 같은 연삭 깊이 속도에서는 CBN쪽이 연삭 저항이 높다는 것을 알 수 있다.

CBN 휠로 가공했을 때, 가공물이 움직이지 않게 단단히 조일 필요가 있는데 클램프 변형이 생기든가 하여 단단히 조일 수가 없을 때에는 절삭 깊이 속도를 느리게 해야 할 때도 있다.

그러나 CBN 휠에서는 보통 숫돌과 같이 한 개를 가공할 때마다 드레싱할 필요가 없어 그만큼 가공 시간을 단축할 수 있기 때문에 생산성에 대해 가공물마다 종합적으로 검토할 필요가 있다.

(2) 내경에 노치가 있을 때의 가공

CBN 휠에서는 보통 숫돌보다 연삭 저항이 커지므로 가공 내경에 노치(notch)가 있을 때에는 그 영향을 받기 쉽다. 보통 숫돌에서도 숫돌 축의 강성이 낮던가 또는 숫돌의 절삭성이 떨어지면 노치가 원부분에서 많이 가공되어 진원도가 나쁘게 되며, CBN 휠에서는 그 영향이 더욱 크다.

그 대책으로는 숫돌의 길이를 짧게 한다던가 또는 숫돌의 원주 속도를 올려서 연삭 저항을 적게 하는 방법을 취하게 되며, 최근에는 결합제에 유리 가루를 섞은 다음 소성할 때 승화시켜서 기공을 많게 한 비트리파이드 본드 CBN 휠도 개발되고 있다. 이것을 사용하면 더욱 효과적일 것이다.

(3) 숫돌의 러닝 코스트

러닝 코스트는 숫돌의 가격이 그 형상(링이나 축이 붙은 것 등)이나 숫돌 입자의 종류(단결정, 혼합 숫돌 입자 등)에 따라 다르기 때문에 일반적으로 비교하기는 어렵지만, 대개 가공물 한 개당 러닝 코스트는 CBN 휠쪽이 비싸게 된다.

그러나 최근에는 CBN 휠의 가격도 내려가고 있으며, CBN을 사용함으로써 숫돌 교환 작업이 필요 없게 되므로 종업원의 공수도 삭감할 수 있다는 장점도 포함해서 종합적으로 판단할 필요가 있다.

CBN 휠을 사용하는 요령

(1) 휠의 선택 방법

CBN 휠의 경우, 그 선택 여하에 따라 가공 정밀도와 휠 수명에 미치는 영향이 크므로, 가공물의 재료나 가공조건 또는 가공 정밀도에 맞는 휠을 선택하는 것이 중요하다.

결합제로는 메틸(진칙)과 레지노이드 그리고 비트리파이드 등이 있다. 끝단면 언삭에서는 메탈 본드를 사용하여 내경 치수가 매우 작은 가공물에서는 전착을 사용하고, 수동 기계에서는 레지노이드 본드를 사용하는 등 그 사용 방법은 가공 방법에도 따르지만 주로 비트리파이드 본드를 사용할 때가 많아졌다. 그 이유로서는 기공이 있으므로 연삭기 위에서 트루잉을 할 때에 드레싱도 겸할 수 있어서 드레싱을 간단히 할 수 있기 때문이다. 입도를 선정할 때에는 기본적으로 요구되는 표면 거칠기에 따라 선정하는데, #80~#170이 일반적이다. 입도를 거칠게 하면 휠의 수명은 길어지지만 연삭 저항이 높아질 때가 많아진다. 최근에는 표면 거칠기가 엄격하게 요구되는 가공물에도 CBN 휠을 사용하게 되었으며, #200~#300이라는 가는 입자를 사용하는 경우도 많아졌다.

휠의 경도를 지배하는 요소로서 결합도와 집중도를 낮게 하고, 수명을 늘리고 싶을 때에는 집중도를 높게 하는데 집중도를 150~200으로 하여 사용할 때가 많으며 드레싱 성능이 향상됨에 따라 집중도가 높은 휠을 사용하는 경우도 많다. 결합도는 집중도보다는 휠의 수명에 미치는 영향은 적지만, 표시하는 방법이 숫돌 메이커 사이에서도 통일되지 못하고 있으므로 보통 숫돌과 같은 규격 통일이 이루어져야 한다.

(2) 드레싱

드레싱은 가공 정밀도에 직접적으로 영향을 미치는 중요한 인자이다. 보통 숫돌은 단석 다이아몬드로 간단하게 할 수 있지만, CBN 휠은 숫돌 입자의 경도가 높기 때문에 여러 가지 방법을 취하고 있다.

필자가 사용하고 있는 내면 연삭기의 경우, 컵 휠식 로터리 드레서를 사용하여 몇 번에 걸쳐 미세한 절삭량으로 드레싱하고 있다. 이를 위해 미세한 절삭량을 안정되게 얻을 수 있는 절삭 장치를 사용하고 있다.

지름이 작은 내면 연삭 가공에서는 퀼의 강성이 매우 낮기 때문에 숫돌이 테이퍼형으로 성형되기도 하고 흔들림을 잡을 수 없을 때도 있다. 그래서 숫돌을 설치할 때 흔들림을 작게 하던가 드레싱용 다이아몬드를 자주 교환하던가 하는 등의 관리가 중요하다. 그리고 메탈 본드나 레지노이드 본드의 CBN 휠에서는 트루잉을 한 후에 화이트 스톤(백석) 같은 드레싱을 하지 않으면 가공할 수 없을 때가 많다.

(3) CBN 연삭 사이클

드레싱 후의 CBN 휠은 숫돌 입자에 결합제가 부착한 상태로 되어 있으며, 이 상태로는 절삭성이 나쁘고 연삭 저항이 높게 된다. 따라서 인프로세스 게이지를 사용하지 않고 가공하면, 드레싱 후의 치수나 원통도가 변화한다.

그림 2는 링 기어를 보통 숫돌의 약 2배 되는 절삭 속도로 가공했을 때의 연삭 전력과 내경 치수의 변화를 표시한 것이다.

드레싱 직후에는 휠의 절삭성이 나쁘지만, 드레싱 후 두번째의 가공에서는 많이 개선되고 다섯번째에서는 거의 정상 상태로 된다. 그리고 드레싱 후 35번째부터 또다시 내경 치수가 작아지는 것은 휠이 마모되었기 때문이다.

이와 같이 CBN 휠에서는 드레싱 후의 연삭 저항이 높아지므로, 우리 회사에서는 연삭 저항이 설정값이 되도록 절삭 속도를 제어하는 일정 연삭력 제어 드레싱 후의 가공수에 따라 절삭 속도를 변경하는 속도 제어 방식을 개발하였다.

또한 숫돌의 지름 변화에 맞춰 절삭 속도나 회전수 그리고 드레싱량이나 주축 회전수, 스킵 수를 변경하는 「숫돌 지름 연속 보상」을 개발하여, 드레싱 방법에 맞는 CBN 연삭 사이클을 내면 연삭기에 표준 장비로서 장치하였다.

드레싱 직후에 휠의 절삭성이 나빠지는 현상은 비트리파이드 다이아몬드 휠로 세라믹을 가공할 때에도 생긴다.

그림 3은 질코니아를 가공했을 때의 연삭 특성을 나타낸 것이다. 드레싱 직후에는 연삭 저항이 높으며 드레싱 후 14번째부터 법선 방

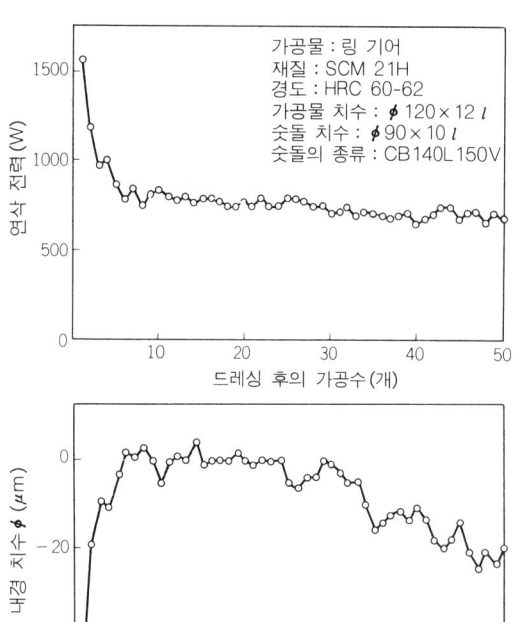

가공물 : 링 기어
재질 : SCM 21H
경도 : HRC 60-62
가공물 치수 : ϕ 120×12 l
숫돌 치수 : ϕ 90×10 l
숫돌의 종류 : CB140L150V

그림 2. CBN 휠로 가공중일 때의 연삭 전력과 내경 치수의 변화

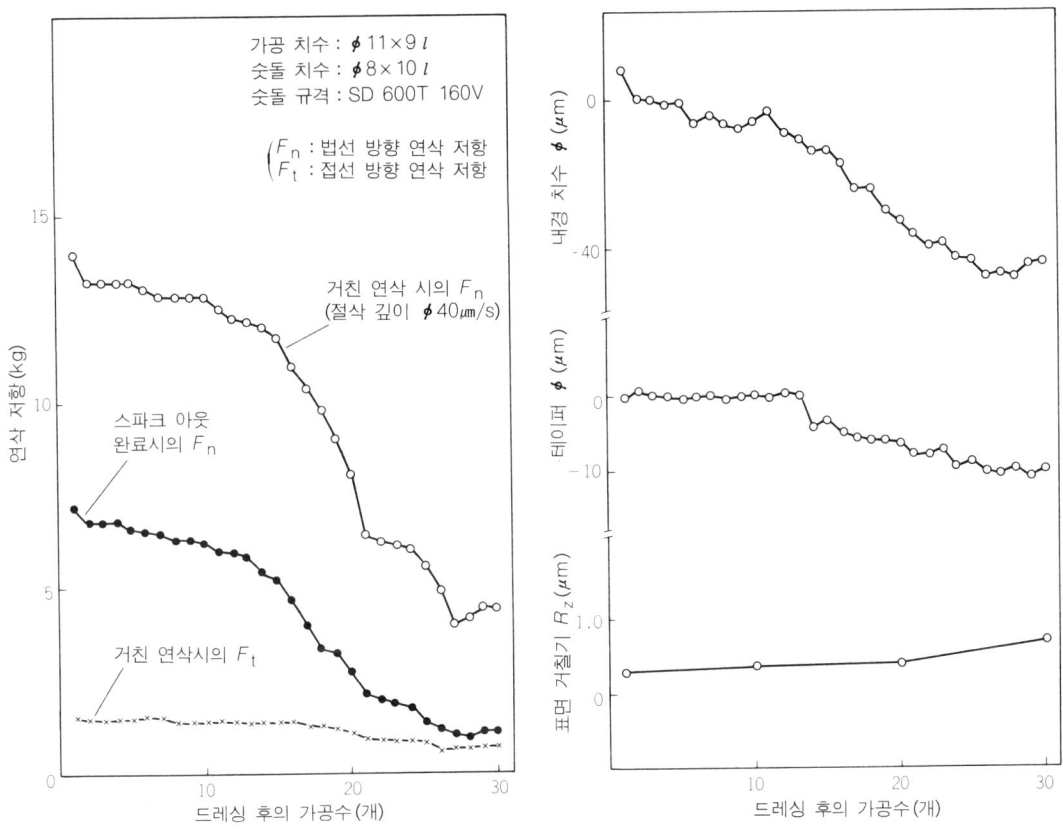

그림 3. 질코니아 세라믹스의 연삭 저항

향 연삭 저항이 급격하게 떨어지고 숫돌 입자가 탈락하기 시작한다고 생각된다. 또한 스파이크 아웃이 완료되었을 때의 법선 방향 연삭 서항과 내경 치수의 곡선은 꼭 닮아 있어, 내경 치수가 변화하는 것은 연삭중에 절삭 깊이를 이동시킬 양과 가공물을 가공한 양과의 차이에 의한 것임을 알 수 있다.

최근에는 방전 드레싱이나 전해 드레싱과 같은 새로운 방법이 연구되고 있는데, 초연삭재 휠을 드레싱한 직후에는 연삭 저항이 높게 되는 것이 현실이며, 앞서 말한 CBN 연삭 사이클 같은 것으로 대응하는 것이 가장 좋은 방법이라고 말할 수 있다.

CBN 휠을 효과적으로 사용하는 기계

(1)기계의 특성

CBN 휠과 보통 숫돌과의 연삭 특성에 대해 비교하였는데 CBN 휠을 효과적으로 사용하기 위한 기계로서의 기능은 보통 숫돌에서도 요구되는 것과 같으며 CBN에서는 그것이 더욱 엄격하게 추구되는 것이라고 생각하면 된다.

삽화의 사진은 도요 에이텍이 개발한 전자동 내면 연삭기(T-11N)이며, 주축 계통과 안내 계통 그리고 숫돌 계통을 근본적으로 재검토하여 고정밀도화하였으며 열에 의한 변형을 억제하는 대책이나 사용의 편리성 그리고 에너지 절약을 추구하는 등 기계의 하드웨어나 소프트웨어를 새롭게 하고 CBN 연삭 사이클을 채택하는 등 기계의 충실을 도모한 것이다.

(2) 기계 제어

여기에서 CBN 휠을 사용한 내면 연삭 가공을 더욱 효과적으로 가공하기 위한 제어 계통인 CBN 연삭 사이클에 대하여, 그 기능을 알아보기로 하겠다.

① 일정 연삭력 제어(TAC 제어) ····· 이것은 연삭 전력(접선 방향 연삭 저항)이 이미 설정한 값이 되도록 절삭 속도를 제어하는 것이다. CBN 휠에서는 드레싱 직후에 절삭 깊이 속도를 제어할 필요가 있기 때문에 숫돌의 절삭성에 따라 절삭 깊이 속도를 변경하게 된다. 그리고 TAC 제어에서는 다음과 같은 장점이 있다.

· 갭 엘리미네이터 기능이 있으므로 숫돌이 가공물과 접촉할 때까지 연삭 숫돌이 겉도는 시간을 단축할 수가 있다.

· 거친 연삭을 할 때, 연삭 전력을 빨리 올릴 수 있으므로 거친 연삭 시간을 단축할 수 있다.

· 연삭 가공 여유의 편차가 있어도 거친 연삭이 끝났을 때의 연삭 전력이 일정하여 가공물의 테이퍼는 안정된다.

· 다듬질 연삭을 할 때에 급속한 연삭 전력 강하(연삭 깊이에 대한 후퇴)를 함으로써 다듬질 전력을 일정하게 유지하여 안정된 가공 정밀도를 얻을 수 있으며 다듬질 연삭 시간을 단축할 수가 있다.

② 드레싱 후의 속도 제어 ····· 저속으로 절삭 깊이를 이송할 때, 드레싱을 한 직후에는 절삭 속도를 정상 속도보다 늦게 할 필요가 있다. 이 내면 연삭기의 CNC 장치에서는 CBN 연삭 사이클에 드레싱 후의 속도 전환을 설정시켰으므로 드레싱 후의 가공수에 따라 거친 연삭과 다듬질 연삭의 절삭 깊이 속도를 변경할 수 있는 드레싱 후의 속도 제어를 장착할 수가 있다.

③ 숫돌 지름 연속 보상 ····· CBN 휠에서도 지름이 작아지면 절삭성은 좋아지지만 표면의 거칠기는 나빠진다. 그 대책으로서는 숫돌의 원주 속도를 일정하게 하는 제어 장치가 있다. 이것은 숫돌의 지름이 작아짐에 따라 휠의 회전 속도를 빨리하여 절삭성의 변화를 억제하는 것이다. 그리고 숫돌의 지름이 작아지면 보통은 숫돌의 마모가 심해지므로 숫돌의 지름에 따라 스킵 수나 드레싱량을 변경시키든가 하는 숫돌 지름 연속 보상도 장착할 수 있다.

④ CBN 휠과 다이아몬드 휠의 접촉 탐지 ····· CBN 휠은 기계의 열변형 등으로 실제 드레싱량에 편차가 일어나면 가공 정밀도가 불안정하게 된다. 실제 드레싱량을 변경했을 때의 가공 정밀도 데이터를 보면, 실제 드레싱량이 $\phi 25 \mu$m일 때에는 스킵 수가 170개로서 안정되어 있지만, $\phi 7 \mu$m일 때에는 80개부터 휠의 한쪽이 마모하여 테이퍼가 변화한다. 그리고 실제 드레싱량은 통상적으로 $\phi 6 \sim 25 \mu$m밖에 안되는 작은 양이어야 하며, CBN 휠에서는 드레싱 후의 가공수가 많고 드레싱 간격이 길기 때문에 기계의 열변형을 억제하는 것이 중요하다.

앞서 말한 내면 연삭기에서는 주축 하우징과 드레서 브래킷 등에 냉각수를 순환시켜 열변형을 억제하고 있다.

또한 드레싱할 때에 CBN 숫돌 입자가 미소하게 파쇄되어 발생하는 AE(음향 방사)파를 검출하는 센서를 내장한 접촉 검출식 로터리 드레서를 개발하고 있다. 이것을 이용하면 숫돌의 마모량이 많을 때나 기계의 열변형이 있을 때, 더 이상의 드레싱을 할 필요가 없으므로 휠의 수명을 늘릴 수가 있다.

이 접촉 검출식 로터리 드레서로 바꾼 후, 휠의 러닝 코스트를 40%나 줄인 예도 있다. 또한 실제 드레싱량을 일정하게 함으로써 가공 정밀도가 안정된다는 효과도 있다.

표 2. CBN 휠에 의한 연삭 가공 실예

가공물	자동차 부품	자동차 부품	베어링 내륜	가전 제품 부품
여유 · 재질	0. 18 · SCM	0. 15 · SCM	0. 08 · SUJ 2	0. 25 · 소결 합금
형 상				
원통도(μm)	0. 75	1. 0	0. 5	2. 0
표면 거칠기(μm)	Ra 0. 11~0. 19	Ra 0. 3	Rz 0. 8	Rz 2. 0
사이클 타임 (초)	10 (로딩 포함)	40 (로딩 제외)	5 (로딩 포함)	28 (로딩 제외)

연삭 가공의 실례

표 2는 CBN 휠을 사용한 내면 연삭기에 의한 대표적인 가공 실례이다. 내면 연삭기에 CBN 휠을 사용하는 시험 단계는 이미 끝냈으며, 착실하게 실용화가 추진되고 있다. CBN 휠이 보급되려면 기계 메이커와 숫돌 메이커의 개선 뿐만 아니라, 많은 데이터가 필요하므로 사용자의 협력이 불가결하다. 앞으로 우리들의 경험과 실적이 도움이 되었으면 한다.

코팅한 재료를 연삭하는 요령

최근에는 제품 수요의 다양성에 따라 플라스마법이나 열 스프레딩법, 메탈라이징법 또는 로드 웰딩법과 같은 여러 가지 코팅법이 시행되어 연삭 가공 재료로서도 매우 많은 비율을 차지하고 있다 (사진).

코팅의 목적에 따라 그 방법이나 코팅 재료가 달라지므로 그 선택이나 연삭을 할 때에는 성분을 확인하는 등 메이커와 의논해 보는 것이 중요하다.

예를 들면 U회사의 「데토네이션 건」 방식은 밀착 강도가 높으며, T회사의 「제트 코팅」 방식은 치밀한 표면 조직을 얻을 수 있는 등 모두가 모재의 변형이 적은 방식이다.

코팅한 가공물의 연삭이 다른 일반 재료의 연삭과 다른 점은 CBN이나 다이아몬드와 같은 초숫돌 입자 때문에 일어나는 차이점 외에 모재 위에 서로 다른

↑ 표면에 2산화 티탄을 코팅한 화상 처리용 진공 실린더(기록 실린더)의 원통도를 측정중이다. φ360mm, 면의 길이 800mm, 전장 1100mm나 되는 대형이다.

재질이 분자의 집합으로서 부착하고 있다는 차이점이 있다.

코팅 방법에 따라서는 분자 사이에 틈이 있기 때문에 더러워진 연삭액이 스며들어 변색되기도 하지만, 반대로 염려한 만큼 단단치 못한 때도 있다.

그리고 두껍게 코팅했을 때에는 그 잔류 응력이나 팽창 계수의 차이 때문에 가공중에 숫돌의 절삭성이 나빠지고 균열이 생기기 쉬울 때도 있다.

점성이 있는 금속 재료를 초숫돌 입자 숫돌로 연삭할 때, 보어의 주위가 오버행되어 코팅할 때 생기는 기공이 눈에 띄지 않는 경우라도 표면 거칠기를 향상시키기 위해 통상의 숫돌 입자로 된 탄성 숫돌을 사용하면 오버행된 부분의 엷은 가죽을 벗겨낼 뿐만 아니라 기공의 주위도 절삭해 버리기 때문에 본래의 고공보다 반대로 커지는 경우도 있다. 이것은 세라믹의 경우에도 해당되므로 주의할 필요가 있다.

또한 코팅할 때에 모재가 변형되는 경우도 많으므로, 모재나 코팅재 때문에 필름의 두께를 잴 수 없을 때에는 연삭에 의한 코팅막의 박리가 일어날 위험성이 많게 된다.

가공물에 걸맞는 숫돌의 수정 방법을 확립하는 것이 중요하겠다.

초숫돌 입자 숫돌은 일반 숫돌보다 값이 비싸기는 하지만, 코팅 재료와 초숫돌 입자의 숫돌 특성을 알고 나서 사용한다면, 일반 재료를 연삭하는 것과 기본적으로는 같다고 말할 수 있다.

크리프 피드 연삭의 실제

크리프 피드 연삭이란

크리프 피드 연삭의 크리프(creep)란 「기다」라는 의미로 즉, 기는 듯이 느린 이송 속도로 연삭하는 방법을 말한다. 이송 속도는 $10 \sim 20$mm/min밖에 안되는 느린 속도이지만, 절삭량은 반대로 $4 \sim 5$mm나 되는 매우 큰 것이 특징이다. 그렇다면 종래의 방법 즉, 빠른 이송 속도로 절삭 깊이를 작게 하는 연삭 방법과 어떻게 다른 지를 알아보자.

우선 첫째로는 절삭 깊이가 깊기 때문에 숫돌과 가공물이 접촉하는 면적이 넓은데 그 접촉호의 길이는 일반 연삭의 $10 \sim 100$배나 된다(그림 1). 다른 각도에서 본다면 한 개의 숫돌 입자가 깎아내는 연삭 칩의 체적은 일반 연삭 가공 때의 몇 배나 되는데 이것은 연삭 저항도 그 $1.5 \sim 10$배가 된다는 이야기이다. 그렇다면 크리프 피드 연삭은 정말로 능률적인지 알아보자.

일정한 체적의 연삭 칩을 제거하는데 소비되는 에너지면에서 본다면 실은 크리프 피드 연삭쪽이 훨씬 많은 에너지를 사용한다. 즉, 연삭 에너지를 비교하면 몇 배나 되며, 그 대부분이 연삭열로 변한다. 더구나 절삭 깊이를 깊게 하기 때문에 숫돌과 가공물 사이의 접촉 면적이 커져 열이 도망갈 수 없게 되어, 연삭 번이 일어나기 쉽다. 그럼에도 불구하고, 크리프 피드 연삭법이 첨단 가공 방법이라고 주목받게 되고 능률적이라고 일컬어지는 이유는 다음과 같다. 종래의 연삭 가공에서는 공정에 들어가기 전의 전가공으로 절삭 가공을 하고 그 다음에 열처리를 한 다음 연삭 가공으로 들어간다. 그러나 크리프 피드 연삭에서는 전공정의 절삭 가공을 하지 않고 소재를 조질(담금질, 뜨임)하여 즉시 연삭 가공해 버리는 수조차 있다. 하트레이사(미국)에서 드릴의 비틀린 홈을 연삭하는 예는 그 전형적인 예이다.

크리프 피드 연삭은 단지 능률적일 뿐만 아니라 정밀도를 높이는 연삭법으로서 채택된 예도 있다. 린드너사(독일)나 라이스하웰사(스위스)에서 제작한 긴 나사 연삭기가 좋은 예이다. 긴 나사를 나사 절삭 선반으로 가공한 후 연삭기로 다듬질할 때, 만일 전공정이 잘못되었다면 후공정인 연삭에서 아무리 공들여 다듬질해도 피치의 오차를 여간해서는 제거할 수가 없다. 나사 연삭용의 숫돌은 얇고 또 강성의 1/10 정도 밖에 안되는 숫돌은 전공정에 따라서 뒤틀리기 때문이다. 고정밀도의 긴 나사를 다듬질하는데 갑자기 담금질한 소재에 나사산을 연삭 가공해 내는 나사 연삭기가 아마도 크리프 피드 연삭의 원조(그 당시에는 아직 이 이름이 없었다)인지도 모른다.

마이크로미터의 0.1mm와 같은 작은 나사나 탭의 나사 연삭은 훨씬 이전부터 크리프 피드 연삭이 채택되고 있다. 나사산의 사이를 나쁜 숫돌을 몇 번이나 왕복시켜 가며 연삭하기 보다는 잘 드는 숫돌로 절삭 깊이를 크게 하

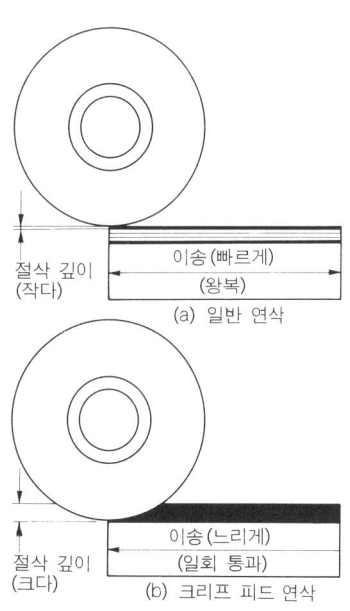

그림 1. 일반 연삭과 크리프 피드 연삭

여 한꺼번에 다듬질하는 편이 훨씬 형상 정밀도가 좋은 가공을 할 수 있기 때문이다. 최근에는 금형 같은 총형 연삭에서 크리프 피드 연삭이 클로즈업된 것도 같은 이유에서이다.

최근의 사례에서는 터빈 블레이드의 장착 부위(트리 부위)나 베인 모터의 베인이 들어가는 홈 또는 초경 금형이나 파인 세라믹의 연삭에도 크리프 피드 연삭을 채택하려는 움직임이 있다.

냉각 장치도 중요하다

연삭 가공 여유가 크고 숫돌과 가공물과의 접촉 면적이 넓다는 것을 연삭기 쪽에서 본다면 종래의 기계보다도 마력수가 커야 하고 또한 강성이 높지 않으면 만족할 만한 가공을 할 수가 없다. 더욱 중요한 것은 연삭액(냉각액)이 가공물에 충분히 공급되는가 하는 것이다. 연삭 작업을 보고 있노라면, 매우 많은 양의 연삭액을 쏟아 붓는 것 같지만, 실은 숫돌 입자의 끝 하나하나가 연삭액으로 젖어 있느냐 하는 것은 매우 의심스럽다.

많은 학자가 이 문제를 놓고 여러 가지로 발표하고 있는데, 이 연삭액 문제에 대해서는 연삭기를 위시한 숫돌의 적절한 선택과 올바른 드레싱 그리고 트루잉 기술과 함께 크리프 피드 연삭에서는 반드시 해결해야 할 과제이다.

사진 1은 종래의 방식보다 고압의 연삭액 공급 장치를 NC 공구 연삭기에 장치한 예로서 압력은 90kgf/cm^2이며, 이 고압 연삭액이 숫돌의 로딩을 방지하고 동시에 연삭열을 제거하는데 효과적이다.

숫돌의 회전 방향은 시계의 반대 방향으로 돌며, 왼쪽 위의 노즐이 숫돌 세척용이고 왼쪽 아래의 파이프가 통상의 연삭액 노즐이다. 오른쪽 파이프 끝에는 두 개의 고압 노즐이 장치되어 있으며, 숫돌의 회전 방향과 반대되는 쪽에서 연삭점에 연삭액을 공급하여 숫돌을 강제로 냉각한다.

가공 예

(1) 프레스용 펀치의 성형 연삭

가공물은 그림 2와 같은 모양이며, ϕ20mm이고 재질은 SKD11(HRC 60~62)이다. 분할 척에 장치하여 90°씩 나누어 연삭하는데 숫돌은 GC이며, 입도는 46~60이고, 경도는 D~H를 사용하

사진 1. 고압 연삭액 장치의 노즐부

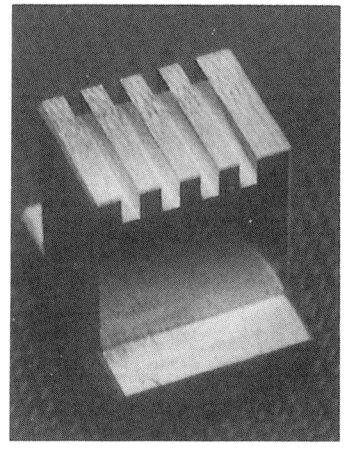

사진 2. 홈파기 연삭의 예

였다. 이 크리프 피드 연삭에서는 거친 연삭은 절삭 깊이 3mm, 이송이 100mm/min인데, 다듬질 이송 속도는 50mm/min으로 느리기 때문에, 다듬질면 거칠기는 $R_Z 2\mu m$ 로 좋게 되어 다듬질 치수의 정밀도는 ±0.01이었다. 또한 CBN 휠의 경우 다듬질면의 거칠기 때문에 #230~270을 사용한다.

(2) 홈파기 연삭

사진 2는 홈을 판 가공물의 모양이다. 가공하는 네개의 홈은 홈의 폭과 깊이가 각각 5mm이고, 전장이 50mm이며, 홈 바닥의 코너 R는 0.06mm 이하이다.

홈연삭에서 가장 중요한 것은 바닥 부분의 코너 R를 되도록 작게 하는 일이다. 이 예에서는 코너 R 0.06mm라는 요구 때문에 숫돌 입자를 #120으로 선정했으며 조직도 원래라면 좀 더 다공질을 사용하고 싶지만 통상 조직인 7을 사용하였다.

이송 속도는 100mm/min이며 가공물이 S45C의 생재료이므로 로딩을 일으키기 쉽기 때문에 90kgf/cm²의 고압 연삭액을 최대한으로 활용하였다.

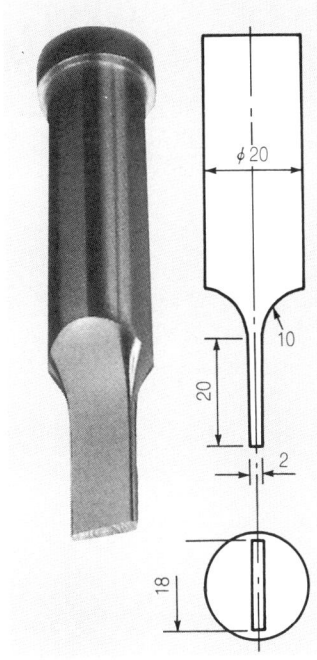

그림 2. 프레스 펀치의 성형 예

파인 세라믹스의 연삭 가공

파인 세라믹스는 크게 나누어 두 종류가 있다. 하나는 IC 기판이나 패키지를 위시한 전기적 기능과 페라이트와 같은 자기적 기능 또는 인공 치아나 인공 뼈와 같은 생체 기능을 갖는 기능 재료 세라믹이다.

이 분야는 전자 공학이나 생물 공학 등이 발전함에 따라 일본이 세계를 크게 리드하고 있다.

또 하나는 각종 엔진이나 배기 터빈 과급기로 대표되는 내열성이나 내마모성 그리고 경량의 특성이 있는 구조용 세라믹스이다. 이것이 현재의 세라믹

사진 1. 각종의 구조 재료용 세라믹스

스 붐을 일으키고 있는 것이며, 그 연구 개발을 위해 일본을 위시한 미국, 독일, 스웨덴과 같은 나라에서 활발하게 이루어지고 있다. 여기에서는 구조용 세라믹스의 커다란 과제로 되고 있는 연삭 가공에 대하여 설명한다.

구조용 세라믹스의 문제점

현재, 파인 세라믹스로 주목되고 있는 것은 주로 구조용 재료로 사용되고 있는 세라믹스 소재이며, 특징에 따라 여러 가지 분야에 대해 적용되고 있다(사진 1). 이와 같은 소재 중, 산화물 계통

에서는 알루미나(Al_2O_3)와 질코니아(ZrO_2)가 있고, 비산화물 계통에서는 탄화규소(SiC)와 질화규소(Si_3N_4) 등이 그 대표적이다.

사진 2. 각종 다이아몬드 휠

이 밖에도 파인 세라믹스의 종류는 수십 종류나 있으며, 가까운 장래에는 100종류가 넘을 것으로 예상되고, 또한 이들의 복합 재료도 여러 가지로 생각할 수가 있다. 이와 같은 세라믹스는 어느 것이나 금속 재료에 대한 공통 특징인 내열성과 고강도 그리고 경량 등의 성질이 있다. 한편 문제점으로서는 세라믹스 특유의 취성(부서지기 쉽고 불균질되기 쉽다)이 있다는 것과 난삭성(절삭, 연삭, 랩)이라는 점 등이 있다. 이와 같은 문제점을 극복하는 것이 파인 세라믹스를 도입하려는 요점이 되며 특히 취성에 대해서는 여러 가지 강도 시험이나 파괴, 인성 시험의 측정 등 여러 가지 성능 평가를 거쳐 JIS 규격의 검토도 추진되고 있다. 난삭재인 파인 세라믹스를 가공한다는 것은 완전히 제품화했을 때의 취성과도 연관되는 일이며, 거의 피할 수 없는 가장 중요한 공정이다.

파인 세라믹스는 구워서 만들기 때문에 소성 수축률이 크므로 소성 전에 성형시키거나 또는 초벌구이한 소재를 가공하는 경우와 완전히 소결한 성형품을 가공하는 경우가 있다. 현재까지는 소성 전 성형한 것과 초벌구이한 소재를 가공하려면 다이아몬드 소결체 공구를 사용하고, 완전 소결재를 가공하려면 다이아몬드 휠(사진 2)을 주로 사용한다.

또한 파인 세라믹스의 다듬실 가공에서는 성빌노와 함께 경년을 얻기 위한 랩이나 폴리싱 다듬질이 필요할 때도 많다. 세라믹스의 강도를 얻기 위해서는 표면의 미세한 연삭 홈을 제거하는 것이 유리하며, 베어링이나 게이지로서 사용하는 제품에서는 표면 거칠기를 될 수 있으면 곱게 해 둘 필요가 있기 때문이다.

파인 세라믹스와 연삭 숫돌

일반적으로 세라믹스와 같은 취성 재료를 고정밀도로 표면 다듬질을 할 경우에는 여기에 가장 적합한 숫돌의 숫돌 입자와 결합제를 선정해야 하는데, 특히 양산 가공에서는 가공 시간을 단축하는 것도 중요한 조건이 된다.

거친 다듬질에는 연삭성이 좋은 숫돌을 사용하고, 중간 다듬질에서는 전공정에서 발생한 작은 균열이 될 수 있는 한 제거되도록 연마성의 숫돌을 사용하고, 최종 다듬질에서는 래핑이나 폴리싱 등으로 홈집이 없는 깨끗한 경면을 얻고 싶을 때에는 다이아몬드를 사용하는 것보다 연한 숫돌 입자를 사용하는 것이 좋으며, 탄화규소 계통이나 알루미나 계통 등이 효과적이다. 결합제는 경질의 본드 보다는 탄력성이 있는 것을 골라야 하며 탄화규소 계통이나 알루미나 계통의 숫돌 결합제에는 어느 것이나 비트리파이드 본드가 사용되고 있다.

표 1과 2는 각종 숫돌 입자와 결합제에 대한 적용 범위와 특징 등을 표시한 것으로 이들은 일반

표 1. 숫돌 입자의 종류

숫돌 입자	성 분	경 도(모스)	적 용
다이아몬드	C	10	세라믹스 전부, 거친 연삭에서 다듬질까지
CBN	BN	9.5	가소체, 반응 소결체의 가공
탄화규소	SiC	9	생가공, 중간 다듬질에서 최종 다듬질
알루미나	Al_2O_3	9	중간 다듬질, 최종 다듬질, 랩 가공
실리카	SiO_2	8	경면 다듬질(유리 숫돌 입자)

표 2. 다이아몬드 휠의 결합제

결 합 제	기 호	특 징	용 도
전 착	P	Ni 도금, 수명 짧음	절삭성 양호, 연삭 전반, 총형
비트리 파이드	V	무기질, 강체	연삭 전반, 가공 정밀도 양호
레지노이드	B	무기질, 레진 탄성	다듬질용, 치핑 적음
메 탈	M	동합금, 스틸	다듬질용, 절삭성 나쁨, 수명 길다

가공에 사용되는 숫돌이지만, 특수 가공법으로서 전기 펄스를 이용하는 연삭도 이루어진다. 유리(遊離) 숫돌 입자에 의한 래핑이나 폴리싱은 옛날부터 가공 방법으로 행해졌다.

일반적으로 연삭 가공 여유가 많은 파인 세라믹스를 효과적으로 연삭하기 위한 숫돌은 연삭성이 좋고, 마모가 적으며, 연삭비가 높고, 가공 정밀도가 좋은 것이 이상적이다. 또한 로딩이 일어나지 않고, 가공면을 변질시키지 않는다는 조건도 포함된다.

이와 같은 조건에 가장 적합한 숫돌로서는 비트리파이드 다이아몬드 휠이 있으며, 최근 들어 많이 사용하게 되었다. 사용할 때의 문제점인 드레싱성과 연삭면의 치핑성을 극복할 수만 있다면, 거친 연삭부터 최종 다듬질까지 가공할 수 있다는 이 특징은 난삭재인 파인 세라믹스 가공용으로서 가장 주목받는 휠이다.

여기에서는 이 비트리파이드 다이아몬드 휠에 의한 세라믹스 가공의 요령과 사용 예를 설명한다.

가공 요령

(1) 연삭 숫돌의 조건

파인 세라믹스의 연삭 저항은 일반 금속 가공 때보다 높아지는 경우가 많으며, 여기에 지지않는 숫돌 입자의 접착 강도를 가진 본드가 필요하게 된다. 기공이 없는 형식의 비트리파이드 본드가 적합하다. 다만 드레싱이 잘 되는 기공이 있는 형식에서는 특히 강도가 요구될 때 접착 강도가 부족하기 때문에 비트리파이드 본드는 잘 닳아버린다는 단점이 있다. 숫돌은 연삭기에 장치하여 연삭기 위에서 센터를 내는데 기공이 없는 형식의 숫돌은 트루잉으로 절삭날을 날카롭게 할 필요가 있다. 이와 같은 숫돌의 수정 방법으로서는 롤 드레싱법(사진 3)과 브레이크 드레싱법 등 연삭 종류에 따라 가장 적합한 방법으로 수정한다.

연삭 조건은 가공하는 소재에 따라 대응해야 하는데, 일반적인 숫돌 원주 속도로서는 평면 연삭의 경우 1000~2000m/min 사이에 최적의 영역이 있으며, 특히 1500~1600m/min에서 사용하는 경우도 많다.

또한 절삭 깊이는 2~20μm 사이에서 가공하며 중간 다듬질에서는 5~10μm가 최적 범위이다. 절삭 깊이가 많으면 세라믹스 연삭에 특히 나타나는 치핑이 깊고 크게 되며 반대로 절삭 깊이가 너

무 적으면 가공 속도가 느리고 로딩이 발생
하게 된다.

(2) 연삭기에 요구되는 사항

담금질 강보다도 경질인 세라믹스를 가공
하기 위한 연삭기는 강성이 높고 정밀도가
좋은 것은 물론, 주축을 위시한 기계 전체
의 균형이 잘 잡힌 기계여야 한다.

또한 연삭점에서의 발열은 고온이 되기
쉬우며, 습식 연삭에서도 불꽃이 튀는 수가
있다. 이것은 다이아몬드 숫돌 입자를 상하
게 하고 가공물 표면의 변질이나 작은 균열
이 생기는 원인이 된다. 그래서 연삭액을
충분히 공급할 필요가 있는데 보통은 에멀
션형이나 솔루블형의 고배율(50~70배)로
한 것이 침투성이 좋으며 효과적이다.

사진 3. 로터리 드레서

(3) 가공 정밀도와 면 거칠음

세라믹스와 같은 취성 재료를 연삭할 때, 가공면 거칠기는 $2~3\mu m Rmax$ 정도이며, 끼워맞춤때문
에 내면 연삭에서의 특별한 가공 정밀도를 요구하는 경우가 자주 있다. 이때에는 가공용 휠의 입도
를 #170~200 정도로 하고 중간 정도의 파쇄성이 있는 다이아몬드 휠을 사용한다. 여기에서 주의
해야 할 점은 연삭기 위에서 완전한 드레싱을 할 수 있는가 하는 점인데 그에 따라 가공 정밀도가
결정된다. 평면 연삭과 원통 연삭을 할 때에는 내면 연삭의 번보나 서칠어시기 쉽기 때문에 1~2
단 눈이 고운 것으로 연삭한다.

가공물의 표면 정밀도가 요구될 때, 경면에 가까워질수록 숫돌 입자의 입도를 가늘게 하고 절삭
깊이를 작게 함으로써 세라믹스 특유의 가공면 미소 균열도 없어지고 마지막으로 흠이 없는 완전한
경면을 얻을 수 있다. 이를 위해서는 입도도 #1000이라던가 #3000과 같은 다이아몬드 휠을 사용
하고 절삭 깊이도 서브미크론 단위로 이송한다. 이 단계에서는 GC 숫돌이나 WA 숫돌 같이 절삭
깊이가 깊지 않으면서 파쇄성이 좋은 일반 숫돌을 사용하던가 또는 PVA나 고무 같이 연한 본드를
사용한 숫돌로 폴리싱하여 경면을 얻는 방법이 있다.

평면 연삭에서는 수직축의 평면 랩 숫돌에 의한 방법이나 유리 숫돌 입자에 의한 래핑 후에 미세
한 메시의 페이스트 등을 사용하여 폴리싱으로 경면을 얻는 등의 방법이 있다.

파인 세라믹스의 가공 실례

파인 세라믹스는 상압 소결(성형 후 가압하지 않고 고밀도 소결체로 한다)된 것이며, 성분에 따
라 여러 가지 특성이 있다. 또한 소결 방법에도 반응 소결과 고온 프레스 또는 HIP(정수압 등방
성형) 등이 있으며, 성형된 제품의 밀도나 강도 등에 큰 차이가 있다. 그래서 세라믹스의 성분이나
경도 그리고 소결 방법 등 그 특성을 미리 알아 두는 것이 중요하다.

표 3. 질화규소 내마모 부품의 내면 연삭

가공물 재질	대기압 소결 Si_3N_4 (HRC 79)
사용 숫돌	MD 325/400 PV 4W
숫돌 치수	13×8×6×50mm
사용 기계	마끼노 밀링 제작소 (C-40)
숫돌 속도	25000rpm, 1020m/min
절삭 깊이	0.003mm
연삭법	습식, 에멀션 50배
결 과	
절삭성	양호
표면 거칠기	0.8 S (1.0S 이하가 목표)
비교	대기압 소결 SiC보다 쾌삭성
연삭비	1360

표 4. 탄화규소 전자 부품의 평면 연삭

가공물 재질	대기압 소결 SiC (HV 2800)
사용 숫돌	MD 325/400 PV 100 10A
숫돌 치수	180×8(13)×31.75mm
사용 기계	미쓰이 공작소 (MSG-25S)
숫돌 속도	2800rpm, 1583m/min
연삭법	습식·에멀션 50배
절삭 깊이	거친(0.012mm에서 0.8 제거) 다듬질(0.004mm에서 0 연삭)
결 과	
절삭성	양호(치핑 없음)
표면 거칠기	1.5 S (절삭 깊이 0.004)
비교	절삭 깊이가 달라져도 절삭성 양호
연삭비	240

표 5. 게이지 부품(경면)의 원통 연삭

가공물 재질	지르코늄(백) ZrO_2 (HV 1300)
사용 숫돌	MD 1200/1500 PV 100 10A
숫돌 치수	305×10(32)×127mm
사용 기계	곤도 제작소 (하이그로스 450H-TS)
숫돌 속도	1460rpm, 1398m/min
연삭법	습식·에멀션 50배
드레싱법	WA 320H 롤 드레서
결 과	
절삭성	양호(플런지 연삭에 의한 전가공 후)
표면 거칠기	0.2 S
비교	경면은 트래버스 연삭
연삭비	250

한편 가공 정밀도나 표면 거칠기 그리고 가공 효율 등을 고려하여 휠을 선택한다.

여기에서 소개하는 가공 실례에서는 모두 기공이 없는 형의 비트리파이드 다이아몬드 휠을 사용했는데, 때에 따라서는 기공이 있는 형의 것도 필요하게 된다.

이 외에도 결합제의 특징을 살린 휠로서 가공성을 좋게 하려면 전착 휠을 선택하고, 표면 거칠기가 요구되는 것이라면 레지노이드 숫돌을 선택하며, 내구성이 요구된다면 메탈을 선택하는 것도 중요하다. 현재는 파인 세라믹스용 휠로서 복합 본드에 의한 것 등 각 메이커가 특징있는 다이아몬드 휠을 개발하고 있다.

가공 실례로서 내놓은 표 3과 4, 5의 세가지 예는 알루미나를 제외하고 지금 가장 주목되고 있는 파인 세라믹스의 가공 예이며, 사용되는 기계에 맞춘 최적 조건이라고 생각되는 연삭과 그 결과이다.

연삭 방법에는 크리프 피드 연삭 등이 효과적인 때도 있으며, 이 때에는 가공 변질층의 방지와 안정된 연삭을 위해 연삭액 공급 방법이 중요한 포인트이다.

앞으로 시장의 수요가 급격하게 늘어나고 있는 파인 세라믹스 가공은 아직 시작 단계일 뿐이며, 여러 가지 소재가 개발되면서 그 가공 기술도 크게 발전하리라 기대된다.

그라인딩 센터와 그 활용 예

전용기를 제외한 보통의 연삭기에서는 공구인 숫돌이 한 개이며, 자동화 기능으로 숫돌의 자동 절삭 깊이 이송, 가공물의 자동 치수 가공 장치, 자동 착탈(auto loading) 등의 기능을 갖추고 있는 기계가 많다. 그러나 최근에는 이와 같은 자동화 기능에다 NC 장치나 두 개 이상의 숫돌을 탑재한 공구 매거진과 ATC(자동 공구 교환 장치)를 갖춘 「그라인딩 센터」가 화제이다.

가장 큰 특징은 ATC 기능이며, 거친 연삭용과 다듬질 연삭용에 필요한 여러 가지 숫돌을 매거진에 갖추고 이들을 목적에 따라 공정별로 자동 교환하면서, 두 가지 이상의 연삭 가공을 한 번의 처킹으로 연속 가공할 수 있게 된다. 여기에서는 이 「그라인딩 센터」의 기능을 중심으로, 이를 사용한 가공 예 등을 소개한다.

어떤 가공을 할 수 있는가

(1) 세라믹스 가공

금속 재료의 경우에는 구멍뚫기, 스폿 페이싱, 관통 홈파기 등의 가공을 연삭으로 하지는 않지만, 세라믹스는 난삭재이기 때문에 전가공을 하지 않은 소재를 직접 다이아몬드 휠을 사용하여 연삭 가공한다.

다만 그 때에 사용하는 연삭기가 문제인데 구멍을 뚫거나 스폿 페이싱 가공 등에서는 가공 정밀도를 얻기 위해 연삭액을 사용하여 지그 연삭기로 가공하려 하지만 미끄럼면이나 주축에 방수와 방진 대책이 되어 있지 않기 때문에 기계의 수명이나 정밀도 등의 면에서 트러블이 일어난다. 그래서 세라믹스를 능률적으로 고정밀도를 유지하는 연삭을 하려면, 방수와 방진 대책을 갖춘 연삭 센

사진 1. 고압 연삭액 파이프가 장치된 숫돌 홀더

터를 사용하는 것이 바람직하며 ATC 기능을 활용하여 두 가지 이상의 이형 (異形) 구멍 가공이나 스폿 페이싱 가공 그리고 홈가공 등을 연속적으로 할 수가 있다.

(2) 형상 연삭

캠 가공으로 대표되는 형상 연삭은 NC 기능을 갖춘 그라인딩 센터가 가장 좋은 가공이며, 기계 가격도 캠 전용 연삭기의 약 1/2이다. 그리고 광학식 모방 연삭기에서 하는 형상 연삭도 그라인딩 센터에 숫돌 자동 측정 기능을 부가하면 능률적인 가공을 할 수가 있다. 물론 분할대도 갖추고 있으므로 면이 많은 형상이나 각이 많은 형상을 연삭하는 것도 간단하다.

(3) 양센터로 지지할 수 없는 가공물의 가공

양쪽의 센터에서 지지할 수 있는 원통형 가공물은 설치 정밀도의 재현성이 좋으므로 각 공정을 한 번의 처킹으로 가공할 필요가 없지만, 양쪽 센터에서 지지할 수 없는 가공물을 복수 가공할 때에는 그라인딩 센터를 사용하면 효과적이다.

그것은 처킹 기능을 갖춘 독자적인 가공물 회전 장치를 갖추고 있기 때문에 원통형 가공물의 내면이나 끝단면 그리고 외주면을 한 번 처킹만 하면 연삭할 수 있기 때문이다. 그리고 이 회전 장치는 가공 정밀도를 안정시키는 점에서도 효과적이다. 왜냐하면 그라인딩 센터의 숫돌은 일반 연삭기와는 달리 ATC가 가능한 숫돌 홀더끝에 설치되어 있기 때문이다. 즉 주축 베어링의 위치에서 먼 부분에 있기 때문에 숫돌 부분의 강성이 일반 연삭기보다는 떨어진다. 그래서 연삭 저항 때문에 숫돌이 가공면에서 물러나기 쉬우며, 정밀도 문제가 발생하기 쉬운데 이 가공물 회전 장치로 가공물을 회전시키면서 연삭함으로써 숫돌이 물러나는 것을 적게 하고 정밀도를 유지할 수 있게 된다.

이와 같은 자동화 기기 외에도 공장물 자동 공급 장치(pallet changer)를 갖춘 테이블 고정형의 그라인딩 센터는 가공물을 자동으로 교환할 수 있으며 장시간의 무인 운전을 할 수 있어 종래에는 없던 전혀 새로운 형식의 양산형 처킹 연삭기로서 또는 FMS(유연 생산 시스템)의 핵으로서도 효과적이다.

그리고 MC(머시닝 센터)가 기본으로 되어 있으므로, 싸게 구입할 수 있다는 경제성도 있다.

방수와 방진 그리고 미스트 대책

그라인딩 센터 가공은 연삭 저항 때문에 열이 발생하기 쉬우므로 정밀도를 유지하기 위해서는 열에 대해 충분한 대책을 세워야 한다. 그래서 연삭액의 공급과 함께 그 온도 관리가 필요하다.

특히 세라믹스나 경도가 높은 재료를 연삭할 때에는 50~60kgf/cm²가 되는 고압 연삭액이 필요하며, 당사에서도 그라인딩 센터를 사용할 때에는 이 연삭액의 온도가 중요한 테크놀러지로 되어 있다. 고압 연삭액은 냉각은 물론이고 숫돌의 로딩이나 연삭 번을 방지하여 숫돌의 수명을 비약적으로 향상시키는 효과가 있다.

그라인딩 센터를 사용하여 고능률과 고정밀도 가공을 실현하기 위해서는 이외에도 연삭액이나 연삭 칩이 주축이나 미끄럼면에 들어가지 않도록 방수와 방진 대책이 강구되어 있다. 세라믹스나 고경도 재료의 연삭 칩은 기계의 정밀도에는 물론이고 기계의 수명에도 영향을 미친다. 따라서 연삭을 할 때 발생하는 미스트(mist)는 미스트 컬렉터로 흡인

사진 2. 연삭액 노즐 분할대 장치와 내면 연삭용 홀더

하여 기계 내에 부유하는 미스트가 없도록 한다. 왜냐하면 미스트 중에 포함되는 연삭 칩이 공구 홀더의 테이퍼 부분에 부착하면 공구 교환 오차의 원인이 되며 연삭 정밀도에 영향을 미치기 때문이다. 그라인딩 센터는 고정밀도 연삭을 실현하기 위해 주축의 흔들림을 5μm 이내로 억제하고 있다.

숫돌 홀더의 구조

그라인딩 센터에 사용하는 숫돌은 연삭 목적에 따라 대직경(φ150mm까지) 숫돌로부터 내면 연삭용의 소직경 숫돌까지 있으며, 깊이에 대응하기 위해 긴 숫돌로부터 짧은 숫돌까지 있고, 또는 평형(平形) 외주면을 연삭하기 위한 숫돌이나 컵형의 숫돌 등 실로 여러 가지 숫돌이 있다.

고능률 고정밀도로 연삭하기 위해서는 연삭액이 매우 중요한데, 이와 같은 여러 가지 숫돌에 연삭액을 확실하게 공급하기 위해 당사에서는 사진 1과 같은 숫돌 홀더를 독자적으로 개발하였다. 사진으로도 알 수 있는 바와 같이 연삭액 노즐이 배관되어 있으며 특히 고속 회전하는 숫돌 홀더, 예를 들면 11만rpm의 에어 터빈을 내장한 소직경 구멍용 숫돌 홀더나 2만rpm의 기어 증속 숫돌 홀더에도 이 연삭액 파이프가 배관되어 있다. 그리고 연삭액은 언제나 연삭점에 공급하지 않으면 효과가 없으나 그라인딩 센터에서는 형상 연삭을 할 때 숫돌과 가공물이 수시로 바뀐다.

그래서 당사에서는 사진 2와 같은 연삭액 노즐 분할 장치를 개발하였다. 이것은 숫돌 홀더에 장치한 연삭액 파이프를 회전 방향으로 제어하여 언제나 숫돌과 가공물의 연삭점에 연삭액을 공급하도록 만든 장치이며, 되도록 열의 영향을 막고 연삭 칩을 제거함으로써 고정밀도의 연삭 가공을 실현시키기 위한 장치이다. 그 외에도 숫돌을 홀더에 장치할 때, 다시 장치함으로써 발생하는 중심 흔들림을 최소로 하는 삽구 이음이 있으며, 이는 직각으로 된 안내면에서 안내하여 흔들림을 적게

하였고, 되도록 강성을 높인 구조로 되어 있다.

숫돌

숫돌은 우선 절삭성이 제일 조건인데 너무 절삭성만을 우선으로 하여 숫돌의 소모를 소홀히 해서는 안된다. 그라인딩 센터에서 사용하는 숫돌은 일반 숫돌 외에 가공물 재질에 따라 다이아몬드 휠이나 CBN 휠을 사용한다. 숫돌의 절삭성이 좋으려면 다음과 같은 조건을 만족해야 한다.

① 적절한 숫돌의 원주 속도
② 숫돌 입자의 돌출량이 클 것
③ 숫돌 입자끝의 분산면과 예리한 숫돌 입자끝
④ 적절한 집중도
⑤ 불연속 숫돌 표면

그리고 숫돌의 소모를 적게 하기 위해서는 결합제로 전착이나 메탈을 주로 사용하고 비트리파이드나 레지노이드 본드를 사용할 때에는 조금 단단한 것으로 한다. 여하튼 그라인딩 센터에 사용하는 숫돌은 그 구조가 새롭기 때문에 숫돌 메이커로부터 충분한 조언을 얻을 수 없으며, 입수하기 어려운게 현실이다. 그래서 당사에서는 독자적으로 그라인딩 센터용 숫돌도 개발하고 있다.

트루잉과 드레싱

그라인딩 센터에서는 기본적으로 숫돌의 트루잉을 하지 않는데, 그 이유는 사용하는 숫돌이 많으며 더구나 각각의 모양이나 치수 그리고 시방이 다르기 때문에 짧은 시간내에 정확한 트루잉을 하기가 매우 어렵기 때문이다.

따라서 트루잉은 모든 숫돌 축이 그림 1과 같이 양센터로 가공되어 있으므로 별도의 공구 연삭기나 원통 연삭기에서 하는 것이 효과적이다. 그래서 전착 다이아몬드의 판을 테이블 위에 장치하여 트루잉하기도 하고, 압축 공기로 구동되는 로터리 트루잉 장치에 컵형 메탈 다이아몬드 휠을 장치하여 트루잉하기도 한다. 스터드 다이아몬드식의 트루잉 장치보다 수명은 짧지만, 절삭성이 좋고 숫돌 입자의 탈락이 적으며 정밀도가 높은 트루잉을 할 수가 있다. 한편 드레싱은 트루잉과 함께 하는 외에도 그라인딩 센터 위에서도 할 수 있는데 기계 위에서 드레싱할 때에는 테이블에 장치된 스틱을 사용한다.

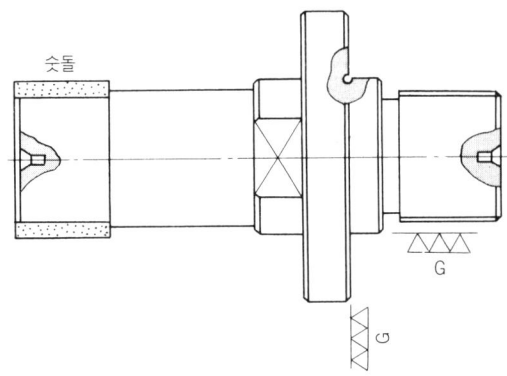

그림 1. 내면 연삭용 숫돌 축

연삭 가공 예와 노하우

여기에서는 그라인딩 센터를 사용하여 가공한 예를 몇 가지 소개한다.

(1) 세라믹스의 구멍 가공

세라믹스에 구멍뚫기, 스폿 페이싱, 홈 가공 등의 연삭 가공을 하려면, 보통은 다이아몬드 휠을 사용한다. 세라믹스를 가공할 때에는 치핑(떨어져 나감)이 발생되지 않게 하는 것이 제일 중요하며, 재질에 맞

는 숫돌의 숫돌 입자와 결합제를 선택하는 것
이 중요하다. 탄화규소 계통 세라믹스에서는
입도를 #170 이상으로 하여 약간 단단한 레지
노이드 본드를 사용해야 한다. 숫돌 축의 흔들
림도 치핑을 발생시키는 커다란 원인이 되는
것은 물론이다.

다이아몬드 숫돌 입자는 연삭열 때문에 탄화
되므로 중(重)연삭을 할 때에는 고압 냉각을
할 필요가 있다. 다이아몬드 코어 드릴을 사용
하여 구멍을 뚫을 때에도 코어의 내부와 외주
면에 고압 연삭액을 공급하여 숫돌이 소모되는
것을 방지한다. 다이아몬드 코어 드릴은 메탈
본드로 제작하며, 숫돌 입자를 작게 하면 보다
빠르게 가공할 수 있는 반면에 숫돌도 빨리 소
모된다. 그리고 코어의 살을 얇게 하면 가공
속도는 빨라지지만 소모도 빨라지고 지름이 작

사진 3. 지그 베이스의 구멍뚫기 가공

은 구멍에는 0.5~1mm를 사용하며, 일반적으로 1.5~2.0mm를 사용한다. 입도도 지름이 작은
구멍에는 #170~200을 사용하고 일반적인 것에는 #120~140 정도의 입도를 사용한다.

(2) 금형용 펀치의 선단 형상 연삭

금형용 펀치의 끝을 연삭하는 것은 캠을 연삭하는 것과 같이 형상 연삭의 대표적인 연삭이다. 형
상적으로 연삭 가공 여유가 많으며 중(重)연삭이지만 다듬질면의 거칠기는 2μm 정도이다.

가공물은 ∅15mm이며, 재질은 SKD 11(HRC 60)인 이 가공에는 #200~230의 CBN 선착
휠을 사용하였으며, 스파크 아웃시에 휠을 트래버스시켜서 소정의 표면 거칠기를 얻고 있다.

(3) 몰드 베이스의 내면 연삭

가공물은 열처리하지 않은 S 55C #200의 메탈 본드를 사용하지만 소재가 열처리되지 않았기 때
문에 숫돌 입자의 탈락이나 로딩이 일어나기 쉬운 가공이다.

그래서 깊이가 있는 측면은 평행도를 얻기 위해 지그 연삭기를 사용한 초핑 연삭을 한다.

(4) 지그 베이스의 5면 연삭과 구멍 뚫기

사진 3은 지그 베이스의 전면 연삭과 구멍 가공의 예이며, 5면 연삭에서 구멍뚫기까지 모두 한
번의 처킹으로 가공할 수 있다. 그라인딩 센터이기 때문에 가공할 수 있었던 것이다.

*   *   *

이제까지 본 바와 같이 그라인딩 센터에는 여러 가지 자동화 기능이나 주변 기기가 있어, 양산
또는 다품종 소량 생산에 대한 융통성과 고능률로 연삭할 수가 있다. 또한 이 자동화 기능이나 기
기에다 가공물이나 숫돌의 지름 또는 숫돌의 길이를 자동 측정할 수 있는 시스템을 부가할 수만 있
다면, 보다 사용하기 쉬운 연삭기가 되리라고 생각한다.

연삭 솜씨는 귀와 눈으로 결정된다

명인이 말하는 초정밀 연삭의 비결

나는 낚시를 즐긴다. 연삭을 하는 사람 중에는 낚시를 좋아하는 사람이 참으로 많다. 내가 경험한 바로 이제까지 근무하던 직장의 6할 정도가 낚시꾼이었다. 붕어 낚시는 풀숲 사이에 낚시대를 드리운 외경상 매우 조용한 낚시이다. 그러나 머리 속과 마음 속은 매우 다이내믹하게 움직이고 있다. 휙하고 찌 근처를 보고 즉시 낚싯대를 올린다. 즉, 매우 동적인 상태에 있는 셈이다. 연삭도 같은 심경으로 「정중동(靜中動)」이라고 할 수 있다. 보기에는 조용한 것 같지만, 마음 속은 모든 신경을 집중하여 연삭하고 있는 것이다.

그 중에서도 제일 많이 사용하고 있는 것은 귀이며 참으로 우리들은 소리를 잘 듣는다. 그리고 들음으로써 로딩이나 글레이징을 알 수 있다. 보통 자주 쓰던 기계라면 눈을 감고 귀로 듣는 편이 훨씬 더 잘 알 수 있다. 예를 들면 빠직빠직하고 소리가 나면 아, 로딩이 됐구나 … 라고 귀로 듣게 된다.

보통의 연삭 작업이라면 우선 가공물이 연삭액 때문에 젖어 있는 상태에서 숫돌이 돌고 있다. 가공물도 돌고 있다. 연삭액은 "쟈 -ㄱ"하고 나온다. 그리고 가공물에 닿는 소리가 들려온다. "지 -ㄱ"하는 것 같은 문자로는 표현할 수 없는 소리이다. 그리고 겨우 조금 나와 있는 숫돌 입자만이 닿아 촉촉이라는 소리가 난다. 그리고 나서 많은 숫돌 입자가 닿는 연속음이 나기 시작하는데 이윽고 또 다시 소리가 작아지고 정지한 것처럼 된다.

이 때가 가장 이상적으로 연삭날이 먹어들어 가고 있는 때이다. 먹어들어간 만큼 깎여 나가고 있으며 그것을 계속하고 있노라면 이윽고 로딩이나 글레이징이 일어나 소리가 크게 들리게 된다.

이러한 일련의 작업 상황을 귀로만 듣고서도 알 수 있게 되면 2~3μm 같은 정밀한 연삭도 할 수 있다.

귀 다음에는 눈으로 연삭을 할 때, 불꽃을 보게 되는데 이것도 여러 가지 모양과 색이 있다.

예를 들면 S55C라던가 S45C와 같은 것을 연삭해 보면, 불꽃이 약간 노란색을 띠면서 길게 나오는데 숫돌에 로딩이 생기면 그 불꽃이 짧게 된다. 숫돌이 「절삭되지 않아요」라고 가르쳐 주고 있는 것이다.

그리고 그 이상으로 숫돌이 닳으면 즉, 중(重)연삭을 계속하면 숫돌의 한가운데에서만 불꽃이 나오게 되는데 이것은 숫돌의 양쪽이 마모되어 가공물에 닿지 않기 때문이다.

이와 같이 눈도 감시하고 있지 않으면 안되지만, 누가 뭐라고 해도 중요한 것은 처음에 말한 바와 같이 「귀로 듣는」 것이다. 숙련된 연마공에게는 그 소리가 「절삭을 좀 더 해 주세요」, 「로딩이 일어났어요」, 「숫돌이 조금 단단해요」라고 호소하는 소리로 들리게 된다.

이것은 드레싱할 때도 같다. 숫돌이 평탄하게 드레싱되어 있는걸까, 다이아몬드의 끝이 마모되어 평평하게 되어 있지는 않을까, 또는 다이아몬드가 헐거워진 것은 아닐까, 이러한 것은 우선 「소리」로 알 수가 있다.

소리만이 아니라 숫돌의 표정, 즉 숫돌의 표면도 잘 관찰한다. 정상적인 숫돌이라면 회전중에 손가락의 앞부분을 숫돌의 표면에 가볍게 대보면, 마치 펠트에 닿는 것처럼 부드러운 감촉이 느껴진다. 로딩한 숫돌에는 이 감촉이 없고 미끈미끈한 느낌이 들며 가끔은 작은 돌기물도 느껴진다. 숫돌의 표면은 빛을 반사하여 윤기가 나는데 로딩이 일어나면 숫돌의 표면에 윤기가 없다.

눈도 중요하다. 캘린더 롤을 연마할 때, 가끔 채터링이 발생하는 수도 있는데 원인을 알 수가 없다. 소리만으로 판단할 수 없는 채터링도 있기 때문이다.

어떤 채터링이라도 이를 구분하려면 10년간 경험하지 않으면 안된다고 나는 생각한다. 우리 집에는 솜씨있는 사람이 18명 있는데 그래도 내가 만족스럽게 생각하고 있는 사람은 4명 정도이다.

연삭을 전문으로 하고 있는 우리집 공장에서도 이렇다. 매우 큰 대메이커에서 몇 십대나 되는 연삭기가 줄지어 있어도 내가 말하고 있는 사람은 아마 한 사람이나 두 사람 정도밖에 없을 것이다.

연마공의 솜씨는 우선 귀이며 그리고 눈이다.

(글 : 上田倉三郎)

제 5 장

트러블과 대책

축이 붙은 숫돌 이형 (B형, BJ형 축지름 3mm, 축의 길이 30mm 또는 40mm)

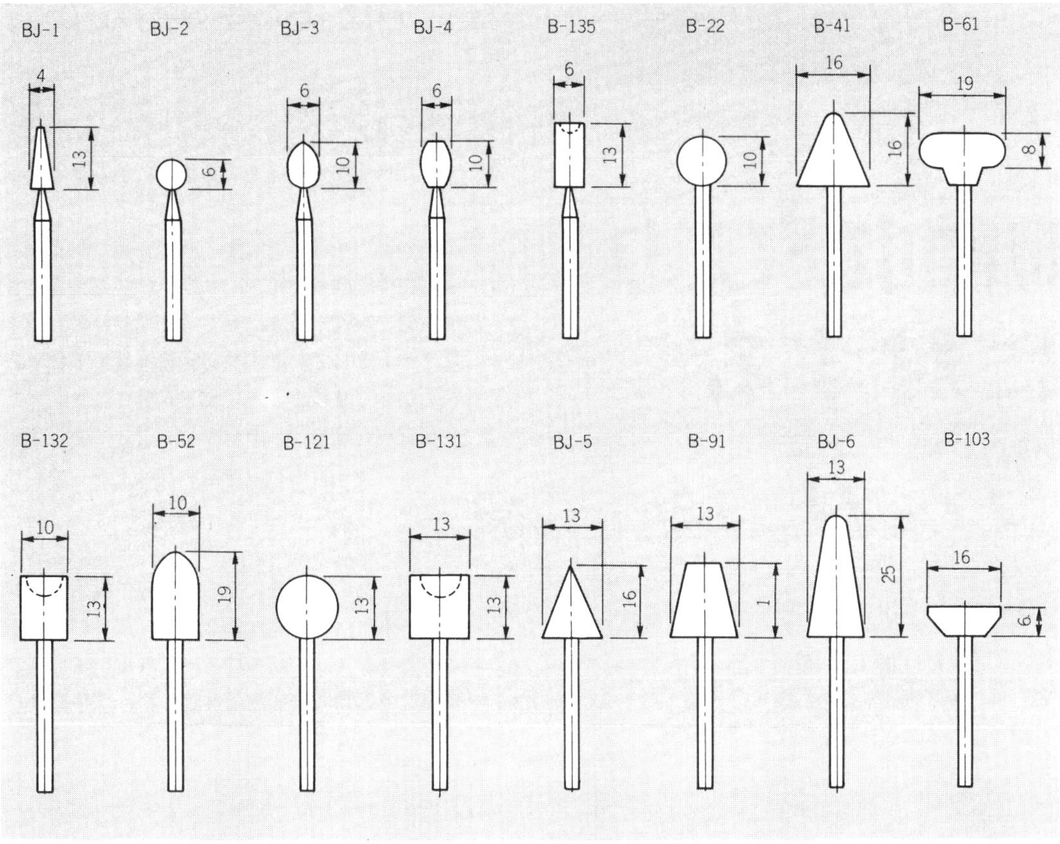

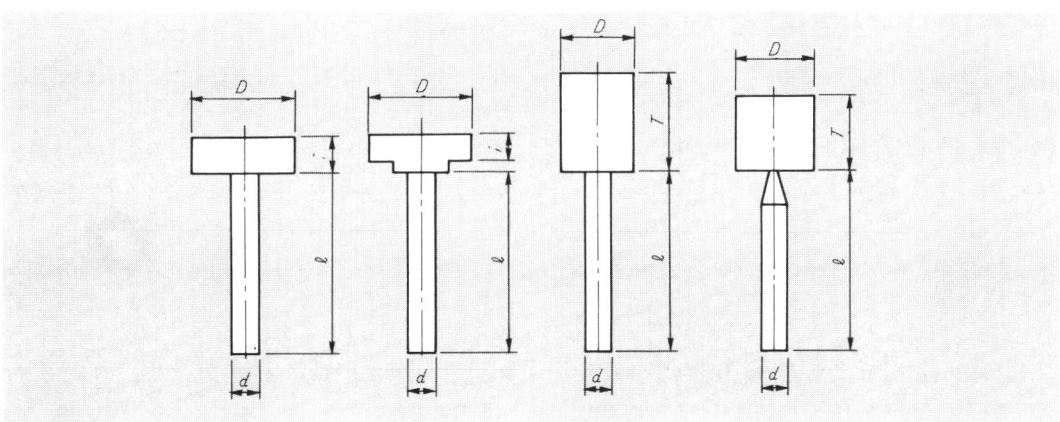

축이 붙은 숫돌 평형(W형, WJ형)

연삭 숫돌의 형상 ⑤ (JIS R6211에서)

↑ 원통 연삭시에 발생한 채터링

연삭 채터링에 대한 대책

채터링이 일어나는 원인은 여러 가지 있지만, 기본적으로는 연삭 저항에 의한 가공물의 처짐과 그 반동에 의한 것, 또는 숫돌면의 회전 정밀도 불량에 의한 것, 연삭 숫돌이 2번 마모하는 경우 등이며, 가공물과 숫돌 사이에서 두들김이 일어나는 현상이다.

이 현상이 가공물이나 연삭기와 공진 현상을 일으켜, 표면 거칠기가 떨어지고 연삭면이 요철로 되는 트러블로 이어진다.

채터링의 원인과 대책

(1) 가공물의 형상이 불안정할 때

일반적으로 원통 연삭에서는 가늘고 긴 가공물이나 비교적 지름이 크더라도 일부에 가는 부분이 있는 가공물은 채터링이 일어나기 쉽다.

그 원인으로서는 가공물이 가늘고 길면 휘기 때문이며, 지름이 큰 것은 가는 부분이 있는 곳에서 지지대가 약한 반면에 접촉면이 증대하여 연삭 저항이 많아지기 때문이라고 생각된다.

특히 가는 부분을 연삭할 땐 최초의 작은 채터링 때문에 숫돌면이 파손되고, 다음에는 채터링이 점점 커지면서 가공물이 크게 휘게 되며, 센터 구멍에서 떨어지는 수도 있다.

그 대책으로는 가공물을 휘지 않게 하는 것이 제일 중요하며, 방진구(그림 1)를 사용하는 것도 하나의 방법이다. 방진구를 사용하려면 설치할 위치의 흔들림을 미리 제거하는 연삭을 해야 하며, 때에 따라서는 한 번의 연삭으로 소정의 위치 연삭을 할 수 없는 때도 있으므로 가능한 부분부터 차츰 위치를 바꾸어 연삭해야 한다.

그리고 방진구를 설치할 때는 다이얼 게이지를 사용하여 가공물의 중심이 변하지 않게 하는 배려가 필요하다.

가공물의 모양에 따라서는 한쪽 끝을 처킹하여 가공하는 방법도 있지만, 이 방법은 가공 정밀도가 떨어지므로 주의할 필요가 있다.

연삭기의 능력 이상으로 외경이 큰 가공물을 연삭하면, 숫돌의 접촉 면적이 증대하여 연삭 저항이 크게 되어 연삭기의 강성 부족 때문에 채터링이 일어나기 쉽다. 그럴 때에는 가공물의 회전 속도를 느리게 하여 연삭 저항을 작게 하면 좋은 결과를 얻을 수 있다.

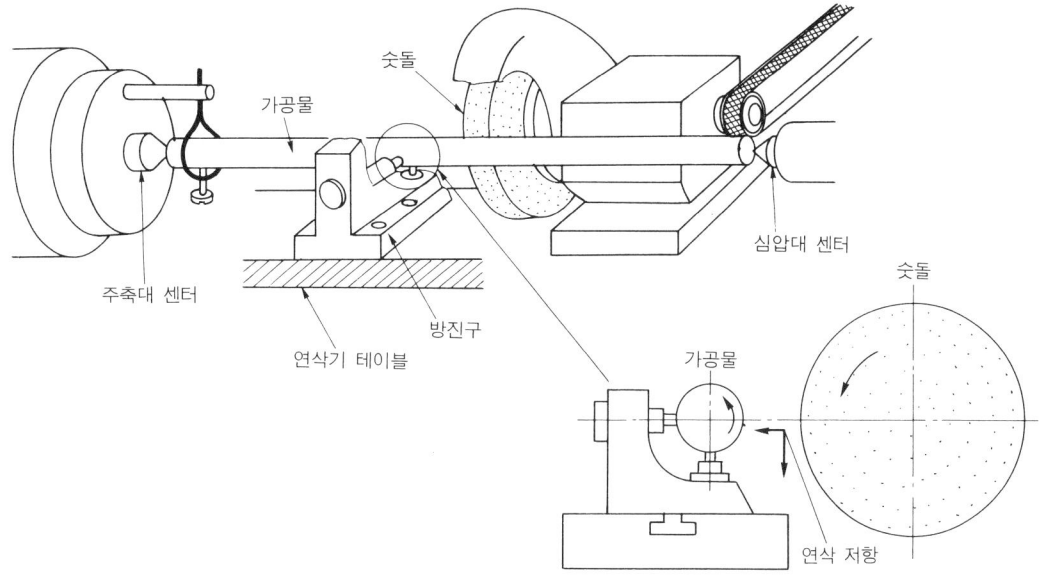

그림 1. 원통 연삭에서의 방진구 설치 예

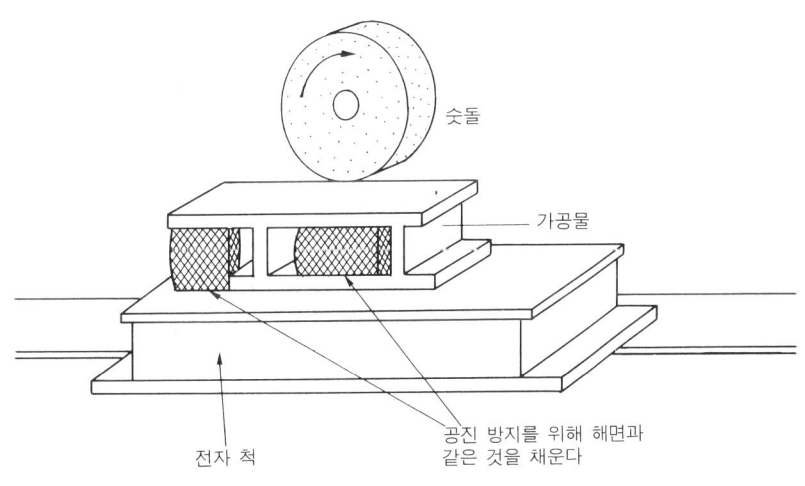

그림 2. 평면 연삭에서의 중공 가공물 채터링 방지책

　한번 채터링된 숫돌은 드레싱하여 사용하게 되는데 때에 따라서는 숫돌의 선정부터 다시 생각해야 한다.

　평면 연삭에서 가공물의 형상이 불안정한 경우라는 것은 가공물이 중공이어서 진동하기 쉬울 때나 고정 접촉 면적보다 가공물 높이가 높을 때, 또는 외팔보 모양으로 지지가 약할 때 등이 있다. 이들은 모두 작은 채터링이 원인이 되어 가공물에 공진 현상이 일어나고 본격적인 채터링이 된다.

　그 대책으로서는 중공이라면 해면이나 허드레 천 같은 것을 공간에 채워 넣는 것이다(그림 2). 그리고 키가 높은 불안정한 가공물일 때는 보조 블록 등으로 받쳐서 공진현상을 방지하여야 한다.

　단속 연삭은 원통 연삭이나 평면 연삭에서 다같이 채터링이 일어나기 쉬운 가공이며, 이것은 숫돌이 가공물을 타고 올라가기 때문에 일어나는 진동으로 채터링을 유발하기 때문이다.

예를 들면 원통면에 키 홈이 있다던가 또는 평면 연삭에서 구멍이나 단이 진 것을 가공할 때 채터링이 생김과 동시에 연삭 표면에 기복이 나타날 때도 있다.

내면 연삭에서는 정상적으로 드레싱할 수 있는 정도의 길이까지가 최대한의 길이이며, 이것을 최대한의 가공 범위라고 생각해도 좋을 것이다.

(2) 난삭재의 가공과 채터링 대책

난삭재의 대표적인 것에는 스테인리스강이나 몰리브덴계 고속도강 그리고 합금 공구강의 SKD11 등이 있다.

특히 담금질 경도가 높은데다 강인성 재질이라면 숫돌의 로딩이 빨리 일어나며, 연삭 저항이 급속히 증가하여, 아무래도 가공할 때 채터링이 일어나기 쉬운 재질이라고 말할 수 있다.

이럴 때에는 WA 숫돌 입자 대신에 GC 숫돌 입자로 하고 그래도 연삭이 되지 않을 때에는 다이아몬드 휠을 사용하는 것도 하나의 방법이다. 트래버스 연삭보다는 플런지 연삭으로 가공하는 것이 채터링이 생기지 않는다는 항간의 말은 맞지 않다.

(3) 숫돌의 선정과 채터링의 관계

채터링 현상을 숫돌측에서 본다면, 결합도가 높은 숫돌이 연삭 저항면에서 보아 채터링이 생기기 쉬우며, 입도는 거친 입도보다는 조밀한 입도가 채터링이 생기기 쉽다고는 하지만, 실제로는 그 외의 다른 조건도 가세하기 때문에 알기가 어렵다.

원통 연삭에서도 숫돌 폭의 1/4 정도되는 귀퉁이 부분이 마모하거나 숫돌 입자가 탈락하여 요철면이 되면 채터링이 발생한다. 이러한 여러 가지 조건 중에서 무엇을 가장 우선적으로 생각하여 숫돌을 고르느냐 하는 것은 중요한 기능력이다.

(4) 드레싱과 채터링

숫돌을 드레싱할 때 절삭 깊이 이송을 하지 않는데도 언제까지나 다이아몬드의 끝이 숫돌에 닿고 있는 것은 정상적이 아니다.

이것은 다이아몬드의 입자가 이완되어 있거나 드레싱 공구의 설치 불량 또는 연삭기 베어링의 정밀도 불량 때문에 일어나는 현상이다.

올바른 드레싱이란 단 한 번의 드레싱으로 남김없이 드레싱하는 것이며, 이때 이미 연삭면의 상태를 판단할 수 있다. 이것은 연삭 기능공의 가장 중요한 사항 중의 하나이다.

드레싱 속도가 느리면 연삭면도 거칠고 채터링 마크도 그다지 눈에 띄지 않지만 정밀 다듬질을 함에 따라 채터링이 뚜렷해진다. 다이아몬드 공구의 끝은 언제나 날카로운 것이 좋으며, 둥글고 평탄한 모양에서는 채터링이 일어나기 쉽다.

특히 내면 연삭에서는 $60°$ 정도의 예각으로 정형한 공구를 사용하는 수도 있으며 드레싱을 할 때에는 연삭액을 충분히 공급하여 드레싱 로딩이 일어나지 않게 하는 것도 중요하다.

(5) 연삭 속도와 채터링

숫돌의 원주 속도는 가공물의 재질이나 모양 또는 작업 구분에 따라 다소 다르지만, 일반적으로 원통 연삭에서는 1800m/min이며 평면 연삭 때에 1600m/min이고 내면 연삭 때에 1000m/min 전후이다.

숫돌은 원주 속도가 빠를수록 단단하게 작용하고 느릴수록 연하게 작용하므로, 원주 속도와 회전수 관계로서는 변속하는 것이 바람직하지만, 진동이라는 면에서 본다면 공진점(共振點)이 변화하는 것이므로 그것을 제거하기가 어렵게 된다.

(6) 숫돌의 회전 정밀도와 채터링

숫돌축의 회전 정밀도 불량이 채터링에 영향을 미치는 것은 당연한 일이며, 회전 정밀도란 회전의 중심 궤적 이동량을 말하는 것으로서 원통 연삭에서는 1μm 이하여야 하고, 구름 베어링을 사용한 평면 연삭기에서는 2μm 이하가 바람직하다.

그러나 어떤 조건 때문에 정밀도가 떨어지고 사람의 감각으로 흔들림을 느낀다면, 채터링의 원인이 되는 것은 당연한 일이다.

이제까지는 레이디얼 방향의 채터링에 대하여 말했지만 연삭의 채터링은 오히려 스러스트 베어링이 느슨해지면 매우 큰 영향을 미친다.

특히 원통 연삭에서의 트래버스 연삭에서는 숫돌의 앵글 부분이 탈락하면 채터링의 원인이 된다. 그래서 숫돌 베어링의 정밀도는 메이커에 따라 베어링의 틈이 규정되어 있으며 윤활유조차 지정할 정도로 엄격한 것이기 때문에 초심자는 조정하는 것을 삼가는 것이 무난하다.

구름 축의 수명은 보통 2000~3000시간이라고 일컬어지고 있으므로, 정밀도 유지나 채터링 방지를 위해서도 그 이전에 점검하거나 교환해야 한다.

(7) 진동 대책

진동 대책이 채터링을 방지하는데 효과적인 조건이라는 것은 앞에서도 말했지만, 일반 연삭에서는 그다지 눈에 띄시 않을시라도 정밀 언삭에서는 눈에 띄게 된다.

채터링 그 자체가 표면 거칠기에 직접 나타나게 되면 진원도는 크게 떨어진다. 정밀 연삭에서의 채터링 대책은 진동을 제거하는데 있다고 해도 과언이 아니다.

진동의 주요 원인은 숫돌의 불균형 때문인 것이 대부분이므로, 이것을 제일 먼저 점검해야 한다. 숫돌의 정적 밸런스를 잡는 것도 물론이지만, 특히 표면 정밀도가 필요할 때에는 동적 밸런스도 잡도록 한다.

일반적인 정적 밸런스 잡기에서는 2~3μm 정도의 진폭으로 되며, 동적 밸런스를 잡음으로써 더욱 한 계단을 내릴 수가 있다. 그리고 이 진폭이 작을수록 채터링도 작게 되어 표면 거칠기도 향상된다.

연삭기에는 숫돌 축 외에도 구동 모터나 구동용 벨트 같은 진동원이 있다. 여기에 숫돌 축 회전 수와 다른 주기의 진동이 있을 때에는 그 진동을 제거하기가 어려우므로, 대책으로서 진동원이 되는 회전체를 각각의 상태에서 진동을 제거한 부품을 사용할 필요가 있다.

연삭기는 그 구조상 숫돌 축을 받치고 있는 기둥이 약하며, 더욱 진동 대책이 필요하다. 특히 평면 연삭기에 많이 사용하고 있는 구름 베어링 특유의 진동음이 발생하기도 하고, 작은 물결 모양의 연삭면이 되는 것 등은 이 베어링의 숙명으로 채터링의 일종인데 어떻게 할 도리가 없는 것이다.

이 현상은 표면 거칠기가 1S 정도라면 별 것 아니지만, 표면 거칠기가 좋아질수록 뚜렷하게 보이게 된다.

실제의 채터링 현상

(1) 이상한 경험

φ20mm, 길이 400mm의 원통 연삭 작업을 하고 있을 때, 일반 상식적으로는 가공물의 중앙 부분에서 채터 마크가 크게, 끝으로 갈수록 채터 마크가 작게 되는 것이 보통인데, 어떤 길이가 되면 아무래도 상식밖의 일이 일어나게 된다.

즉, 이 때에 양 센터 위치에서 100mm 정도 중앙으로 들어간 부분인 좌우 두 곳의 폭 30mm 정도에서만 채터링 현상이 나타난다(그림 3).

이것이 연삭 저항에 의한 공진인지, 또는 그 공진 모드 때문인지 알 수가 없으며, 그 채터링의 발생 기구에 대해 이론적인 해명을 바라고 있다.

(2) 채터링 감촉

원통 연삭을 할 때면 언제나 하고 있는 일이지만, 연삭중인 가공물에 가볍게 닿으면 채터링 상태를 알 수가 있다. 채터링은 채터링 소리로서 들을 수 있는데 그보다도 초기의 작은 채터링은 손가락의 감촉으로 예민하게 느낄 수 있다. 동시에 절삭 깊이의 양이나 이송 속도 같은 연삭 상태도 쉽게 연삭 저항의 채터링으로서 느낄 수가 있다. 그러나 이 방법은 안전 작업상 세심한 주의가 필요

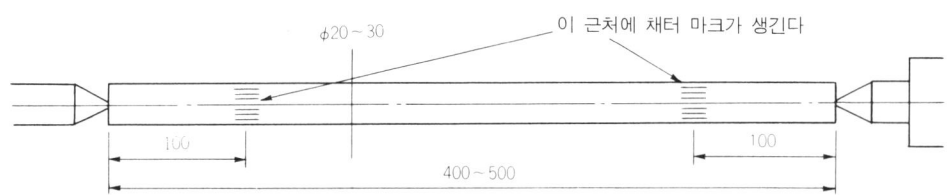

그림 3. 원통 연삭에서 그 일부에 채터 마크가 생기는 것은 어째서 일까

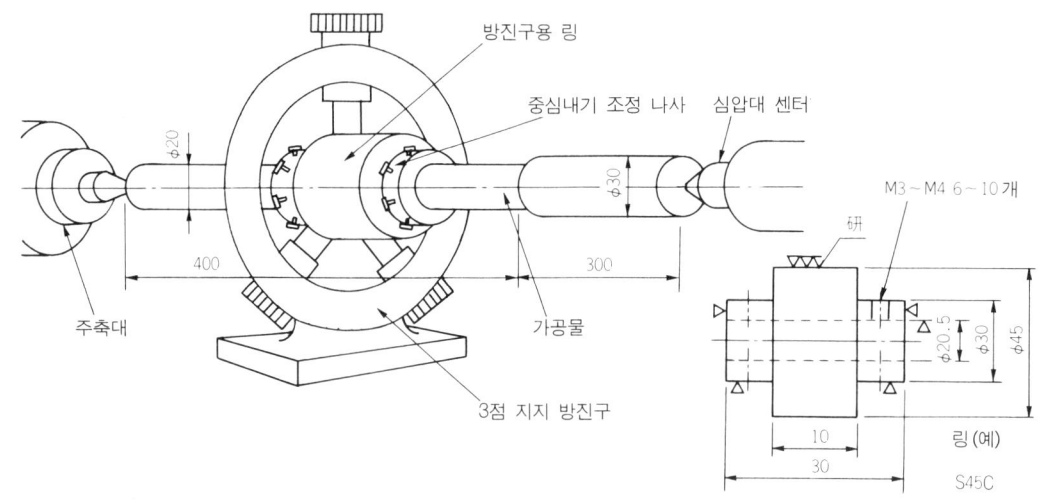

그림 4. 링을 이용한 3점 지지 방진구

하다.

(3) 방진구 사용

보통은 가늘고도 긴 원통 연삭 가공을 할 때 채터링이 일어나는 것은 당연한 일이며, 따라서 원통도나 진원도를 확보하기가 어렵게 된다.

이와 같은 문제를 해결하는 데에 방진구를 사용하는 방법이 있다. 방진구를 사용하기 위해서는 우선 방진구가 닿는 부분의 흔들림을 잡아야 한다.

일반적으로는 흔들림잡기 연삭을 할 수 있는 부분부터 순차적으로 가공하면서 방진구의 위치를 옮겨 간다. 이 때에는 숫돌의 연삭성을 좋은 상태로 하고, 가볍게 연삭하는 것이 요령이다.

또 다른 방법으로는 그림 4와 같이, 미리 방진구용 링을 만들고 이것을 가공물의 중앙 부분에 끼워 중심내기용 나사로 2~3μm까지 중심을 내어 그 링 외경에 방진구를 거는 방법이다.

이 방법은 링의 외경 정밀도가 그대로 가공물의 정밀도로 옮겨지므로 진원도를 정확하게 확보할 수 있다.

링을 제작하려면 조임 나사에 의한 변형 등을 고려하여 비교적 강성이 강한 형태로 하고 외경은 연삭 다듬질한다. 조이거나 중심을 내는 나사는 6~8개소이며 규격은 M3~4 정도가 좋다

＊　　　　＊　　　　＊

연삭 가공에서의 채터링은 정밀 연삭기에서도 일어날 수 있는 현상이며, 크든 작든 어디서나 경험하고 있다.

그 원인과 대책은 현상이나 조건에 따라 다르지만, 결국은 연삭 저항 때문에 일어나는 것이므로 그 원칙을 감안한 원인을 찾는 것과 동시에 적절한 대응이 중요하다.

내면 연삭 가공 때 생기는 트러블과 대책

　연삭 가공은 가공물의 최종 다듬질 공정일 때가 많으므로 불량품이 발생하면 그 손실이 크며, 또한 절삭 가공보다 가공 공정에 미치는 영향이 크기 때문에 트러블이 생겼을 때 대응하는데 시간이 많이 걸린다. 결국 초정밀 부품의 가공은 숙련공의 기능에 의지하지 않을 수 없는게 현실이며, 특히 가공 연삭은 다른 연삭보다 가공상의 제약이 많기 때문에 트러블이 생기기 쉬운 작업이다.

　여기에서는 내면 연삭의 트러블에 관해 그 원인이나 대책에 대해 생각해 보기로 한다.

내면 연삭 가공의 기본적 문제점

(1)숫돌 축계의 강성

일반적으로 내면 연삭 가공의 특징은 다음의 세 가지이다.

① 가공 내경보다도 작은 숫돌밖에 쓸 수 없으며 숫돌 축계의 강성이 약하다

② 숫돌 지름의 변화가 많기 때문에, 연삭 특성이 불안정하게 되기 쉽다

③ 숫돌의 지름이 작기 때문에 숫돌이 빨리 마모된다

　연삭 가공에서는 숫돌을 가공물에 연삭 깊이로 절삭했을 때 깊이만큼 가공 치수가 작아진다고 단정지을 수가 없다. 즉「연삭 잔량」이 생기는데 이것은 숫돌이 마모되거나 기계의 강성(숫돌 축이나 가공물 지지계의 연삭 저항에 따른 변형)과 숫돌과 가공물의 접촉 강성 등 때문에 일어난다.

　특히 내면 가공에서는 다른 연삭 가공보다 숫돌 축계의 강성이 약하기 때문에 연삭 잔량도 많아진다.

　더구나 숫돌 지름의 변화 때문에 숫돌의 원주 속도나 절살날각이 변화되어 치수나 테이퍼가 불안

정하다. 이 연삭 잔량을 제거하기 위해 스파크 아웃 연삭을 하지만, 이 연삭을 위해 연삭 시간이 길어진다.

(2) 연삭 특성

내면 연삭 가공에서는 숫돌 지름의 변화나 드레서의 마모에 따라 연삭 특성이 현저하게 변화한다. 특히 숫돌 지름은 가공물의 내경보다 작아야 하며 숫돌 마모의 시간적 진행이 빠르기 때문에 연삭 특성은 짧은 시간 내에 변화한다.

일반적으로 숫돌의 지름이 작게 되면 표면 거칠기가 나쁘게 되며 테이퍼는 주축쪽이 크게 된다. 이것은 숫돌의 지름이 작아지면 숫돌 입자의 절삭날각이 크게 되어 숫돌의 절삭성이 나빠지기 때문이다.

그리고 숫돌의 절삭성은 드레싱 조건에 따라서도 크게 좌우된다. 드레싱은 다이아몬드 드레서의 절삭 깊이와 리드에 따라 결과적으로 숫돌 표면에 나사를 깎는 것이며, 이 나사 절삭의 깊이나 나사의 리드로 절삭성이 달라진다.

드레싱 절삭 깊이가 깊고 리드가 클수록 절삭성은 좋아지지만, 표면 거칠기는 나빠진다. 반대로 절삭 깊이가 얕고 리드가 작으면 숫돌의 표면이 평평하게 되고 거칠기는 좋아지지만, 연삭 잔량이 많아져 치수 정밀도나 테이퍼가 불안정하게 된다. 따라서 많은 시간에 걸쳐 연삭하여, 정밀도를 안정시켜야 한다.

이와 같이 내면 연삭 가공에서는 가공 시간만으로 생각한다면 거칠기와 테이퍼라는 상반되는 정밀도가 요구되기 때문에, 그 양쪽을 만족시킬 수 있는 가장 합리적인 연삭 패턴을 찾아 이것을 유지하는게 중요하다.

그리고 가공 정밀도로서 다듬질면 거칠기와 진원도 그리고 치수 정밀도와 원통도 등이 요구되는데, 연삭 특성의 변화에 따라 이와 같은 정밀도에 여러 가지 트러블이 생긴다.

다음에는 이와 같은 각 정밀도에 대하여 일어나기 쉬운 트러블과 그 원인 그리고 대책에 대해 설명한다.

다듬질면 거칠기의 트러블 대책

(1) 다듬질면 거칠기가 나쁘다

연삭 다듬질면은 기본적으로 숫돌의 형상이 옮겨져 만들어지는 것이므로, 숫돌 표면상의 절삭날 형상이나 분포가 다듬질면에 가장 많이 영향을 끼친다. 숫돌의 표면이 거칠면 다듬질면도 거칠게 되며 숫돌의 형상도 나빠진다.

거칠기가 좋지 않을 때, 다음의 원인을 고려한다.

① 숫돌의 입도가 거칠다 … 보통 숫돌의 경우, 입도가 거칠면 거칠기도 나쁘게 된다. 이것은 숫돌 입자 간격이 넓으므로 연삭하는 숫돌 입자의 수가 적어 한 개의 숫돌 입자가 깎는 홈이 크게 되면서 깊게 되기 때문이다.

그러나 입도가 거친 숫돌이라도 드레싱 리드를 작게 하고 스파크 아웃을 길게 하면 거칠기가 좋게 된다.

만일 사이클 타임을 길게 할 수 없을 때에는 숫돌의 입도를 곱게 한다.

② 드레싱 조건이 나쁘다 … 드레싱 리드와 그 양에 따라 다듬질면의 거칠기가 달라진다는 것은

앞에서도 말했지만, 거칠기가 나쁠 때에는 드레싱 리드를 작게 하던가(드레싱 속도를 느리게 하고 숫돌 축 회전수를 많게 한다.), 또는 드레싱량을 적게 하면서 몇 번에 걸쳐 드레싱한다.

드레서의 마모 상태에 따라서도 다듬질면의 거칠기가 달라지는데 즉, 마모되어 넓적하게 된 드레서로 드레싱하면 숫돌 표면의 나사 절삭도 넓적하게 되어 마모되지 않는 새로운 드레서보다 거칠기는 좋게 된다.

드레서를 교환하여 거칠기가 나빠졌을 때에는 드레서 끝이 매우 예리했다는 것을 생각할 수 있다. 이 때에는 몇 번인가 드레싱하면 거칠기가 좋아진다. 반대로 드레서가 너무 마모되면, 이번에는 정상적인 드레싱을 할 수가 없으며, 숫돌의 연삭 능력이 낮아져 셰딩 등이 발생하면서 다듬질면의 모양이 나빠진다.

③ 연삭 조건이 나쁘다 … 숫돌의 연삭 깊이가 깊으면 한 개의 숫돌 입자가 만드는 연삭 홈이 깊게 되어 거칠기가 나빠진다. 이 때에는 다음과 같은 연삭 조건으로 바꿔본다.

· 다듬질 속도를 느리게 한다(절삭 깊이를 얕게 한다)
· 스파크 아웃을 길게 한다(차츰 숫돌 입자의 절삭 깊이를 얕게 한다)
· 숫돌 축 회전수를 빠르게 한다(연삭 칩 형상을 작게 한다)
· 가공물 회전수를 빠르게 한다(연삭 칩 형상을 작게 한다)

④ 연삭액 주입 방식이 나쁘다 … 연삭액이 연삭점에 충분히 뿌려져 있지 않으면 숫돌 입자의 연삭날 윤활이 나쁘기 때문에 연삭 칩이 깨끗하게 생기지 않으며, 뜯어 먹거나 용착을 일으켜 거칠기가 나쁘게 된다.

(2) 일정한 주기의 기복이 생긴다

① 드레싱 리드가 모방되어 옮겨져 있다 … 플런지 컷 연삭을 할 때 거칠기의 모양이 일정한 주기로 기복이 생겼을 때에는 우선 그 피치를 측정해 본다. 기복의 피치가 드레싱 리드와 일치한다면 그 원인은 드레싱 조건이다. 리드가 크고 깊을 때 뚜렷하게 나타난다. 이 때에는 드레싱 리드를 작게 하여 기복이 눈에 띄지 않게 하던가, 트래버스 가공에다 드레싱 리드의 영향을 없앤다.

② 드레싱을 할 때에 진동이 생긴다 … 드레싱을 할 때에 드레서나 숫돌 축이 진동하고 있으면, 숫돌이 그 진동 때문에 기복이 생기는 모양으로 드레싱되어 다듬질면도 기복이 있는 모양이 된다. 이 때에는 기복을 발생시키는 진동원을 제거해야만 한다. 예를 들어 기계의 설치가 나빴기 때문에 기계 전체가 저주파로 진동하여 숫돌을 기복 형상으로 드레싱할 때가 있다. 이것은 설치를 잘하여 진동을 멈추게 하면 기복도 없어진다.

표 1에 다듬질 거칠기면에 관한 트러블 대책을 표시하였다.

진원도의 트러블 대책

(1) 일정한 주기의 채터 마크 진원도가 나타난다

가공하는 동안 연삭점에 대한 진동이 전달되면 진원도에 채터 마크가 나타난다. 그러므로 채터 진동을 발생시키는 진동원을 없애는 대책을 강구해야 한다. 채터 진동 중에서도 강제 진동과 자려(自勵) 진동에 의한 경우에는 가공물의 회전수를 바꾸면 채터 마크가 나왔다 없어졌다 한다. 이것은 채터 진동과 가공물의 회전이 동기되기도 하고 동기되지 않기도 하기 때문이다. 강제 진동원으로는 다음과 같은 것이 있다.

표 1. 다듬질면 거칠기 불량의 트러블 대책

상 황	원 인		대 책
거칠기가 군데군데 나쁘다 거칠기가 전체적으로 나쁘다	① 숫돌 선정이 잘못되었다	숫돌의 입도가 너무 거칠다	입도를 곱게 한다
		숫돌의 결합도가 너무 연하다	결합도를 약간 단단하게 한다
	② 드레싱 조건이 나쁘다	다이아몬드의 마모가 너무 많다	다이아몬드를 돌려서 설치한다 다이아몬드를 교환한다
		드레싱의 리드가 너무 크다	드레싱 속도를 느리게 한다
		로터리 드레서가 흔들리고 있다	밸런스를 잡는다
	③ 연삭 조건이 나쁘다	다듬질 속도가 너무 빠르다	다듬질 속도를 느리게 한다
		스파크 아웃이 짧다	스파크 아웃을 길게 한다
		다듬질량이 적다	다듬질량을 늘린다
		원주 속도비가 크다	숫돌축 회전수를 크게 한다 가공물 회전수를 작게 한다
	④ 냉각수	냉각수를 뿌리는 방법이 나쁘다	연삭점에 걸리게 한다
		냉각수의 윤활성이 나쁘다	윤활성이 좋은 것으로 바꾼다
스크래치가 생긴다	① 숫돌 선정의 잘못	숫돌 입자가 파쇄하여 탈락되기 쉽다	입도를 곱게 하던가 결합도를 약간 굳게 한다
	② 드레싱 조건이 나쁘다	드레싱 리드를 크게 한다	드레싱 속도를 느리게 한다
		드레싱 보정량이 너무 많다	보정량을 적게 한다
		부유 숫돌 입자가 숫돌에 붙어 있다	드레싱할 때의 냉각수량을 증가시켜 부유 숫돌 입자가 떨어지게 한다
	③ 연삭 조건이 나쁘다	다듬질량이 적다	다듬질량을 늘린다
	④ 냉각수	숫돌 입자나 연삭 칩이 연삭점에 남아 있다	냉각수를 연삭점에 대량으로 뿌린다
일정한 주기로 기복이 생긴다	① 드레싱 리드 흔적이 가공물에 남는다	드레싱 리드가 크고 깊다	드레싱 속도를 느리게 한다 숫돌축 회전수를 크게 한다 드레싱 보정량을 적게 한다
		다이아몬드의 절삭성이 너무 좋다 숫돌 결합도가 너무 단단하다	끝이 평탄한 다이아몬드를 사용한다 결합도를 약간 연하게 한다
	② 드레싱할 때 진동이 일어난다	숫돌이 기복 형상으로 드레싱된다	기복의 진동수를 계산하여 진동의 원인 대책을 세운다 드레싱 장치의 고유 진동수를 처지게 한다 드레싱 장치나 다이아몬드의 조임을 확인한다 숫돌과 퀼의 흔들림을 적게 한다 기계 설치를 확인한다
연삭 번이 나온다 (절삭성이 나쁘다)	① 숫돌 선정이 나쁘다	숫돌의 입도가 너무 곱다	입도를 거칠게 한다
		결합도가 너무 단단하다	결합도를 약간 연하게 한다
		숫돌의 종류가 적당치 않다	종류를 바꿔 본다
	② 연삭 조건이 나쁘다	숫돌 절삭 깊이가 너무 깊다	다듬질 속도를 느리게 한다
		숫돌이 단단하게 작용하고 있다	숫돌 원주 속도를 느리게 한다
	③ 드레싱 조건이 나쁘다	드레싱 리드가 너무 작다	드레싱 속도를 빠르게 한다
		다이아몬드가 마모되어 있다	다이아몬드를 돌려 끼운다 다이아몬드를 교환한다
	④ 냉각수	냉각수의 연삭성이 나쁘다	냉각수를 바꾼다
		로딩이 일어나고 있다	냉각수를 연삭점에 고압으로 대량 공급한다

① 회전체의 언밸런스……숫돌 축계에서는 벨트 구동형 숫돌 축의 모터 풀리가 언밸런스되어, 자주 채터링의 원인이 된다. 이 때의 채터 진동수는 전원 주파수(50이나 60Hz)이며 이 밖에 숫돌이나 퀼의 흔들림이나 언밸런스도 채터링의 원인이 된다. 주축측에서는 주축 풀리나 척의 언밸런

표 2. 진원도 불량의 트러블 대책

상 황	원 인		대 책
일정한 주기로 진원도에 채터링이 생긴다	① 숫돌 축 계통 회전 진동	숫돌이 흔들리고 있다	숫돌의 흔들림을 잡는다 숫돌의 조임을 확인한다
		퀼이 흔들리고 있다	퀼의 흔들림을 작게 한다 밸런스를 잡는다
		숫돌 축이 흔들리고 있다	숫돌 축대의 조임을 확인한다 베어링을 교환한다
		모터 풀리의 언밸런스	풀리 흔들림을 적게 한다 밸런스를 잡는다
		숫돌 축의 고유 진동수가 숫돌 축 회전수와 일치하고 있다	숫돌축 회전수를 바꾼다
		구동 벨트의 이음매에서 두드리는 현상	벨트를 교환한다
	② 주축 계통의 회전 진동	척의 언밸런스	밸런스를 잡는다
		주축의 언밸런스	흔들림을 작게 한다
		롤러가 흔들리고 있다(2롤러, 한 개의 슈형)	두 개의 롤러 외경 치수 차이를 없앤다 흔들림을 작게 한다
	③ 구동원 진동	유압 맥동에 의한 진동	방진 고무로 진동을 줄인다 어큐뮬레이터를 장치한다
		전자 진동(숫돌 축, 주축, 로터리 드레서의 모터 진동)	방진형 모터로 한다 방진 고무를 사용한다
타원 진원도의 형상이 나쁘다	① 가공물의 전가공 정밀도가 나쁘다	열처리 얼룩이나 열처리 변형이 있다	얼룩이나 변형을 없앤다
		연삭 가공 여유가 균등하지 못하다	연삭 가공 여유를 균등하게 한다
		외경의 진원도, 외경과 끝단면의 직각도, 양단면의 평행도가 나쁘다(슈 센터리스형)	전가공의 정밀도를 올린다
	② 가공물 형상 때문이다	가공물의 언밸런스	밸런스를 잡는다
		살이 얇거나 살두께가 균등치 못하여 클램프 변형이 생긴다(척형)	처킹 방법을 바꾼다 척 압력을 내린다
		가공 내면에 긁힌 자국이 있으며 결원(缺圓) 부분에서 진원도가 부풀어 있다	숫돌의 길이를 짧게 한다 숫돌의 원주 속도를 빨리 한다
	③ 연삭 조건이 나쁘다	다듬질 속도가 너무 빠르다	다듬질 속도를 느리게 한다
		다듬질량이 적고 리드가 있다	다듬질량을 늘린다
		스파크 아웃이 짧다	스파크 아웃을 길게 한다
	④ 냉각수	냉각수 뿌리는 방법이 나쁘다	냉각수를 연삭점에 고압으로 대량 공급한다
	⑤ 가공물의 지지, 회전 불량	설치 기준면이 흔들리고 있다	설치 기준면의 점검과 조정
		가공물이 미끄러져 있다	척 압력을 올린다 척 방법을 바꾸는 벨트의 인장
		주축 구동 벨트가 헛돌고 있다	벨트의 인장을 조정한다
		주축 회전 정밀도가 나쁘다	볼트류가 이완되어 있는지 확인한다 베어링을 교환한다
		슈 마찰	슈를 다시 연삭한다 슈를 교환한다

스 때문에 채터 마크가 나온다. 이와 같은 원인일 때에는 흔들림을 잡거나 밸런스를 잡으면 채터 마크는 없어진다.

② 구동력의 진동과 외부 진동 …유압의 맥동이나 모터의 전자 진동 또는 그 외의 진동이 연삭점에 전달되면 채터링의 원인이 된다. 그래서 방진형 모터로 바꾸던가 또는 방진 고무로 진동을 억

제할 필요가 있다.

(2) 진원도 형상이 나쁘다

① 연삭 조건이 나쁘다 … 연삭 조건이 나쁘면 거칠기가 나빠지며, 원주상에도 그 거칠기 성분이 옮겨져 진원도를 나쁘게 한다. 다듬질 속도를 느리게 하고 스파크 아웃을 길게 하여 거칠기를 좋게 하면 진원도도 좋아진다.

② 가공물의 형상과 전(前)가공 정밀도가 나쁘다 … 가공물에 언밸런스가 있으면 타원 모양으로 되기가 쉬우므로 밸런스를 잡을 필요가 있다. 그리고 내면에 구멍이나 홈이 있는 가공물에서는 결원(缺圓) 부분이 좀 많이 가공되어 진원도가 나쁘게 된다. 그 대책으로서는 숫돌의 길이를 짧게 하던가 숫돌의 원주 속도를 빨리하여 연삭 저항을 줄이는 방법이다. 슈 센터리스형의 내면 연삭기에서는 외경 진원도가 나쁘면 내경 진원도도 나빠지므로 이 때에는 외경 진원도를 좋게 할 필요가 있다.

③ 클램프 변형이 생긴다 … 살이 얇은 가공물을 직접적으로 클램프하면 그 때에 변형이 되고 가공 후에 떼면 그 부분이 밖으로 불어난다. 그래서 3조(jaw) 척일 때에는 진원도가 주먹밥형처럼 되므로 클램프 압력을 내릴 필요가 있다. 클램프 압력은 연삭 저항 때문에 움직이지 않을 정도로 하여 클램프 압력을 거친 연삭 때와 다듬질 연삭 때를 구분하여 바꾸는 예도 있다. 표 2는 진원도에 대한 트러블 대책의 예이다.

치수 편차의 트러블 대책

내면 연삭 가공에서의 자동 치수 검사 장치 방식에서는 게이지 장치를 사용하는 오토 게이지 연삭과 설정된 위치에서 절삭 깊이를 정지시켜 소정의 치수로 다듬질하는 오토 사이즈 연삭이 있다.

(1) 자동 게이지 연삭 때에 치수가 분산된다

게이지 접점의 마모나 절손, 측정 헤드의 응답성이 나빠지거나 열변위, 게이지 업의 온도 특성 등 주로 게이지에 문제가 있는 경우가 많으며 다음과 같은 원인도 있다.

① 게이지 접점에 숫돌 입자가 끼어 있다 ····· GC 숫돌 등에서 숫돌 입자가 많이 탈락되면, 숫돌 입자가 접점과 가공물 사이에 끼어 한 개의 치수가 보태지는 수가 있다. 이럴 때에는 측정점의 연삭액량을 늘려 숫돌 입자가 씻겨 내려가게 한다.

② 다듬질 속도가 빠르다, 연삭기의 응답성이 나쁘다 ····· 게이지의 치수 장치 신호가 나온 후, 실제로 절삭 깊이 이송대가 후퇴할 때까지는 가공물이 깎여진다. 다듬질 속도가 빠르면 이 연삭기의 응답 시간 사이에 깎여 나가는 양의 분산이 크게 되어, 결과적으로는 치수의 편차가 크게 된다.

그 대책으로는 다듬질 속도를 느리게 하던가 또는 스파크 아웃을 길게 하여 연삭 잔량을 적게 한다. 물론 연삭기의 응답성을 향상시키는 일도 필요하다. 도요 에이텍의 연삭기에서는 $5 \sim 10\text{m/sec}$ 를 달성하고 있고 절삭깊이 속도는 $\phi 0.5 \mu\text{m/s}$의 초저속 절삭 깊이가 가능하다.

(2) 오토 사이즈 연삭 때에 치수가 분산된다

① 기계 정밀도가 나쁘다 …절삭 깊이 이송이 끝날 때 또는 드레싱을 할 때의 절삭 깊이 이송대의 정지 위치가 분산되면 그것이 그대로 치수의 분산으로 된다. 양산 가공을 할 때 치수 정밀도가

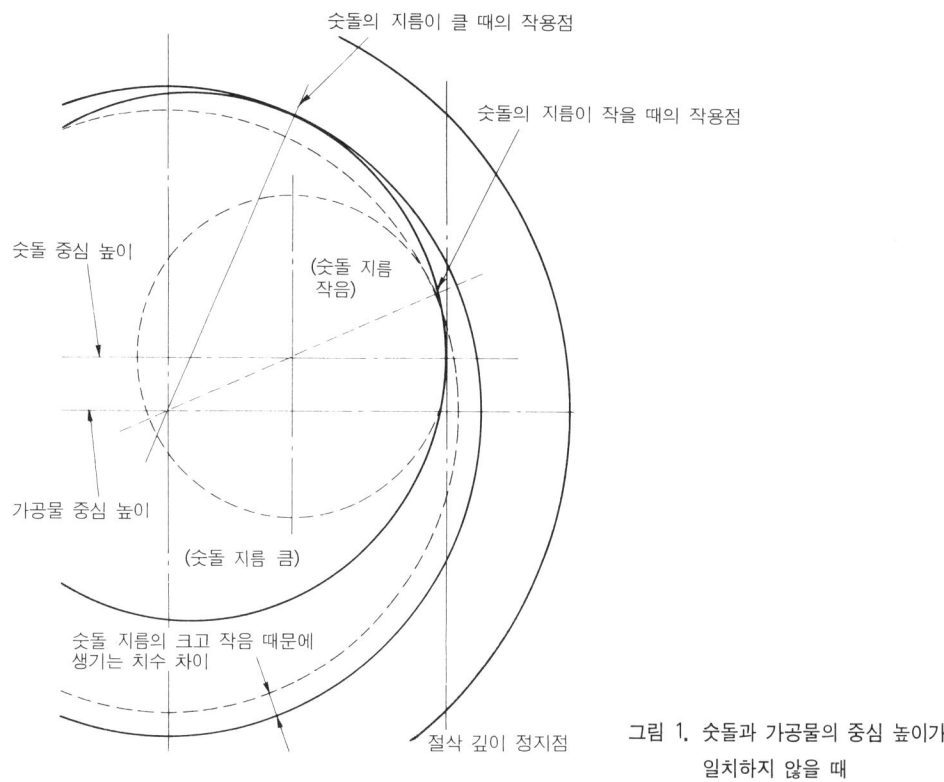

그림 1. 숫돌과 가공물의 중심 높이가
일치하지 않을 때

엄격할 경우는 특히 위치 결정 정밀도가 좋은 연삭기가 필요하다. 도요 에이텍의 경우에는 이송 위치 결정 속도는 $0.2\mu\mathrm{m}$ 이하이다.

② 공구의 설치가 나쁘다 ‥‥ **그림 1**과 같이 숫돌과 가공물의 중심 높이가 일치되어 있지 않으면 숫돌의 지름이 작아짐에 따라 내경 치수도 작아진다. 이것은 숫돌과 가공물의 작용점이 숫돌의 지름에 따라 달라지기 때문이다.

그리고 그림 2와 같이 숫돌과 드레서의 중심 높이가 일치되어 있지 않으면 숫돌의 지름이 작아짐에 따라 내경의 치수가 크게 된다. 이것은 숫돌의 지름이 작아질수록 드레싱 후의 예상 숫돌 지름과 실제의 숫돌 지름 사이의 차이가 크게 되기 때문이다(실제 숫돌 지름이 크게 된다). 어느 경우에나 높이를 조정할 필요가 있다.

③ 숫돌의 연삭성이 변화한다 ‥‥ 숫돌의 지름 변화나 드레서 마모 등으로 숫돌의 연삭성이 변화하면 다듬질을 끝냈을 때의 연삭 잔량이 분산되어 치수도 분산된다. 연삭 조건이나 드레싱 조건을 바꾸는 외에도 숫돌 축의 강성을 올려 연삭 잔량을 적게 하는 방법도 있다. 퀼을 굵게 하던가 재질을 초경이나 특수 합금강으로 한 예가 있다.

④ 열변위 ‥‥ 연삭기의 구동원에 유압을 사용하고 있을 때, 운전이 시작됨과 동시에 유온이 상승하여 각 구성 요소의 온도가 올라가 열변위를 일으키며, 숫돌과 가공물의 위치 관계가 틀어져 치수가 분산된다. 여기에 대해서는 유온을 조절하던가 기계를 단열 구조로 할 필요가 있다. 주축이나 숫돌 축 또는 로터리 드레서와 같은 회전체는 베어링 부위의 발열 때문에 자주 열변위를 일으킨다. 그래서 도요 에이텍의 경우에는 이와 같은 장치에 대하여 수냉식 재킷을 사용하여 냉각하고 있다. 그 외에 냉각액의 온도 변화때문에 열변위하여 치수가 분산된 예도 있다. 자동 치수 검사 장치 연

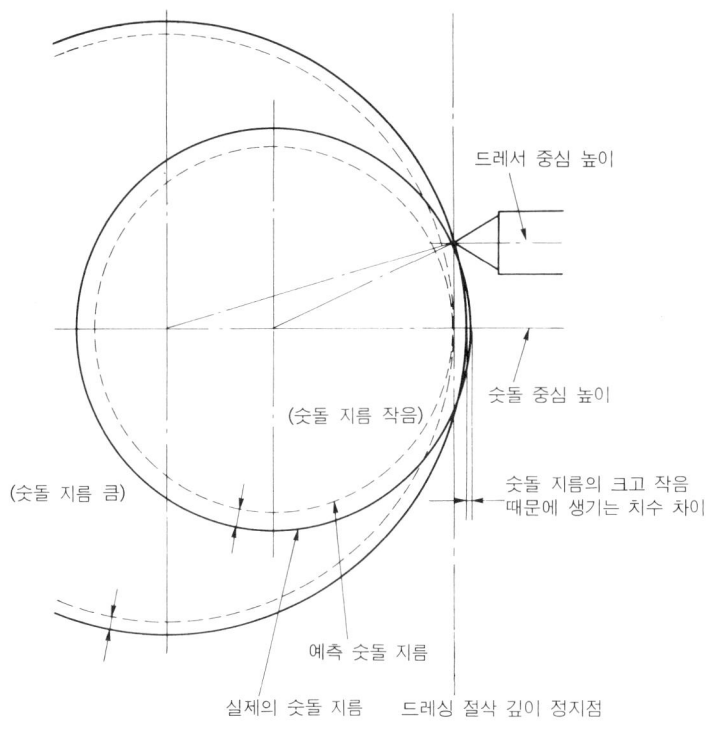

드레서 중심 높이

숫돌 중심 높이

숫돌 지름의 크고 작음
때문에 생기는 치수 차이

(숫돌 지름 작음)

(숫돌 지름 큼)

예측 숫돌 지름

실제의 숫돌 지름   드레싱 절삭 깊이 정지점

그림 2. 숫돌과 드레서의 중심 높이가 일치하지 않았을 때

삭에서 가공 치수를 $\phi 10 \mu m$ 이하로 억제하기 위해서는 냉각액 온도 조절 장치를 장치할 때가 많다. 표 3에 치수 정밀도 불량에 관한 트러블 대책을 나타내었다.

원통도 불량의 트러블 대책

(1) 원통도가 기울어져 있다

① 스위블 조정이 잘못되어 있다 ····· 원통도가 언제나 같은 테이퍼(주축측이 크거나 또는 주축측이 작거나)라면 주축 스위블을 조정하면 고쳐진다.

② 숫돌의 크고 작음에 따라 절삭성의 변화가 너무 많다 ··· 숫돌의 지름이 작아지면 연삭 특성의 변화로 주축측 테이퍼가 크게 되는데, 테이퍼가 허용량을 넘게 된다면 숫돌 지름이 조금 큰데서 끝낸다.

다른 대책으로는 드레싱 속도를 달리 하던가 퀼의 강성을 올리는 방법을 취한다.

③ 숫돌을 빼는 양이 잘못되어 있다 ····· 숫돌을 트래버스시킬 때, 가공물에서 얼마나 빼는가에 따라 원통의 상태가 볼록형으로 되기도 하고 오목형으로 되기도 한다. 볼록형이 된 경우에는 빼는 양을 적게 하고, 오목형이 된 경우에는 빼는 양을 늘린다. 일반적으로 숫돌 폭의 1/3~1/4이 적당하게 빼는 양이다.

(2) 원통도가 분산된다

숫돌 지름의 변화나 드레서의 마모로 숫돌의 절삭성이 변화하면, 치수가 분산될 뿐만 아니라 원통도가 분산되는 원인이 된다. 이럴 때에는 연삭 조건이나 드레싱 조건을 변경할 필요가 있다. 원

표 3. 치수 정밀도 불량의 트러블 대책

상 황	원 인		대 책
게이지 방식일 때 치수가 분산된다	① 게이지 장치에 문제가 있다	장치의 작동 불량, 응답성이 나쁘다	메이커에 물어 보든가 신품과 교환
		게이지 접점이 마모, 부러지거나 손상된다	접점을 교환한다 마스터 게이지로 치수를 맞춘다
		측정 헤드가 열변위했다	헤드에 냉각수를 부어 냉각한다
		게이지 앰프에 온도 특성이 있다	메이커에 묻는다
		게이지 설치가 나쁘다(접점이 아래 위로 중심이 벗어나는 등)	다시 설치한다
	② 측정할 때 게이지 접점이 움직인다	게이지 접점에 부유 숫돌 입자나 칩이 붙어 치수가 잘못됨	측정점의 냉각수량을 늘려 씻어낸다
		숫돌과 접점이 간섭을 일으킨다	숫돌을 작게 한다
	③ 가공물에 문제가 있다	가공물의 모떼기가 고르지 못하다	모떼기를 일정하게 한다 게이지 삽입량을 늘린다
		외경 진원도가 나쁘다 (슈 센터리스형)	외경 진원도를 좋게 한다
	④ 연삭 조건이 나쁘다	다듬질 속도가 너무 빨라 게이지가 흐른다	다듬질 속도를 느리게 하거나 다듬질량을 늘린다 스파크 아웃을 길게 한다
	⑤ 냉각수	가공중에 가공물이 열팽창한다	냉각수량을 늘린다 가공물에 냉각수를 붓는다
	⑥ 가공물 회전 불량	슈가 마모했다(슈 센터리스형)	슈를 다시 연삭한다 슈를 교환한다
치수 연삭에서 치수가 분산된다	① 공구의 설치 불량	숫돌과 가공물의 중심 높이가 처져 있다 (숫돌이 작으면 치수가 작다) 숫돌과 드레서의 중심 높이가 처져 있다 (숫돌이 작으면 치수가 큼)	공구를 다시 설치한다
	② 숫돌의 절삭성 변화	숫돌의 지름이 변화하여 절삭성 변화가 크고 절삭 잔량이 고르지 못하다	다듬질 속도를 느리게 하거나 다듬질량을 늘린다 스파크 아웃을 길게 한다 퀼의 강성을 올린다
		드레서가 마모하여 절삭성이 나빠졌다	드레싱 속도를 빠르게 한다 드레서를 돌린다 드레서를 교환한다
		드레싱량이 부족하다	드레싱량을 늘린다
	③ 열변위	작동유의 온도가 상승	기름의 온도 조절을 하거나 단열 구조로 한다
		냉각수의 온도가 올라갔다	냉각수를 조절한다
		회전체의 발열 (3축, 숫돌 축, 로터리 드레서)	냉각 방법을 검토한다

통의 형상이 무너졌을 때에는 드레싱량을 늘려 숫돌의 형상을 회복시킨다. 표 4는 원통도 불량에 대한 트러블 대책이다.

CBN휠에서의 트러블

CBN 휠은 한 번 드레싱하면 보통 숫돌의 몇 십배를 가공할 수 있으며, 휠이 잘 마모되지 않고 치수 관리가 간단하다는 장점이 있다. 그러나 이 CBN 휠도 적절히 사용하지 않으면 여러 가지 트러블을 일으킨다.

① 보통 숫돌이라면 돌이 하나인 다이아몬드로 간단하게 수십 μm의 드레싱을 할 수 있지만,

표 4. 원통도 불량의 트러블 대책

상 황	원 인		대 책
원통도에 편향이 있다	① 스위벨	일정한 테이퍼가 생긴다	스위벨 조정을 한다
	② 숫돌 지름에 따른 절삭성 변화	숫돌이 작을 때 주축측 테이퍼가 크다	숫돌이 작으면 약간 크게 하여 끝낸다 드레싱 속도를 적절하게 한다 퀼의 강성을 높인다
	③ 숫돌의 빠짐 여유량	빠짐 여유량이 많고 장구형이 된다.	빠짐 여유량을 줄인다
		빠짐 여유량이 적고 북 같이 된다	빠짐 여유량을 늘린다
	④ 전가공 정밀도	전가공 상태가 나쁘면 여기에 따른다	형상 오차를 작게 한다
원통도가 분산된다	① 숫돌의 절삭성 변화	숫돌 지름에 따른 절삭성 변화가 크고 절삭 잔량이 고르지 못하다	다듬질 속도를 느리게 하거나 다듬질량을 늘린다 스파크 아웃을 길게 한다 퀼의 강성을 높인다
		드레서가 마모하여 절삭성이 나빠졌다	드레싱 속도를 느리게 한다 드레서를 돌린다 드레서를 교환한다
		드레싱량이 부족하다	드레싱량을 늘린다
	② 전가공 정밀도	연삭 여유가 분산되어 있다	연삭 여유를 일정하게 한다

CBN 휠은 숫돌 입자의 경도가 높으며, 보통 숫돌과 같은 드레싱을 하면 숫돌의 모양이 무너지고 드레서가 마모된다.

그래서 안정된 절삭날을 만들기 위해서는 로터리 드레서를 사용하여 조금씩 절삭하여 반복적으로 드레싱을 한다. 이 때 드레서의 강성이 낮으면 미소 절삭을 할 수가 없으므로 고강성형 드레서를 사용할 필요가 있다.

② 드레싱 직후의 CBN 휠은 숫돌 입자에 결합제가 붙어 있어 절삭성이 나쁘고 연삭 저항이 많아진다. 따라서 연삭 잔량이 많으며 오토 사이즈 연삭에서는 드레싱 직후의 내경 치수가 작아지고 테이퍼는 주축측이 작아진다.

이 상태는 몇 개만 가공하면 개선되어 정상 상태가 되므로, 드레싱 직후의 몇 개를 가공할 때에는 정밀도를 안정시키기 위해 절삭 깊이를 낮추어 연삭력을 안정시킨다.

③ CBN 휠은 기계의 열변형 때문에 실제 드레싱량이 분산되면 가공 정밀도가 불안정하게 된다. 실제 드레싱량이 적으면 안정된 스킵 수가 될 때까지 치수 정밀도나 테이퍼를 유지할 수 없게 된다. 반대로 많을 때에는 최초의 드레싱으로 너무 절삭되어 숫돌과 드레서가 모두 손상을 받게 된다.

CBN 휠의 경우, 드레싱량이 적다는 것과 드레싱 간격이 길기 때문에 기계의 열변위를 억제하는 것이 중요하다.

난삭재의 총형 연삭과 트러블 대책

● 터빈 날개의 가공을 예로 들어

연삭 가공은 가공의 최종 공정이라는 점 때문에 고정밀도의 가공이 요구된다. 특히 총형 연삭은 가공 제품의 형상을 숫돌을 성형하여 가공물에 옮기는 것이기 때문에 형상 정밀도와 치수 정밀도의 향상이 중요한 과제가 된다.

터빈 날개는 가벼우면서도 고온 강도에 견디는 티탄 합금 같은 배열 합금을 소재로 하고 있기 때문에 숫돌이 마모되기 쉽다. 또 복잡한 형상과 부품의 호환성을 높이기 위하여 높은 형상 정밀도가 요구된다.

또한 고온하에서의 재료 특성을 유지하기 위해 연삭면의 잔류 응력 제거 및 품질 관리가 엄격하기도 한 난삭재의 연삭 작업이라고 말할 수 있다.

이러한 요구에 대응하기 위해 최근에는 연삭기의 NC화와 크리프 피드 연삭 그리고 CBN 휠이 사용되고 있다. 여기에서는 형상과 재료면으로 보아 가장 어렵다는 터빈 날개의 총형 연삭(일부)을 NC 평면 연삭기로 연삭할 때의 트러블 대책을 중심으로 하여 알아본다.

가공 정밀도와 기계, 지그 정밀도

터빈 날개(그림 1)는 제품을 설계할 때와 소재를 제작할 때의 정밀 구조 방법 등에 따라 가공면의 가공 공정이 조금 달라진다. 그림 2는 연삭 작업의 일례인데 보통은 전체 공정이 10공정 이상이 된다.

이 공정에서 각 공정마다 기준점이 달라진다는 것과 가공물의 모양이 복잡하기 때문에 가공물의 설치나 위치 결정이 어렵다는 점 그리고 부품의 호환성 때문에 고정밀도가 요구되는 등 작업하기가 매우 까다로운 연삭 작업 중의 하나이다.

그림 3은 숫돌의 총형 성형의 일례인데, 숫돌의 모양을 그대로 옮겨 찍는다는 점에서 우선 가공하기 위해 가장 정밀도적으로 중요한 것은 기계의 정밀도이다.

총형 연삭이 가격이나 가공 능률면에서 중(重)연삭이 되기 쉬우므로 연삭기의 주축 주변의 강성이나 주축의 흔들림, 주축과 베드의 평행도, 직각도, 위치 결정 정밀도 등 기계를 사용하기 전에 정밀도를 다시 한번 검토할 필요가 있다. 이와 같은 측정값은 당연한 일이기는 하지만 JIS 규격의 정밀도와는 별개이며 가공 제품 정밀도를 충분히 만족시킬 수 있어야 한다.

가공물은 특수한 모양을 하고 있는게 많기 때문에, 설치 지그는 가공물의 중심내기와 기계측 숫돌이나 드레서와의 중심내기가 간단하고도 동시에 낼 수 있도록 각 기준점을 마련하여 연구한다.

가공물을 설치할 때에는 가공물이 총형이어서 넓으며, 중(重)연삭이 되기 쉽기 때문에 조이는 힘이 커야 하고, 이 때문에 생기는 가공물의 변형을 고려하여 조이는 장소를 가공물에 가까운 부분에 설정하여 넓은 면으로 가공물을 받치도록 한다. 그리고 가공물이 변형되지 않게 확실하게 조이는 것이 중요하다.

특히 채터링에 대해서는 가공물이나 지그의 강성이 문제로 되는 수가 많으며, 충분히 검토할 필요가 있다.

여기에서 잊어버리기 쉬운 것은 가공물과 지그 그리고 드레서나 숫돌의 위치 관계이다. 자동 사이클로 했을 때, 지그가 가공면보다 튀어 나오든가 하여 연삭 가공을 방해하는 일이 생기기 쉬우므로 사전에 조사해야 한다.

가공 정밀도는 될 수 있는 한 제품과 비슷한 모양의 시험편을 제품의 예비품으로 사용하여 실제로 시험 가공해 보고 계측하는 것이 가장 확실하고도 좋은 방법이다.

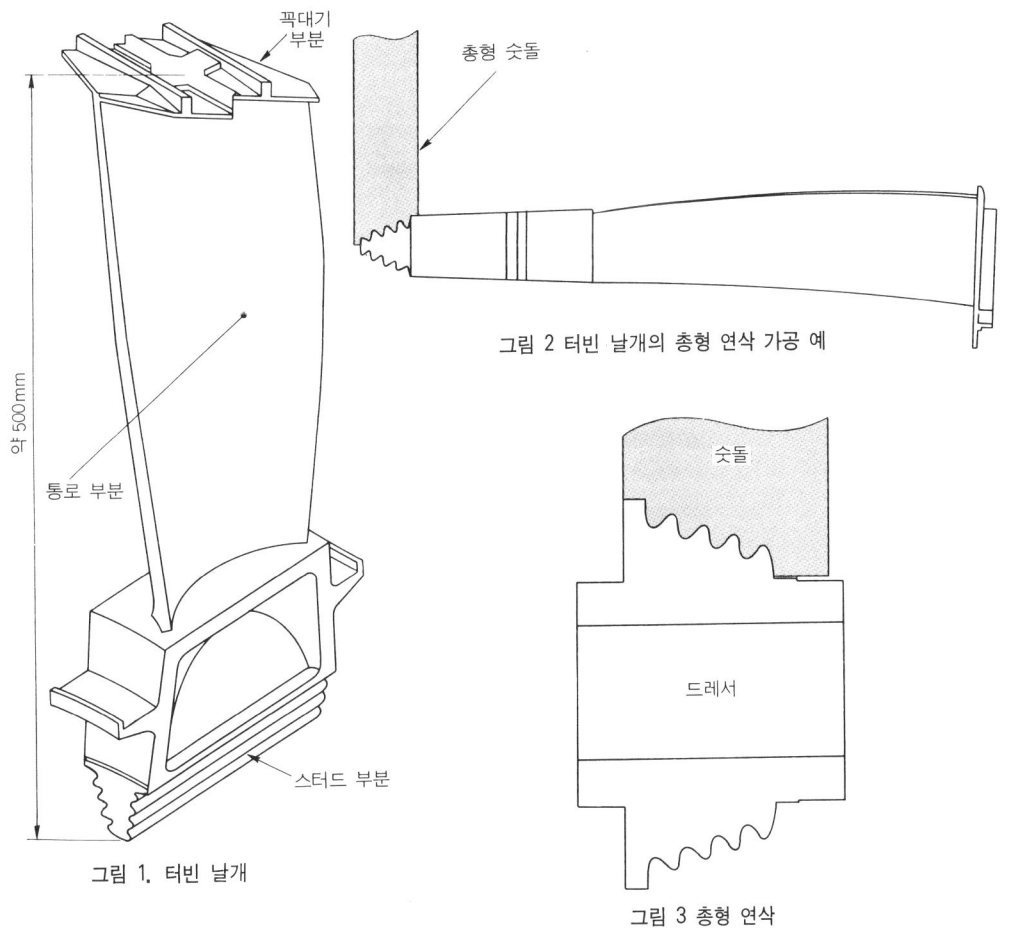

그림 1. 터빈 날개

그림 2 터빈 날개의 총형 연삭 가공 예

그림 3 총형 연삭

총형 연삭 가공의 트러블

총형 연삭 가공에서의 트러블에는 기계 정밀도나 숫돌의 마모 그리고 가공 조건이 적합치 못하여 형상이나 정밀도 불량 그리고 표면 거칠기, 연삭 균열 및 스크래치 등 가공 표면의 품질 불량이나 기능의 차이 때문에 일어나는 트러블이 있다.

(1) 기계, 숫돌, 지그, 가공 조건 등으로 일어나는 트러블

기계의 정밀도는 정적 정밀도를 계측값에 따라 검토할 수는 있지만, 중(重)연삭일 때에는 비교적 어렵게 된다.

지그는 제작 전에 여러 가지로 검토하기는 하지만, 강성이 부족하여 가공할 때에 채터링이 발생하는 요인이 되기 쉽다.

그러나 그렇다고 해서 덮어놓고 지지대를 많이 설치하면, 가공할 때의 숫돌 궤적상에 고정 장치가 튀어나와 진로를 방해하기도 하고 연삭액 공급을 방해하게 된다.

지그의 정밀도는 가공물이 숫돌 모양을 전사한 것이기 때문에, 가공물의 고정 방법이나 고정 위치, 또는 죄는 방법에 따라 가공 정밀도 불량의 최대 요인이 될 수 밖에 없으므로 충분한 주의가 필요하다.

숫돌 마모에 있어서는 가공물이 내열 금속이고 연삭 균열을 일으키기 쉬우므로 연한 숫돌을 쓰기 때문에 빨리 마모되기가 쉬우며, 가공 장소에 따라서는 숫돌이 마모되기 쉬운 부분과 그렇지 않은 부분이 생겨 형상 정밀도가 나오기 어려운 경향이 있다.

한편 가공 조건의 설정도 터빈 날개가 난삭재이기 때문에 숫돌의 종류, 연삭 속도, 테이블 속도, 절삭 깊이, 드레싱 조건, 연삭액 등의 가공 요소가 조합되어 가공면 품질에 미치는 영향이 커진다. 기계나 지그의 강성과도 관계되어 매우 어려운 요소이므로 신중하게 대처하는게 중요하다.

가끔 일어나는 트러블 원인은 가공 조건 중에서 알기가 어려워 규명하느라 오랫동안 시험 가공을 할 때도 있다.

여기에 소개한 터빈 날개와 같은 경우에는 총형 연삭이기 때문에 일어나는 현상으로서 다음과 같은 것이 있다 (그림 4).

① 경사각이 강한 면에서의 연삭 성능은 경사각이 약한 면에서의 연삭 성능보다 떨어진다.

② 경사각이 약한 면에서는 절삭날은 자생적으로 생기는 날이 크지만, 반대로 경사각이 강한 면에서는 연삭날의 날끝 마모가 심하다.

③ 같은 절삭량이라도 경사각이 강한 면에서의 실제 절삭 깊이는 작게 된다.

④ 숫돌을 드레싱할 때, ①과 ③의 현상이 일어나 경사각이 강한 면에서의 숫돌이 곱게 되어 연삭 성능이 떨어진다.

⑤ 경사각이 강한 면에서는 연삭액이 잘 닿지 않는다.

이와 같이 경사각이 강한 표면 가까이에서는 연삭성이 나쁜 조건하에서 연삭되기

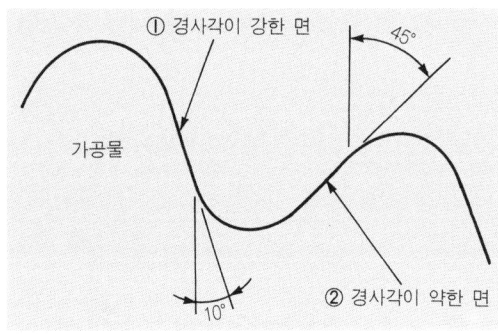

그림 4. 가공물 형상

때문에 가공 표면의 채터 마크가 생기기도 하고 내열 금속 같은 것에서는 연삭 균열이 일어나는 요인 중의 하나가 되기도 한다. 그러나 연삭 균열을 방지하기 위해 연한 숫돌을 사용하면, 숫돌이 마모되기 쉽고 형상 불량이 되기 쉬우므로 어려운 연삭 작업이 된다.

(2) 기능 차이 때문인 것

이 작업의 측정 오차는 가공물과 설치 공구 그리고 측정 방법의 차이 때문에 각 공정에 따라 다르게 되며, 기준점이 달라지므로 그 변화를 각 작업원이 충분히 이해해야 된다.

또한 이것을 이해하였다고 해도 고정 장치의 고정 정도나 측정 기기의 사용 방법은 직감에 따르는 수밖에 없으며, 기능의 차이에서 오는 오차가 생기기 쉬워서 트러블의 원인이 될 때가 있다.

가공 조건의 선정과 표면 상태의 향상 대책

표 1은 내열 합금의 연삭 가공 조건의 선정 목표를 표시한 것이다. 그리고 구체적인 표면 상태 향상 대책의 예를 알아본다.

(1) 숫돌

① 숫돌 입자는 인성이 높고 RA(장미빛 알루미나질)나 PA(연분홍색 알루미나질)가 좋다.
② 입도는 #46~60 정도를 선정하고 로터리 드레서로 드레싱할 때에는 입도를 1~2단계 곱게 한다.
③ 결합도는 자생적으로 나오는 연삭날 관계로 G~I 정도로 한다.
④ 조직은 숫돌 입자율이 작은 편이 냉각이나 연삭 칩 배출면에서 유리하며, 특히 점성이 있는 재료에는 기공이 많은 편이 좋은 결과가 나온다.
⑤ 결합제는 결합 강도면에서 비트리파이드가 유리하다.

표 1. 내열 합금(Ni기) 재료의 연삭 가공 조건 선정

가 공 조 건		선 정 방 향
숫 돌	① 숫돌 입자의 종류	가공물의 재질에 맞는 숫돌 입자를 선정
	② 결합도	연한 결합도를 선정
	③ 숫돌의 지름	큰 것을 사용한다
	④ 숫돌의 폭	작은 것을 사용한다
가 공 물	① 강성	설치 강성을 포함한 모든 강성을 강하게 한다
	② 형상	형상 변화가 적도록 설계한다 더미를 붙여서 연삭한다
연 삭 액	① 종류	윤활성이 우수한 연삭액을 사용한다
	② 압력	압력을 걸어 공급한다(로딩 방지), 새 것과 교환(성능 열화 방지)
드레싱 조건	① 드레서	예리한 드레서를 사용한다
	② 절삭 깊이	크게 한다
	③ 이송	크게 한다
연 삭 조 건	① 숫돌 원주 속도	작게 한다
	② 숫돌 절삭 깊이	작게 한다(너무 작게 하지는 않는다)
	③ 가공물 속도	작게 한다
	④ 전후 이송	작게 한다

(2) 연삭액

① 연삭 균열을 막기 위해서는 냉각성은 물론 윤활성이 중요하다. 따라서 솔류블형은 냉각성은 우수하지만 절삭성이 좋은 에멀션형이나 유성이 유리하며, 작업성으로 봐서도 수용성 에멀션형이 적당하다.

② 연삭액의 희석 배율은 굴절률이나 PH 등으로 관리하고 연삭액 보충은 같은 배율의 원액을 추가한다.

③ 수명은 사용 조건이나 환경에 따라 다르지만, 1~2개월 후 교환하는 것이 안전하다.

④ 연삭 칩을 가능한 한 빨리 배출하기 위해, 연삭액은 충분한 양을 최대한 고압력으로 공급한다.

(3) 연삭 속도

① 내열 금속에서는 연삭 균열을 방지하기 위해 치수 정밀도나 표면 거칠기를 유지할 수 있는 범위 내에서 연삭 속도를 느리게 하는 것이 효과적이다.

② 숫돌은 연한 것을 사용하며, 가공 장소에 따라서는 숫돌의 마모 진행이 다르다는 점과 숫돌의 결합도 등을 생각하여 숫돌은 가공면에 가볍게 닿게 하여 숫돌의 회전 속도를 느리게 하여 가공한다.

③ 실제로 연삭 시험을 해봐서 연삭 속도나 결합도 등 가공 요소를 바꾸어 가공 표면 상태의 결과에 따라 최종적으로 결정한다.

(4) 테이블 속도

연삭열의 체류를 적게 한다는 의미와 가공 능률면에서 테이블 속도는 빨라야 하며, 10~15m/min 정도로 제어할 필요가 있다. 그러나 내열 합금의 연삭에서는 채터 마크가 생기기 쉽기 때문에, 테이블 속도를 10m/min 정도로 제어한다.

(5) 절삭량

연삭 균열이 생기는 것을 너무 겁낸 나머지, 극단적으로 절삭량을 적게 하면 미끄러지는 현상이 일어나기 쉬우며, 연삭할 때에 열이 일어나므로 절삭량을 너무 작게 하지 않도록 주의해야 한다.

그러나 가공 능률면에서 본다면, 어느 일정한 다듬질 여유까지의 거친 연삭을 할 때에는 절삭 깊이를 많이 하고, 다듬질할 때 절삭량을 조금 작은 듯이 설정하면 좋은 결과를 얻을 수 있다

(6) 드레싱 조건

숫돌의 로딩은 연삭성을 나쁘게 하고 가공 정밀도를 저하시키거나 연삭열을 발생시키는 원인이 되기 쉬우며, 가공 표면 상태의 품질 저하가 되는 큰 요인이 된다.

① 내열 합금은 점성 재질인 것이 많아 숫돌의 로딩이 일어나기 쉽게 되고, 총형 형상에서는 가공 장소에 따라 숫돌의 마모 상태가 달라지므로, 정성들여 드레싱한다.

② 실제로는 절삭 횟수당 드레싱 횟수를 많게 하던가, 1회당 드레싱량(예를 들면 0.1mm)을 많게 할 필요가 있다.

③ 드레싱 횟수에 따라서는 숫돌 지름이 짧은 시간 내에 작아지지만, 드레싱은 중요한 항목이므

로 충분한 주의를 기울여 가장 적절한 방법을 설정한다.

④ 가공할 때의 숫돌 마모와는 별도로 드레싱에 의한 감소가 심할 때에는 주축 회전이 일정하면 연삭 속도가 변화한다는 원리를 이용하여 숫돌 지름의 감소에 따라 주축의 회전수를 바꿔줄 필요가 있다.

이 외에도 가공 표면 상태, 특히 연삭 균열을 방지하는 대책으로서 다음과 같은 항목이 있다.

(7) 에어 스크레이퍼와 클리닝 노즐의 증설

그림 5와 같이 숫돌이 고속으로 회전할 때에는 주위의 공기가 숫돌과 함께 돌며 엄청난 풍량과 풍압이 되므로, 연삭액이 연삭점에 닿지 않게 될 위험이 있다.

이것을 방지하기 위해서는 스크레이퍼를 숫돌에 가깝게 설치한다. 그리고 숫돌의 로딩을 방지하기 위해 연삭액 노즐과는 별도로 숫돌의 중심 방향으로 5~20kgf/cm^2 정도의 토출 압력을 가진 노즐을 설치하여 숫돌을 깨끗이 하는 것도 좋은 방법이다.

(8) 가공면용 연삭액 안내

가공면에 연삭액이 잘 공급되도록 **그림 6**이나 **7**과 같이 가공면의 형상에 맞는 가이드를 설치한다. 연삭액을 충분히 공급함으로써 연삭성을 좋게 하여 연삭 균열 등을 방지하는 하나의 방법이다.

(9) 숫돌의 강성을 높인다

그림 8과 같이 숫돌의 단면측이 가늘면 숫돌이 물러나기 때문에 미끄러지기 쉽게 되며, 이를 방지하기 위해서는 그림의 *t* 를 될 수 있는 대로 크게 한다.

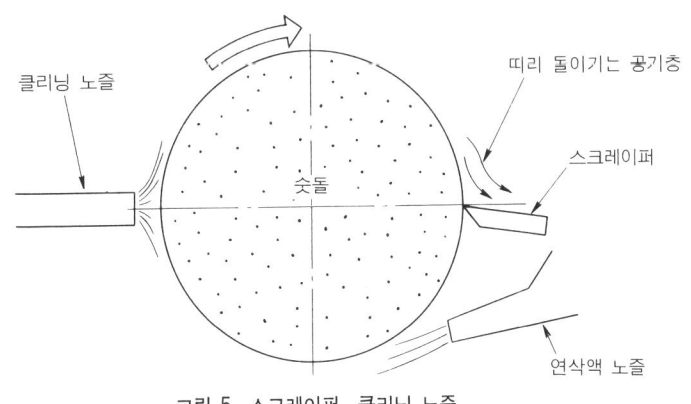

그림 5. 스크레이퍼, 클리닝 노즐

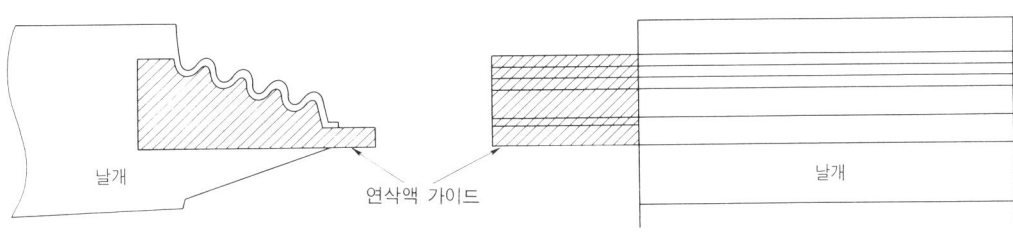

그림 6 연삭액 가이드

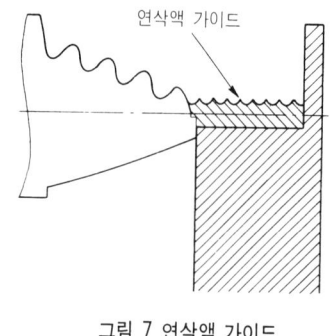

그림 7 연삭액 가이드

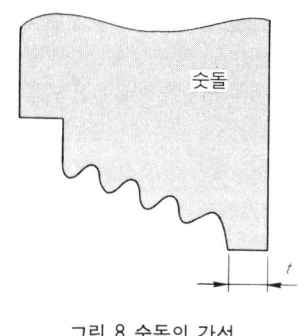

그림 8 숫돌의 강성

(10) 연삭액 공급 장치 주변의 정비

스크래치는 탈락한 숫돌 입자가 말려들어가 생기는 수가 많으므로, 연삭액 탱크 흡입구에 스트레이너를 설치하거나 탱크 내에 남아 있는 숫돌 입자를 제거하고, 페이퍼 필터에 의한 제거와 필터부에서의 연삭액 오버플로를 방지하며, 숫돌 주변의 덮개 등을 충분히 청소한다.

(11) 보조 노즐의 부가

총형 연삭 때에는 한 개의 노즐만으로 모든 가공면에 충분히 연삭액을 공급하기가 어려우므로, 가공면에 맞춰 몇 개의 보조 노즐을 추가하여 부분적으로 연삭액을 공급할 필요가 있다.

그 외에도 그림 2와 같은 총형 형상에서는 숫돌의 산부분이 먼저 닿고, 이 부분이 먼저 마모해 버린다. 또한 이 부분은 경사면보다 연삭 균열이 생기지 않는 부분이므로, 어느 정도 총형 형상이 형성될 때까지는 가공 조건을 적당히 올리는 것이 생산성을 고려한 좋은 방법이다.

그리고 측정 오차를 방지하는 대책으로는 각자의 기능을 향상시키는 것도 물론 중요하지만, 반드시 작업원 전원에게 그 가공물에 대한 설치 방법이나 측정 방법 등 주의 사항을 전달하고 직감이나 요령 같은 주의 사항도 포함한 표준 작업표를 작성하여 언제 누가 보아도 한눈으로 알 수 있게 하여야 한다.

*   *   *

총형 연삭의 트러블은 숫돌이 마모하여 형상 정밀도가 떨어지는 오차와 난삭재이기 때문에 일어나는 표면 상태의 악화가 대부분이다.

여기에 대한 대책은 사용하는 기계나 숫돌, 연삭 조건, 연삭 방법, 그리고 가공물에 따라 여러 가지이며 여기에 소개한 내열 합금의 트러블 예는 일례에 지나지 않는다.

앞으로 더욱 더 총형 연삭이 다른 연삭 가공 대신에 가공하는 방법이 될 것이며, 피삭재도 마모가 적은 단단한 재료가 등장하여 이 연삭에 의지하지 않으면 가공하지 못하는 경우도 많아질 것이다.

여기에 소개한 예가 실제의 연삭 가공에 참고가 되었으면 한다.

데이터 시트 ①

연삭 숫돌의 표시 방법

예시: 1 호 평형 A 305×25×127.00 HA 60 K 8 V 8J 2000m/min

형상 (Shape)	테두리모양 (Face)	치수 (Size)	숫돌 입자 (Kind of Abrasive)	입도 (Grain Size)		결합도 (Grade)	조직 (St, ucture)		결합제 (Kind of Bond)	보조 기호 (Type)	최고 사용 원주 속도 (Max, Speed)
1호 평형	A	외경×두께×구멍	A (갈색 알루미나 연삭재)	8	240	A	0		V 비트리 파이드	결합제 높이	1500
2호 링형	B	외경×두께		10	280	B	1 조밀			세분 기호	2000
— 디스크형	C	×구멍 지름	WA (백색 알루미나 연삭재)	12	320	C	2		B 레지노이드		2400
3호 편측 테이퍼형	D			14	400	D	3				2700
4호 양측 테이퍼형	E		PA (연분홍 알루미나 연삭재)	16	500	E	4		BF 레지노이드 (보강제 혼합)		3000
5호 편측 오목형	F			20	600	F	5				3600
6호 직선 컵형	N		HA (해쇄형 알루미나 연삭재)	24	700	G	6 중간		R 고무		4800
7호 양측 오목형	M			30	800	H	7				6000
10호 더브테일형	P		AE (인조 에머리 연삭재)	36	1000	I	8		RF 고무 보강제 혼합 (특수 결합제)		
11호 테이퍼 컵형				46	1200	J	9				
12호 접시형			AZ (알루미나 질코니아 연삭재)	54	1500	K	10		S 실리케이트		
13호 톱 접시형				60	2000	L	11 거침				
16호~19호 포탄형			C (흑색 탄화규소 연삭재)	70	2500	M	12		Mg 마그네시아 시멘트		
20호~26호 릴리프형				80	3000	N	13				
27호, 28호 오프셋형			GC (녹색 탄화규소 연삭재)	90	4000	O	14		E 셸락		
— 절단 숫돌				100	6000	P					
축있는 숫돌				120	8000	Q					
A각 숫돌				150		R					
C각 숫돌				180		S					
홈붙이 숫돌				220		T					
조각등질 숫돌				#4000, 6000, 8000은 WA와 GC에만 규정된다		U					
세그먼트						V					
						W					
						X					
						Y					
						Z					

테두리모양 주: (여타 테두리면이 평면이 아닌 경우)

표준연삭 형상도

No.	A	B	C	D	E	F	N	M	P
형상도	90°	35°	45°	60° R=⅓ T=10	60° 60° R=¼ T=2	R=T	90°	30°	45° 15°

데이터 시트 ②

적정 숫돌 입자와 강재 분류

연삭 가공을 효율적으로 하기 위해서는 피삭재에 맞는 숫돌 입자를 가진 숫돌을 골라야 한다. 특히 난삭재의 경우 숫돌 입자를 잘못 선정하면 연삭 가공을 할 수 없는 경우조차 있다. 여기에 요약한 내용은 피삭재(비철은 제외)와 숫돌 입자의 경도가 위에서 아래로 내려갈수록 단단한 것으로 되어 있다.

숫돌 입자는 A, WA, PA, SA, C, GC의 순서대로 경도가 높고, 인성은 그 반대로 GC가 가장 약하고(취약하고) A가 가장 강하다. 특히 고강도의 재료(HRC 60 이상)를 연삭하려면 CBN 다이아몬드가 많이 사용되는데 다이아몬드는 초경이나 세라믹스 같은 것을 연삭하는 데 적합하다.

적정 숫돌 입자 (JIS)	강재	주성분 (%)	강종
A	구조용 탄소강, 일반강	C = 0~0.5 Mn, Si	SS, SC, SCK, SBK STK, STM, SFB
A/WA	저합금 중탄소강	C = 0.2~0.6 Ni, Cr, Si	SCM, SPC, SPHC SCr, SNCM
WA	저합금 고탄소강, 질화강	C = 0.6~1.2 Ni, Cr, Mn	SUJ, SUP, SK, SKS SKD-4, 5, 6, 12
PA GC	오스테나이트계 스테인리스강 내열강	Ni = 18 Cr = 8 C = 0~0.15	SUS303, 304~316 SUH, YAG
PA	페라이트계 스테인리스	C = 0~0.2 Cr = 13~18 Mo, Ni	SUS405, 430
	마텐자이트계 스테인리스	C = 0.2~0.4 Cr = 17~18 Ni = 1~3 Mo	SUS403, 416, 420, 440
PA	크롬 합금강	C = 1~2.2 Cr = 12~14	SKD-11, 1, 2 (HRC 58 이상)
SA (CBN)	고속도강	C = 1 Cr = 4 W, Mo, V, Co	SKH4, 9, 51, 57 (HRC 60 이상)
C	주단강	C = 1~4	FC, FCD, FCMB, FCMW, RCMR
WA SA	특수 재료 순금속, 인코로이, 인코넬, 페로틱 경크롬 내마모 금속	C = 0~2 Fe, Cr, Ni Co, Mo, Si	Fe, Fero Incoloy Inconel, Nimonic
C	비철금속, 티탄 알루미늄, 알루미늄 합금		Pb, Mg, Cu, Ti, Ai
GC (DIA)	초경	W, Ti, C	D10~50

데이터 시트 ③

입도와 다듬질면의 거칠기 가능 범위

숫돌의 입도는 다듬질면의 거칠기와 연삭 능률에 큰 영향을 미친다. 이 표는 입도에 의한 다듬질면의 거칠기의 가능한 범위를 나타낸 것이다. 다만 연삭 양식이나 가공 조건(기계나 드레싱 등)에 따라서는 달라지므로, 여기에서는 일반적인 원통과 평면 연삭의 트래버스 연삭을 표시했다고 가정한다.

당연한 일이기는 하지만, 연삭 능률은 입도가 거친 편이 좋으며, 다듬질면의 거칠기는 입도가 고운 편이 내기 쉬우므로, 가공 목적에 따라 입도를 고르기 위한 목표로서 이 표를 이용하면 좋다.

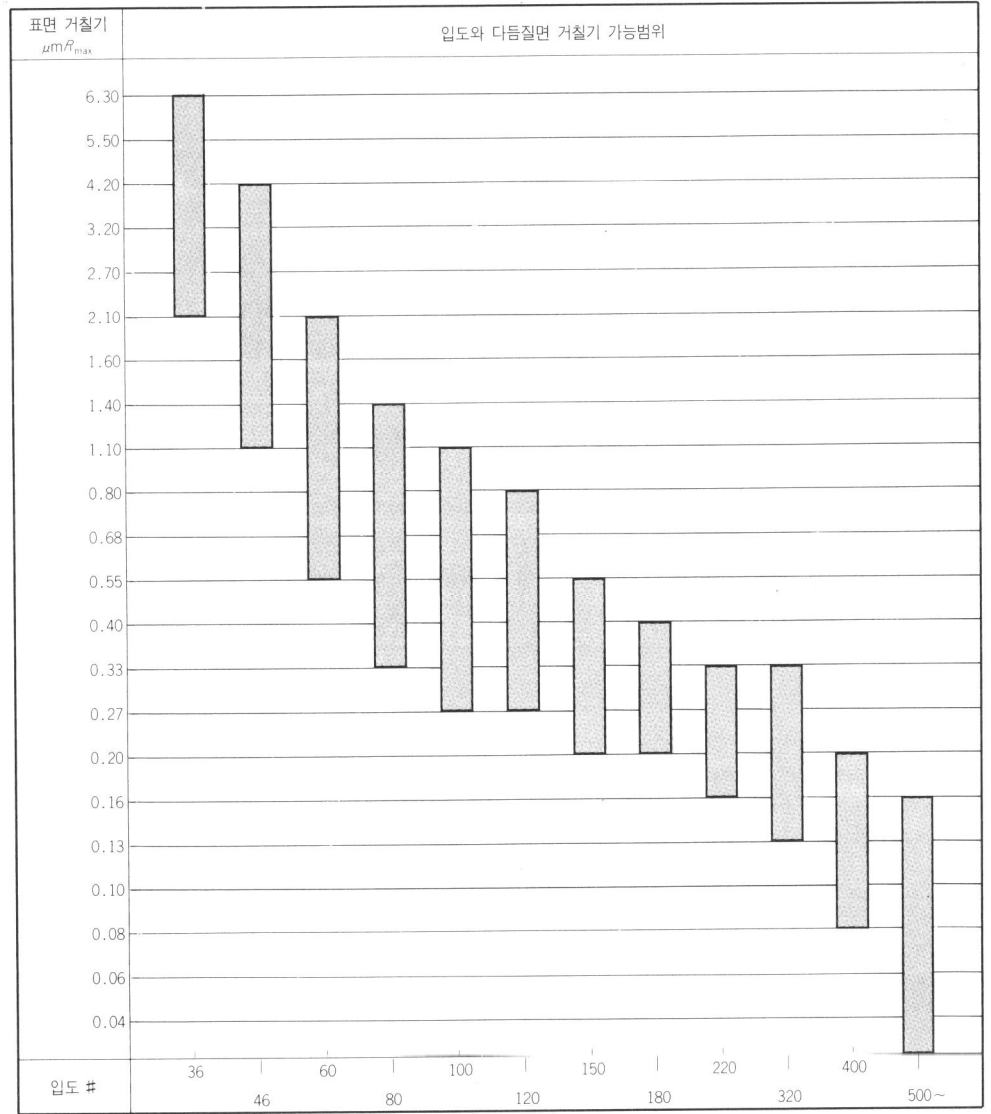

220

데이터 시트 ④

입도별 최소 모서리 R와 최소 숫돌 폭

숫돌의 입도별로 최소 모서리 R와 최소 숫돌 폭의 가능 범위를 나타낸 것이다. 다만 숫돌의 수정 조건이나 다이아몬드 공구 및 기계 정밀도에 따라 다르므로 참고로 하길 바란다. 예를 들면 최소 숫돌 폭이 0.4mm 이하의 트루잉일 때에는 양면 드레서를 사용하고, 다이아몬드 공구도 끝이 예리한 것을 사용해야 한다.

또한 최소 모서리 R도 0.05R 이하로 가공할 때에는 숫돌 폭과 숫돌 플랜지면의 흔들림이 3μm 이하가 아니면 어려우므로 기계의 정밀도와 숫돌 축의 정밀도 그리고 드레싱 조건 등에 세심한 주의가 필요하다.

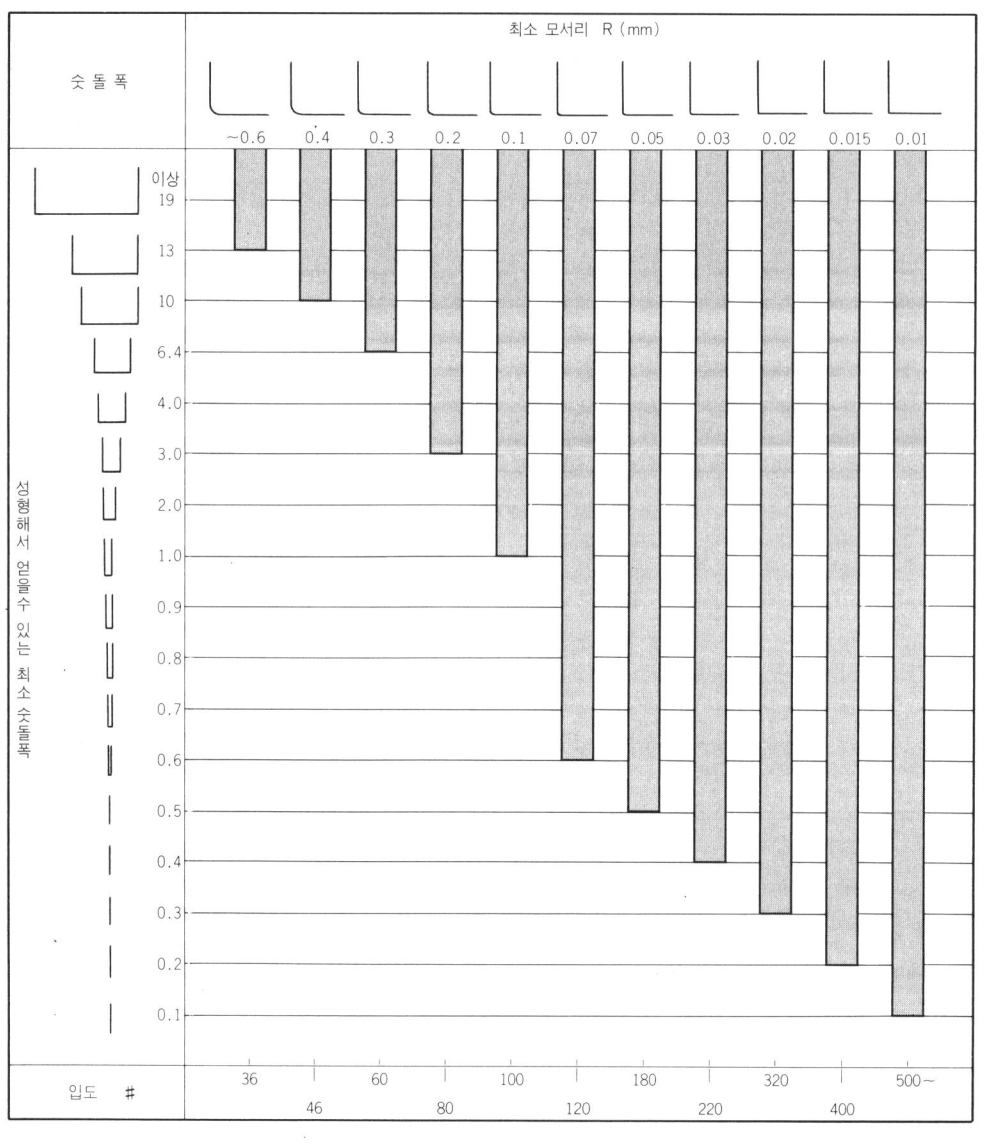

데이터 시트 ⑤

연삭 조건과 적정 결합도 및 조직

● **결합도**

결합도는 숫돌의 경도를 말하며, 이것이 적합치 못하면 가공 능률이나 정밀도에 크게 영향을 미친다.

결합도는 연삭 양식이나 피삭재의 경도, 형상, 치수에 따라서도 달라지는데 다만 단일 양산 제품을 제외하고는 일반적으로 사용할 때, 가장 가공 비중이 높은 것을 상정하여 결정하게 되는데 조직(숫돌 입자 비율)과 관련지어 생각하는게 보다 유리하다. 예를 들면 연질재 등을 가공할 때, 로딩이 일어나기 쉬울 때에는 결합도를 약간 높게 하고 숫돌 입자 비율이 낮은 숫돌을 사용함으로써 로딩이나 마모를 방지할 수가 있다.

이 표에서는 일반적인 평면과 원통 연삭 가공에서의 연삭 조건과 결합도 관계를 정리하여 놓았다.

● **조직**

숫돌 속에 숫돌 입자가 차지하는 비율, 즉 숫돌 입자 비율을 조직이라고 말한다. 숫돌 입자 비율이 높으면 연마할 때 마모가 적으며 형상을 유지할 수는 있지만, 로딩이 일어나기 쉽다.

		결합도													
		극히 연함				연함				중간				단단함	극히 단단함
		B	E	F	G	H	I	J	K	L	M	N	O	P~S	T~Z
평면연삭	범용					■	■	■	■						
	연질, 점질재								■	■	■				
	고경도재				■	■	■	■							
	박물연삭			■	■	■	■								
	단속연삭								■	■	■				
	숫돌접촉면 大					■	■	■							
	좁은홈, 모서리								■	■	■	■			
	크리프 피드	■	■	■	■										
원통연삭	범용							■	■	■					
	연질, 점질재								■	■	■				
	고경도재						■	■	■						
	단면절삭								■	■	■				
	단속연삭								■	■	■				
	가공물 외경 大						■	■	■						
	가공물 외경 小								■	■	■				
기타	나사연삭								■	■	■				
	자유연삭									■	■	■			
	절단숫돌									■	■	■	■		

		조직														
		조밀				중간			거침			다공성				
		0	1	2	3	4	5	6	7	8	9	10	11	12	13	14
숫돌 입자 비율(%)		62	60	58	56	54	52	50	48	46	44	42	40	38	36	34
평면연삭	범용(거침~다듬질)								■	■						
	연질, 점질재										■	■				
	고경도재								■	■	■					
	박물연삭							■	■							
	단속연삭							■	■	■						
	숫돌 접촉면 大								■	■	■					
	좁은홈, 모서리						■	■	■							
	크리프 피드											■	■	■	■	■
원통연삭	범용(거침~다듬질)								■	■						
	연질, 점질재									■	■					
	고경도재								■	■						
	단면 연삭								■	■						
	단속 연삭							■	■							
	가공물 외경 大								■	■						
	가공물 외경 小								■							
기타	나사 연삭								■							
	자유연삭								■							

　반대로 조직이 열린(숫돌 입자 비율이 낮은) 숫돌은 연삭할 때 발열이 적고 뒤틀림이나 연삭 번을
방지할 수 있으며 로딩도 적어진다.

　일반적으로 숫돌의 접촉 면적이 클 때나(깊은 절삭이나 단면 연삭 등) 연질 재료를 가공할 때에는
조직이 열린(8~10) 숫돌이 좋으며, 접촉 면적이 적은 좁은 홈연삭이나 나사 연삭 또는 단속 연삭
등에는 조직이 치밀한(5~7) 숫돌을 사용하면 형상을 유지하면서 숫돌의 마모도 적어 능률적인 연
삭을 할 수 있다.

기계 가공 기술 시리즈 No. 7

연삭기 활용 매뉴얼

1997.   5.   8. 초 판 1쇄 발행
2012.   3. 16. 초 판 2쇄 발행
2013. 10. 28. 초 판 3쇄 발행
2018.   5. 15. 초 판 4쇄 발행

지은이 | 툴엔지니어 편집부
옮긴이 | 남기준
펴낸이 | 이종춘
펴낸곳 | **BM** 주식회사 **성안당**

주소 | 04032 서울시 마포구 양화로 127 첨단빌딩 5층(출판기획 R&D 센터)
     | 10881 경기도 파주시 문발로 112 출판문화정보산업단지(제작 및 물류)

전화 | 02) 3142-0036
     | 031) 950-6300

팩스 | 031) 955-0510
등록 | 1973. 2. 1. 제406-2005-000046호
출판사 홈페이지 | **www.cyber.co.kr**
ISBN | 978-89-315-3623-2 (13550)
정가 | 25,000원

이 책을 만든 사람들
책임 | 최옥현
진행 | 이희영
교정·교열 | 문 황
전산편집 | 이지연
표지 디자인 | 박원석
홍보 | 박연주
국제부 | 이선민, 조혜란, 김해영
마케팅 | 구본철, 차정욱, 나진호, 이동후, 강호묵
제작 | 김유석

이 책의 어느 부분도 저작권자나 **BM** 주식회사 **성안당** 발행인의 승인 문서 없이 일부 또는 전부를 사진 복사나 디스크 복사 및 기타 정보 재생 시스템을 비롯하여 현재 알려지거나 향후 발명될 어떤 전기적, 기계적 또는 다른 수단을 통해 복사하거나 재생하거나 이용할 수 없음.

■ 도서 A/S 안내

성안당에서 발행하는 모든 도서는 저자와 출판사, 그리고 독자가 함께 만들어 나갑니다.
좋은 책을 펴내기 위해 많은 노력을 기울이고 있습니다. 혹시라도 내용상의 오류나 오탈자 등이 발견되면 **"좋은 책은 나라의 보배"**로서 우리 모두가 함께 만들어 간다는 마음으로 연락주시기 바랍니다. 수정 보완하여 더 나은 책이 되도록 최선을 다하겠습니다.
성안당은 늘 독자 여러분들의 소중한 의견을 기다리고 있습니다. 좋은 의견을 보내주시는 분께는 성안당 쇼핑몰의 포인트(3,000포인트)를 적립해 드립니다.

잘못 만들어진 책이나 부록 등이 파손된 경우에는 교환해 드립니다.